"十四五"职业教育国家规划教材

"十三五"职业教育国家规划教材

高端数控技术高技能应用型人才培养系列精品教材

五轴联动加工中心操作与基础编程

第2版

U0778122

主　编　詹华西　朱卫峰　刘怀兰
副主编　孙海亮　张珍明　金　磊
参　编　李艳华　齐　壮　刘尊洪
主　审　宋放之　熊清平　杨建中

机械工业出版社

本书为"十三五""十四五"职业教育国家规划教材修订版。

本书根据职业院校多轴数控加工人才培养要求编写而成。全书共七个项目，主要内容包括五轴加工技术的基本认知、五轴联动加工中心认知及基础操作、五轴加工基础编程认知、VERICUT 五轴加工仿真技术认知、托盘零件五轴定向加工的案例应用、座体零件五轴加工的案例应用及叶轮零件五轴加工的案例应用。本书在介绍五轴加工相关技术的基础上，通过多个零件加工的案例应用，结合 HNC-848 多轴数控系统的编程规则，从手工编程到 CAM 自动编程、从五轴定向加工到五轴联动加工，机床加工的操作使用涉及 AC 双摆台和 BC 双摆台等不同五轴结构类型，按多轴加工技术的中级、高级要求进行难度递进的项目设计，项目活动参照企业实际工作过程进行了单元任务的编排。

本书可用作高职高专院校数控技术专业，以及装备制造类其他机械类相关专业的教材。

本书立体化配套齐全，配有网络课程资源，具体包括 PPT 课件、微课视频、拓展阅读学习资料、题库和作业练习等。使用本书作为教材的教师可登录机械工业出版社教育服务网 www.cmpedu.com 注册后下载。咨询电话：010-88379534，微信号：jjj88379534，公众号：CMP-DGJN。

图书在版编目（CIP）数据

五轴联动加工中心操作与基础编程／詹华西，朱卫峰，刘怀兰主编. -- 2 版. -- 北京：机械工业出版社，2025. 2. --（高端数控技术高技能应用型人才培养系列精品教材）（"十三五"职业教育国家规划教材）（"十四五"职业教育国家规划教材）. -- ISBN 978-7-111-77525-6

Ⅰ. TG659

中国国家版本馆 CIP 数据核字第 2025DE6006 号

机械工业出版社（北京市百万庄大街 22 号　邮政编码 100037）
策划编辑：王晓洁　　　　　　　责任编辑：王晓洁
责任校对：龚思文　梁　静　　责任印制：邓　博
北京盛通数码印刷有限公司印刷
2025 年 3 月第 2 版第 1 次印刷
184mm×260mm · 13.5 印张 · 328 千字
标准书号：ISBN 978-7-111-77525-6
定价：49.80 元

电话服务　　　　　　　　　　网络服务
客服电话：010-88361066　　　机 工 官 网：www.cmpbook.com
　　　　　010-88379833　　　机 工 官 博：weibo.com/cmp1952
　　　　　010-68326294　　　金 书 网：www.golden-book.com
封底无防伪标均为盗版　　　机工教育服务网：www.cmpedu.com

关于"十四五"职业教育
国家规划教材的出版说明

为贯彻落实《中共中央关于认真学习宣传贯彻党的二十大精神的决定》《习近平新时代中国特色社会主义思想进课程教材指南》《职业院校教材管理办法》等文件精神，机械工业出版社与教材编写团队一道，认真执行思政内容进教材、进课堂、进头脑要求，尊重教育规律，遵循学科特点，对教材内容进行了更新，着力落实以下要求：

1.提升教材铸魂育人功能，培育、践行社会主义核心价值观，教育引导学生树立共产主义远大理想和中国特色社会主义共同理想，坚定"四个自信"，厚植爱国主义情怀，把爱国情、强国志、报国行自觉融入建设社会主义现代化强国、实现中华民族伟大复兴的奋斗之中。同时，弘扬中华优秀传统文化，深入开展宪法法治教育。

2.注重科学思维方法训练和科学伦理教育，培养学生探索未知、追求真理、勇攀科学高峰的责任感和使命感；强化学生工程伦理教育，培养学生精益求精的大国工匠精神，激发学生科技报国的家国情怀和使命担当。加快构建中国特色哲学社会科学学科体系、学术体系、话语体系。帮助学生了解相关专业和行业领域的国家战略、法律法规和相关政策，引导学生深入社会实践、关注现实问题，培育学生经世济民、诚信服务、德法兼修的职业素养。

3.教育引导学生深刻理解并自觉实践各行业的职业精神、职业规范，增强职业责任感，培养遵纪守法、爱岗敬业、无私奉献、诚实守信、公道办事、开拓创新的职业品格和行为习惯。

在此基础上，及时更新教材知识内容，体现产业发展的新技术、新工艺、新规范、新标准。加强教材数字化建设，丰富配套资源，形成可听、可视、可练、可互动的融媒体教材。

教材建设需要各方的共同努力，也欢迎相关教材使用院校的师生及时反馈意见和建议，我们将认真组织力量进行研究，在后续重印及再版时吸纳改进，不断推动高质量教材出版。

机械工业出版社

高端数控技术高技能应用型人才培养系列
精品教材编委会

高端数控技术高技能应用型人才培养系列
精品教材指导委员会

主 任 单 位　武汉华中数控股份有限公司

副主任单位　华中科技大学　　　　　　　西安交通大学

　　　　　　　广西科技大学　　　　　　　国家数控系统工程技术研究中心

　　　　　　　武汉职业技术学院　　　　　长春职业技术学院

　　　　　　　湖南工业职业技术学院　　　武汉第二轻工学校

　　　　　　　常州机电职业技术学院

秘书长单位　武汉高德信息产业有限公司

委 员 单 位　华中科技大学出版社有限责任公司　　机械工业出版社

　　　　　　　湖南大学　　　　　　　　　　　长春职业技术学院

　　　　　　　思美创（北京）科技有限公司　　佛山市南海信息技术学校

　　　　　　　内蒙古机电职业技术学院　　　　赤峰工业职业技术学院

　　　　　　　宁夏职业技术学院　　　　　　　辽宁建筑职业技术学院

　　　　　　　鄂尔多斯职业学院　　　　　　　重庆工业职业技术学院

　　　　　　　敦化职业技术学院　　　　　　　滨州市高级技工学校

　　　　　　　冷水江高级技工学校　　　　　　西安航空职业技术学院

　　　　　　　深圳职业技术学院　　　　　　　深圳信息职业技术学院

　　　　　　　甘肃机电职业技术学院

序

数控机床是制造业的"工作母机"，而以五轴联动数控系统为代表的高性能数控系统则是机床装备的"大脑"，是我国发展高端制造装备的基础，代表了国家制造业的核心竞争力。

五轴联动数控机床是整体叶轮、叶片、螺旋桨、环面凸轮、汽轮机转子和大型柴油机曲轴等零件较为有效的加工手段。五轴联动数控机床对一个国家的航空、航天、军事、科研、精密器械及高精医疗设备等行业有着举足轻重的影响。目前，我国使用的五轴联动机床绝大部分从国外进口，并且受到国外厂家的监控。

随着我国装备制造业向数控化、智能化方向发展，高端的五轴数控机床将越来越"平民化"，其应用领域不再主要是航空、航天等国防军工领域，在新能源汽车、模具、医疗等领域的使用也越来越多。2009 年以来，我国机床工业产值跃居并保持世界第一位，生产占比世界总产出的 1/4 左右。我国制造业增加值呈逐年增长态势，已从 2012 年的 16.93 万亿元增长到 2022 年的 33.5 万亿元。

近几年来，我国制造业面临产业升级及产业结构调整的压力，高端数控加工技术，特别是四轴、五轴联动数控加工技术迅猛发展，相应的技术人才日趋紧张。据上海人才中心统计，高端数控加工技术人员的收入超过普通数控操作工收入的 2 倍，部分企业五轴数控铣工的平均月工资达 1.5 万元，许多企业甚至开出 30 万元的年薪招聘五轴数控技术人才。中国机械工程学会《工业母机产业人才需求研究报告》2023 年发布，预计到 2025 年，工业母机产业用工人数需求量为 71 万人，缺口数量约 10 万人，人才已成为制约机床产业高质量发展的"卡脖子"问题。国以才立，业以才兴，纵观世界工业发展史，但凡工业强国，都拥有大量技能人才。实现从"中国制造"到"中国智造"的跨越，高级技能人才不可或缺。

目前，普通高校及职业院校有关数控技术及数控加工的教学及实训课程中较少涉及五轴联动加工中心的内容，缺乏相应的教材，这已严重影响了我国对国产五轴数控设备的研制和应用。在此背景下，武汉华中数控股份有限公司（简称"华中数控"）与专业出版社合作，组织五轴数控加工领域的数十位企业专家和教学专家，进行了多次调研和研讨，探讨研发五轴数控高职人才培养方案和高职五轴数控专业建设标准、课程建设标准，完成了五轴应用编程等方面的实际加工测试，并在此基础上完成了本书的开发与编写。

本书具有以下鲜明的特点：

1）原创性强。目前，我国中、高职院校缺少五轴数控技术相关专业的教学用书。本书覆盖面广，首创性强，可以有效支持职业院校数控专业的转型升级。

2）配套齐全。本书有较强的教学实践基础，华中数控成立以来就把教育教学当作重要的业务板块和社会责任，先后举办了数十场师资培训和骨干师资培训班，以及教育部、行业和省等各种级别的五轴数控大赛，并为五轴数控加工技术相关课程开发了在线平台和教学资源库，以提供五轴数控教学的重难点讲解微课和 PPT、动画和案例等素材。

3）实践性强。本书实践性强、涵盖面广，囊括五轴加工过程中的基础操作与编程、加工工艺与案例应用等。本书深刻落实理实一体化教学理念，把导、学、教、做、评等环节有机地结合在一起，以"弱化理论、强化实操"和"实用、够用"为目的，强化对学生实操能力的培养，让学生在"做中学、学中做"，符合当前职业教育改革与发展的精神和要求。

参与本书开发的有院校教师、行业与企业专家、企业一线应用技术人员，他们有着丰富的五轴数控技术实践经验和教学培训经验。我坚信，在众多有识之士的努力下，本书的功效一定会得以彰显，为我国五轴数控机床的人才培养贡献力量。

"长江学者奖励计划"特聘教授
中国工程院院士
华中科技大学教授、博导

前　言

近年来，随着多轴数控机床的应用越来越广泛，对多轴数控人才的需求也越来越大，多轴数控加工技术也在不断进步。为了满足多轴数控加工人才培养的需要，武汉华中数控股份有限公司组织多轴数控加工领域的企业和教学专家在第 1 版的基础上对本书进行了修订，不但更新了仿真和后处理软件，还对本书的实例内容进行了进一步的优化。

本书针对已具备数控车铣加工专业知识和技能的学习者，从五轴加工基础编程规则着手，通过介绍使用 CAM 软件实施五轴加工的刀路设计、NC 程序输出及仿真验证、五轴联动加工中心的操作等知识，以及零件多轴综合加工案例应用，指导学习者学习五轴加工相关应用技术。

全书共七个项目：项目一为五轴加工技术的基本认知，主要介绍各类五轴机床及其加工工艺基础；项目二为五轴联动加工中心认知及基础操作，主要介绍 JT-GL8-V 五轴联动加工中心的软硬件结构及基本操作方法；项目三为五轴加工基础编程认知，主要介绍五轴手工编程及 CAM 编程技术；项目四为 VERICUT 五轴加工仿真技术认知，主要介绍 VERICUT 多轴加工仿真软件的功能及基本用法；项目五、项目六及项目七为零件五轴加工的案例应用，通过涵盖五轴定向加工方法、五轴联动加工方法的综合加工案例，面向 AC、BC 不同双摆台结构的五轴机床类别，介绍了从 CAM 编程及 NC 输出、仿真检查到机床操作加工实践的具体工作过程。

为更好地培养学生的爱国主义精神、职业道德和工匠精神，全书增加了 8 个"阅读学习材料"，其内容涉及先进技术、工匠事迹等。本书依据数控技术专业标准，书中内容与工程实际更加贴近，调整修改了第 1 版中两个工作案例项目的内容，并增加了"托盘零件加工""座体零件加工"的案例，丰富了相关的配套资源，本书配套制作的相关资源均可在"机工教育服务网"（http://www.cmpedu.com）下载。

本书由詹华西、朱卫峰、刘怀兰任主编并负责统稿。张珍明编写了项目一单元一、二，刘怀兰、金磊编写了项目一单元三、四，孙海亮、刘尊洪编写了项目二，齐壮编写了项目三，詹华西编写了项目四，朱卫峰编写了项目五和项目七，李艳华编写了项目六。

限于编者的水平和经验，书中难免存在一些错误，恳请读者批评指正。

编　者

二维码索引

名称	二维码	名称	二维码	名称	二维码
多轴加工机床及多轴加工方法		托盘零件五轴定向加工仿真		大国工匠：大道无疆	
多轴加工特点		座体零件刀路及加工仿真		大国工匠：大任担当	
多轴工艺基础		叶轮五轴加工		载人航天精神	
五轴点位加工编程		中国创造：蛟龙号		企业家精神	
调焦筒四轴加工刀路设计		神舟一号返回舱		数字技术的世界	
调焦筒四轴线廓加工		大国工匠：大技贵精			

目 录

五轴加工技术的基本认知

单元一　认知五轴机床及加工对象

【单元学习任务】

1. 在车间现场收集五轴加工机床及五轴联动加工的产品信息。
2. 了解五轴加工的基本知识。
3. 正确识读并提取载体零件的五轴联动加工特征信息。

【单元学习目标】

1. 能正确识别五轴加工机床并判定其坐标系统。
2. 了解五轴联动加工的工作原理以及与三轴、四轴联动加工的区别。
3. 能判断零件产品中五轴联动加工的结构特征，并初步了解其工艺实现方法。

【单元学习知识基础】

一、五轴机床的结构模式与类别

1. 五轴机床的坐标系统

五轴联动加工中的五轴是指机床能控制的运动坐标轴数为五个，联动是指数控系统可以按照特定的轨迹关系同时控制五个坐标轴的运动，从而可实现刀具相对于工件的位置和速度控制。

根据数控机床坐标系统的设定原则，通常数控机床的基本控制轴 X、Y、Z 为直线运动，绕 X、Y、Z 轴旋转运动的控制轴则分别为 A、B、C，X、Y、Z 线性轴的正负方向关系按右手笛卡儿直角坐标系原则确定，而 A、B、C 旋转轴与对应线性轴 X、Y、Z 的正负方向关系遵循右手螺旋定

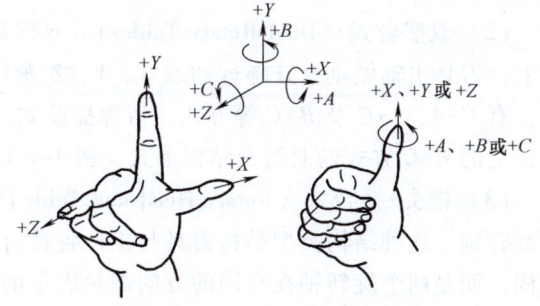

图 1-1-1　数控机床的坐标系统

则，如图 1-1-1 所示。若在基本的直角坐标轴 X、Y、Z 之外还有其他轴线平行于 X、Y、Z

轴，则附加的直角坐标系指定为 U、V、W 或 P、Q、R。一般地，由三个基本直线运动轴 X、Y、Z 和 A、B、C 三个旋转轴中的任意两个联动即可构成五轴联动。

2. 五轴机床的主要结构类型

五轴机床有三个直线运动坐标轴 X、Y、Z 和两个旋转运动坐标轴，且五个轴可以联动，其旋转轴的组合及其控制实现方式可有很多种运动配置方案。但根据五坐标联动机床中的两个旋转轴与主轴或工作台固连的形式，可以归为三大基本结构类型，即刀具双摆动（双摆头）、工作台双回转（双摆台）及刀具摆动与工作台回转（摆头+摆台）。对五轴机床而言，通常称运动中轴线方向不变的旋转轴为定轴，反之称为动轴。按两个旋转轴轴线在空间上的交错方式不同又有正交形式和非正交形式，而且还有直交和偏交的区分。不同的配置形式，其编程坐标数据的计算方法也就不同。

（1）双摆头式（Dual Rotary Heads）　双摆头式是指主轴头摆转控制，工作台做水平运动。这种结构类型是指两个旋转轴都作用于刀具上，刀具绕两个互相正交或非正交的轴转动，以使刀具能指向空间任意方向。由于运动是顺序传递的，因而在两个旋转轴中，有一个旋转轴的轴线方向在运动过程中始终不变，称为定轴，如图 1-1-2a 所示的 C 轴和图 1-1-2b 所示的 B 轴；而另一个旋转轴的轴线方向则是随着定轴的运动而变化的，称为动轴，如图 1-1-2a 所示的 A 轴和图 1-1-2b 所示的 C 轴。按从定轴到动轴顺序，机床分别为正交的 $C+A$ 方式、非正交的 $B+C$ 方式的五轴配置。双摆头机床实例如图 1-1-2c 所示。

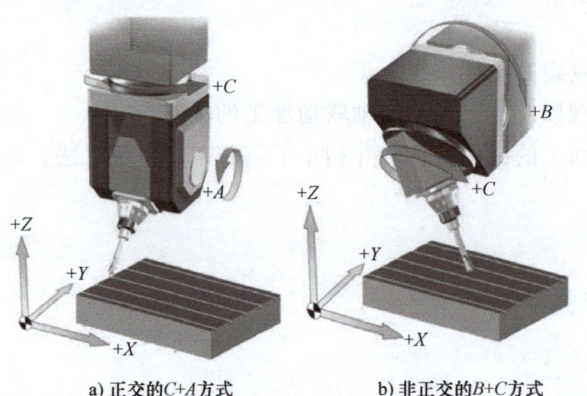
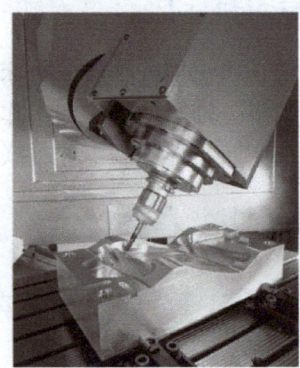

a) 正交的 $C+A$ 方式　　　　b) 非正交的 $B+C$ 方式　　　　c) 双摆头机床实例

图 1-1-2　双摆头式五轴机床

（2）双摆台式（Dual Rotary Tables）　双摆台式结构类型是指两个旋转轴都作用于工作台上，刀具主轴做垂直升降运动或 X、Y、Z 龙门式十字移动。按照定轴与动轴结构配置形式，有 $C+A$、$A+C$ 及 $B+C$ 等方式，俗称摇篮式。图 1-1-3a、b 所示分别为正交的 $A+C$ 方式、非正交的 $B+C$ 方式的双摆台结构形式。图 1-1-3c 所示为双摆台机床实例。

（3）摆头+摆台式（Rotary Head and Table）　摆头+摆台式是指主轴摆转+单一摆台或附加旋转轴。这种结构类型是指刀具与工件各具有一个旋转运动轴，这种结构不是定轴、动轴结构，而是两个旋转轴在空间的方向都是固定的。对于两个旋转轴的配置情况，一般按先工件后刀具的顺序进行分类。图 1-1-4a、b 所示分别为 $C+B$ 方式、$C+A$ 方式的实现方式。图 1-1-4c 所示为摆头+摆台机床实例。

（4）3+2 附加双摆台式　在三轴数控机床工作台面上添加一个数控双轴分度盘附件

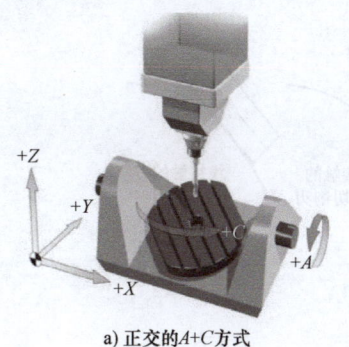

a) 正交的A+C方式　　　　　b) 非正交的B+C方式　　　　　c) 双摆台机床实例

图 1-1-3　双摆台式五轴机床

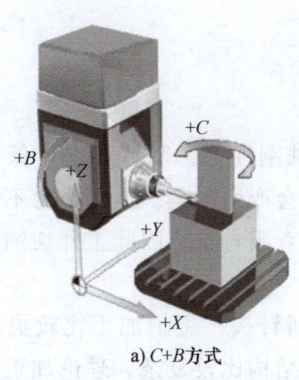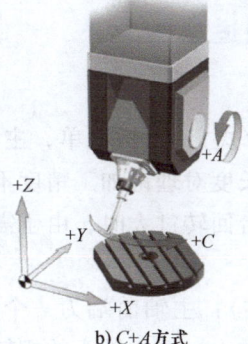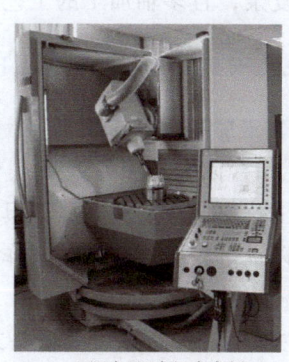

a) C+B方式　　　　　b) C+A方式　　　　　c) 摆头+摆台机床实例

图 1-1-4　摆头+摆台式五轴机床

（图 1-1-5），即可进行五轴控制，卸下附件即为传统三轴数控加工机床。

二、五轴联动加工的特点

与三轴联动加工相比，五轴联动加工具有如下特点：

图 1-1-5　数控双轴分度盘附件

1）对于复杂型面零件，仅需少量次数的装夹定位即可完成全部或大部分加工，从而节省了大量的时间。

2）由于五轴机床的刀轴或工件可以相对方便地进行姿态角的调整，所以能加工更加复杂的零件。

3）由于刀轴或工件的姿态角可调，能实施干涉的避让控制，避免过切和欠切的现象发生，且便于实现切削接触点的灵活控制，增大接触点的线速度或使切削由点接触变为线接触，从而改善切削效率和加工表面质量，如图 1-1-6 所示。

4）五轴联动加工可简化刀具形状，降低刀具成本。通过多轴空间运行，可以使用更短的刀具进行更精确的加工，使刀具的刚性、切削速度及进给速度得以大大提高。

5）五轴联动加工可使夹具结构更简单，能实现端刃切削到侧刃切削的灵活变化，使一些复杂型面加工能转化为二维平面的加工，灵活的刀轴控制使得斜面或斜面上孔的加工编程和操作更为简单方便。

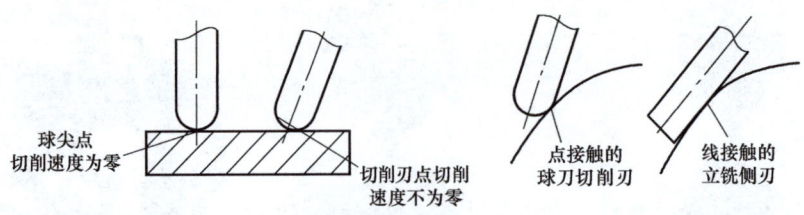

图 1-1-6　多轴加工时切削点的变化

　　但多轴加工编程较复杂，大多需要借助 CAM 软件自动编制程序，其后置处理比三轴联动加工更复杂，且多轴加工的工艺顺序与三轴联动加工有较大的差异。

三、五轴机床对零件加工的适应性

1. 不同五轴模式机床的特点

　　1）工作台回转控制方式（摆台式）：结构简单，主轴刚性好，制造成本较低，同样行程下，加工效率比摆头式高，刀具长度对理论加工精度不会产生影响。但工作台不能设计得太大，所以承重较小。特别是工作台回转过大时，由于需克服自重，因此工件切削时会对工作台带来较大的承载力矩。

　　2）主轴摆转控制方式（摆头式）：主轴前端为一个回转头，主轴加工比较灵活，可活动范围较大，工作台也可设计得非常大。但主轴头的摆转结构比较复杂，理论加工精度会随刀具长度的增加而降低。由于主轴需要摆动，不可设计得太大，因而主轴刚性较差，制造成本也较高。对于大型、重型等无法实现工作台摆动的零件，只能采用摆头式控制方式。

2. 适合五轴联动加工的典型零件

　　图 1-1-7 所示的大型模具零件、多面体零件、叶轮和螺旋桨等为五轴联动加工的典型零件。其中，大型模具零件的模腔曲面使用双摆头五轴联动加工方式时，具有较好的动作控制灵活性。若采用摆台式，就会因主轴与摆台的干涉而限制其允许的加工范围；对于图 1-1-7b 所示的多面体零件而言，若为大中型件，应选用较大工作台面的机床，以确保可靠平稳装夹，用双摆台五轴联动加工方式较为适宜。在行程范围许可时，也可采用立卧转换 $A+B$ 双摆头五轴联动加工方式，采用摆头+回转台 $A+C$ 五轴联动加工方式则容易受干涉问题的制约；对于叶轮、螺旋桨类零件，大中型件宜用双摆头式或双摆台式五轴联动加工方式，也可用摆头+摆台五轴联动加工方式，小型件可使用 3+2 附加双摆台五轴联动加工方式。

a）大型模具零件　　　b）多面体零件　　　c）叶轮　　　d）螺旋桨

图 1-1-7　五轴联动加工的典型零件

单元二　认知五轴加工的工艺方法

【单元学习任务】

1. 认识五轴联动加工常用的夹具及装夹定位方法。
2. 认识数控加工常用的刀具及高速加工刀具系统。
3. 认知五轴加工基本工艺方法及其适应性。
4. 比较分析五轴加工与三轴/四轴加工工艺实现方案的异同点。

【单元学习目标】

1. 知道五轴联动加工的一般装夹方案及其基本要求。
2. 会根据五轴加工设备合理选用刀具系统。
3. 能初步分析五轴加工工艺方案的特殊要求，正确选用工艺方法。

【单元学习知识基础】

一、五轴联动加工的夹具及装夹方法

如前所述，五轴联动加工的特点之一就是可简化工装夹具的结构，便于使用通用夹具及其装夹方法。

大工作台面的摆头式或摆台式五轴联动加工中心，其工件的装夹方式基本与三轴数控机床相同，通常采用通用压板螺钉或精密台虎钳装夹方式，如图 1-2-1 所示。但由于五轴联动加工时刀具或工件的摆转较复杂，必须充分考虑进给路线，所用夹压元件应紧凑安排，相比于三轴联动加工方式而言，其加工区附近应留出更多的空间，以防摆转时进给发生干涉。

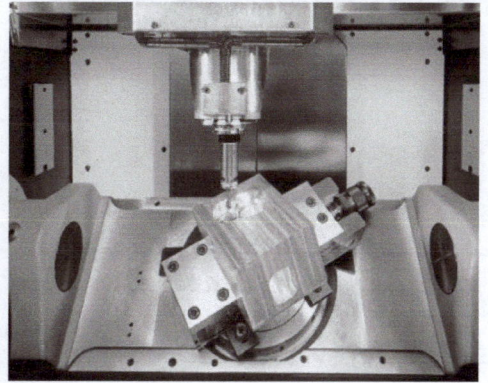

a) 压板螺钉装夹　　　　　　　　　　　　b) 精密台虎钳装夹

图 1-2-1　通用压板螺钉或精密台虎钳装夹方式

对于 3+2 附加双摆台式五轴联动加工中心，由于安装可倾斜式双摆台后，受摆台自身高度的影响，其可用于加工的 Z 轴行程变小了，因此，大多采用图 1-2-2 所示的中小自定心卡盘及单动卡盘，可加工的零件也多为中小型。工件装夹既要考虑双轴数控分度盘的允许安

装空间，也要考虑进给时的摆转空间。加工前有必要按程序要求的最大摆转角度试运行，以检查发生干涉的可能性。

a) 自定心卡盘　　　　　　　　　　　　　　b) 单动卡盘

图 1-2-2　五轴联动加工常用自定心卡盘及单动卡盘

图 1-2-3 所示为摆头+摆台式五轴联动加工中心，其摆台部分大多为独立的旋转工作台，常用于较大型零件（如箱体类零件）的分度加工或联动加工。主轴摆头用于立卧转换，易于实现零件的五面加工。此时将工件对称中心放置在摆台回转中心处，编程控制简单方便。对大型工件进行多面加工时，摆台可作为分度盘使用，加工面正对主轴后即可进行该面各特征的加工，加工完一面后再分度，使另一加工面正对主轴。对于小型零件，若仍以工件对称中心与摆台中心重合进行装夹，摆转到卧式时则要求刀具必须有足够的悬伸长度，因而降低了刀具的刚性，使切削加工处于不理想的状态。因此，小型零件通常偏装在台面转角处，一次装夹可实现相邻两个面的加工，而相对的另两个侧面则必须重新装夹后再加工。多面分度加工时，采用各加工面独立构建坐标系的方法，便于各自独立实施对刀找正操作。而回转联动加工时，工件坐标原点通常设在转台中心处，工件装夹定位时也应按此要求装调。

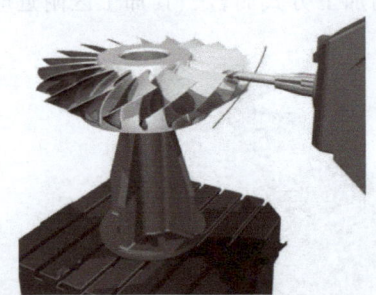

a) 卧式摆台、压板螺钉装夹　　　　　　　b) 卧式摆台、托盘夹具

图 1-2-3　摆头+摆台式五轴联动加工中心

图 1-2-4 所示的组合可调式夹具在五轴联动加工中也越来越广泛地得到应用。利用矩形或圆形基础板上有规则的均匀密布的螺孔，再任意选配可调机用虎钳、自定心卡盘或各类标准接头配件，可针对不同大小和类别的零件装夹的需要，灵活地组合和调整，不仅夹具组件在基础板上具有相对明确的位置，而且形状规则的基础板在机床工作台上也能方便地安装，能使零件相对机床的对刀、找正变得非常便捷。

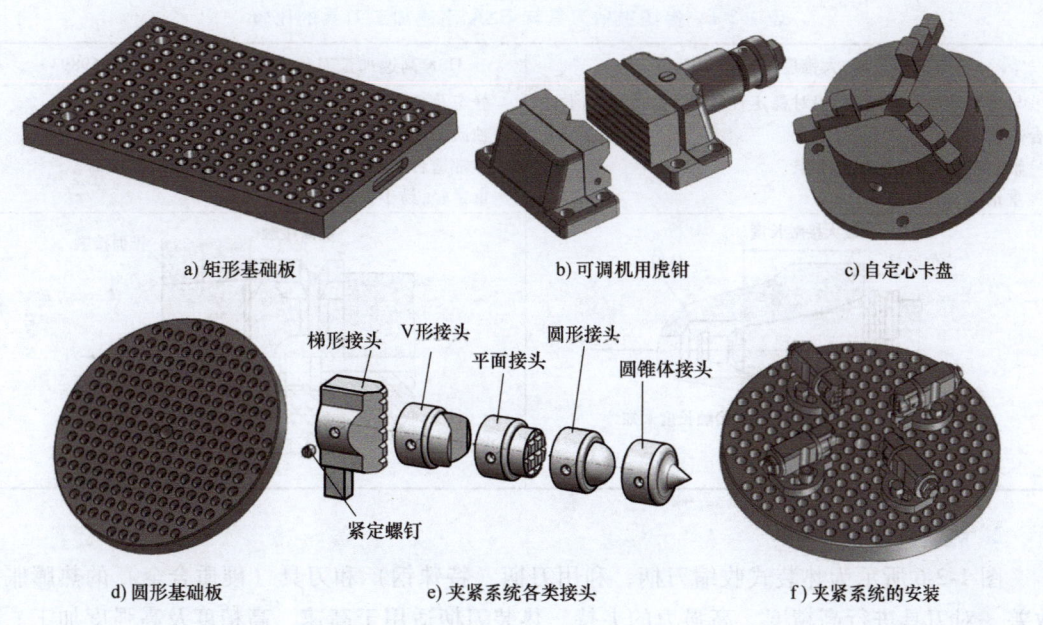

a) 矩形基础板   b) 可调机用虎钳   c) 自定心卡盘

梯形接头 V形接头 圆形接头 圆锥体接头

平面接头

紧定螺钉

d) 圆形基础板   e) 夹紧系统各类接头   f) 夹紧系统的安装

图 1-2-4　组合可调式夹具系统

二、五轴高速加工的刀具系统

当五轴机床结合高速加工进行配备时，其所用刀具必须适合高速加工的需要。传统镗铣床所使用的刀柄锥度为 7∶24，刀柄端面与主轴端面存在间隙，在主轴高速旋转和切削力的作用下，主轴的大端孔径膨胀，造成刀具定位精度和连接刚度下降。

1. 高速加工的 HSK 刀柄接口

传统刀具锥柄轴向尺寸大，因而刀具较重，不利于快速换刀及机床小型化的实现。高速加工采用 HSK 刀柄接口，如图 1-2-5 所示。它是一个小锥度（1∶10）的空心短锥柄，使用时端面与锥面同时接触（过定位），其接触刚性更高。传统锥柄刀具与 HSK 高速加工刀具的比较见表 1-2-1。

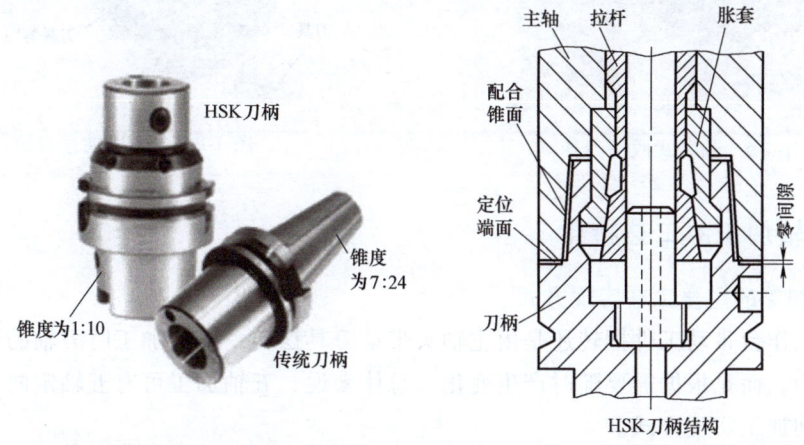

主轴 拉杆 胀套

HSK刀柄

配合锥面

定位端面

锥度为7:24

零间隙

锥度为1:10

传统刀柄

刀柄

HSK刀柄结构

图 1-2-5　高速加工的 HSK 刀柄接口

表 1-2-1　传统锥柄刀具与 HSK 高速加工刀具的比较

传统锥柄刀具，大锥度 7∶24(DIN69871)	HSK 高速加工刀具，空心短锥 1∶10(DIN69893)
与主轴端面间有间隙，相对稳定性较低(会晃动)，不适合高转速 轴向精度低，径向精度有限 重量大，换刀较慢	静态及动态稳定性高 轴向及径向精度高 非常适合在高转速下使用，定心准确 重量轻，易于换刀

2. 热装式收缩刀柄

图 1-2-6 所示为热装式收缩刀柄，利用刀柄（特殊钢）和刀具（硬质合金）的热膨胀系数差，对刀具进行高精度、高强力的夹持。热装刀柄适用于高速、高精度及高强度加工。在使用过程中，刀具与刀柄能获得较高的同轴度，由于硬质合金的热膨胀系数低于刀柄材质，因而拆卸毫不费力。

3. 液压夹紧刀柄

如图 1-2-7 所示，液压夹紧刀柄在刀具容腔外侧开设有液压油容腔，通过旋调加压螺栓加压后使液压油容腔膨胀，改变刀具容腔的体积而夹紧刀具。液压刀柄不仅夹紧力大，而且切削加工时还可起到吸振作用，可有效改善切削受力状况。

图 1-2-6　热装式收缩刀柄

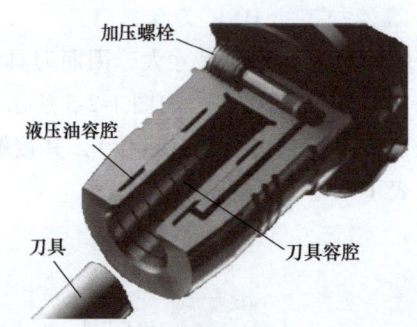

图 1-2-7　液压夹紧刀柄

三、五轴加工的工艺特点

1. 五轴加工的主要工艺实现方式

无论由工作台带动工件摆转还是由主轴头带动刀具摆转，五轴加工时刀轴的姿态角不再是固定不变的，而是根据需要随时产生变化。总体来说，五轴加工可有五轴定向加工实现方式和五轴联动加工实现方式。

五轴定向加工时，在工件或刀具相对摆转到刀具与所需加工的表面垂直后，刀轴呈一定的姿态角不变，其他三个直线轴做传统的三轴联动加工。五轴定向的钻镗点位加工、五轴分度形式的平面轮廓及槽形的铣削加工或曲面铣削加工，均属于五轴定向加工的范畴。若五轴定向加工是由工作台带动工件摆转实现的，相当于在工作台上安装了一个专用摆转夹具，其工艺实现方式完全类似于传统三轴联动加工，可沿用三轴联动加工的工艺手段和编程方法，包括进给方式及其刀具补偿的设置。若五轴定向加工是由主轴带动刀具摆转或至少有一个是刀具的摆转实现的，其工艺实现方式将与传统三轴联动加工有所区别。只有当相对摆转使主加工进给在标准 XY、YZ、XZ 平面内实施时，才有可能和三轴联动加工一样使用直线和圆弧插补、钻镗循环的编程以及相关刀补控制，如图 1-2-8a 所示的多面体的加工；若摆转后的进给不在这些标准平面内，只能采用直线拟合的方式，通过直线插补来实现，其刀补控制的应用将受到一定的限制，加工编程将变得更复杂且不易于解读。

　　五轴联动加工为三个直线轴和两个旋转轴按照特定的轨迹关系同时运动，从而实现刀具相对于工件的连续或断续切削，主要用于空间复杂曲面的加工，如图 1-2-8b 所示叶轮零件的加工。由于其加工路线大多为多坐标联动的空间进给，程序基本上就是直线拟合的方式且必须借助 CAM 软件来编制。和三坐标机床加工曲面一样，基于 CAM 软件的数学处理算法，很多情况下实际上并不都是三轴联动，而是采用某一轴间断进给、另两轴联动做主切削的"两维半"加工方法，五轴联动的曲面加工有时也会采用某 1~2 轴间断进给，其他三轴或四轴联动做主切削的加工方法。

a) 多面体的五轴定向加工　　　　　　　　b) 叶轮零件的五轴联动加工

图 1-2-8　五轴加工的主要工艺实现方式

2. 五轴加工对工艺方法的简化及加工质量的改善

　　采用球刀以传统的法向垂直方式加工曲面时，其主切削点球尖处的有效切削直径较小，切削刃处切削线速度接近于零，此时是刀具在挤压被切削材料而不是做旋转切削，不仅加工表面质量差，而且加工效率低。为此，采用多轴加工方法，使球刀的刀轴方向相对于加工表面法向倾斜一定的角度，就可以使刀具的有效切削直径加大，使切削接触点处的切削线速度得以显著提高，从而改善切削质量，提高切削效率。通过计算刀杆倾斜时背吃刀量与有效切削直径的关系，可辅助判断切削加工的效率以及合适的切削参数。如图 1-2-9 所示，刀杆倾斜 β 角后，当背吃刀量为 a_p 时，刀具的有效切削直径可由下式计算：

$$d_\mathrm{eff} = d\sin\left[\beta \pm \arccos\left(\frac{d-2a_\mathrm{p}}{d}\right)\right]$$

　　曲面加工时，采用等弦长或者等误差的曲线拟合算法，无论其是应用于沿切削方向的进

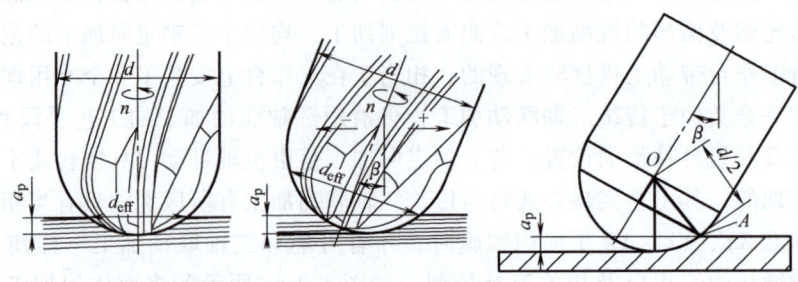

图 1-2-9 刀杆倾斜后有效切削直径的计算

给控制还是行切间距的分配，都存在着允许精度范围内的过切或余量残留。用点接触的球刀加工一张曲面时，要想获得较小过切量或残留量的较高表面质量，就需要很细密的步长或行距，这就必然会造成加工时间和成本的增加。在五轴加工可变姿态角的控制方式下，为达到同样的加工误差，使用立铣刀的侧刃或底刃实施允许弦长的线接触切削，可加大切削行距，从而提高切削效率和表面质量，如图 1-2-10 所示。

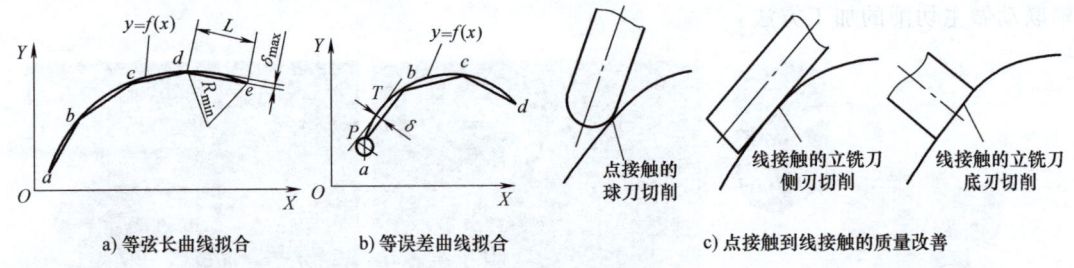

a) 等弦长曲线拟合   b) 等误差曲线拟合   c) 点接触到线接触的质量改善

图 1-2-10 五轴加工对曲面加工质量的改善

对于螺旋桨、叶轮等多叶片一体的零件，当叶数较少、螺旋升角不大时，其叶间无重叠，此时可对铸件毛坯采用图 1-2-11a 所示的三轴翻面加工方式，下方采用千斤顶辅助调节，上表面打表找平后锁紧。但采用三轴翻面加工方式时，叶面和叶背必须分两次装夹翻面加工，其叶片逐渐变薄的导边和随边边缘极易变形且光顺性较差。而使用图 1-2-11b 所示的五轴加工方式则可在一次装夹下完成，不仅可较好地保证叶片零件的整体尺寸精度，且其导边和随边边缘可环绕顺接加工，前后缘表面质量和光顺程度可大大提高。

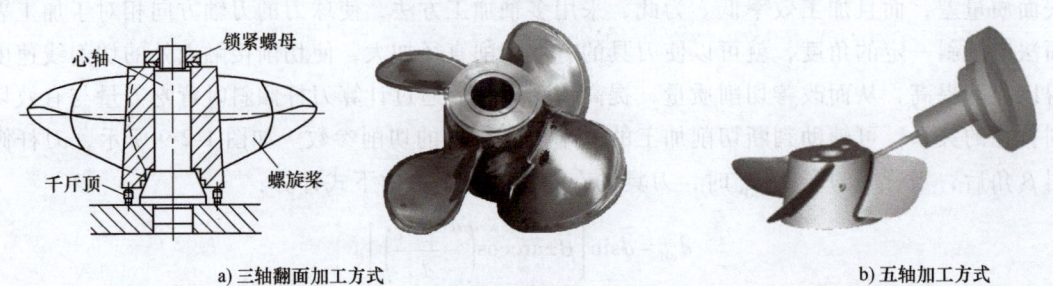

a) 三轴翻面加工方式   b) 五轴加工方式

图 1-2-11 螺旋桨零件加工的工艺实现

对于叶数多且螺旋升角较大的螺旋桨及叶轮类零件，其叶间有大面积的重叠，则必须借助五轴加工工艺，通过摆头或摆台从叶间斜向进给方可实现整个叶片的加工。

对于单叶片曲面零件，采用三轴加工时，只能使用球刀进行曲面的精修加工，其加工效率较低且表面质量不高。相对于多叶片一体的零件而言，单叶片加工时的干涉避让较少且易于控制，更适合采用多轴加工工艺，方便使用平底铣刀以线接触方式实现多轴宽行的高效切削，如图1-2-12所示。

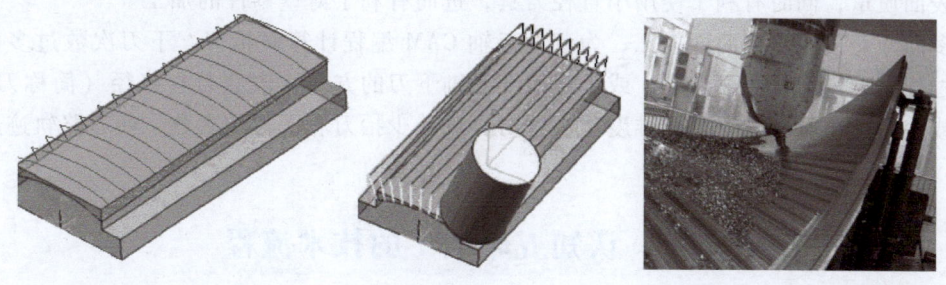

图 1-2-12　使用平底铣刀实现多轴宽行的高效切削

如图1-2-13所示的零件，其内外侧壁曲面为变斜角变半径顺滑过渡的几段弧形曲面，采用三轴铣削方式加工相当困难，需要更换几把不同锥度角的锥形铣刀分段加工，或采用球刀做曲面行切加工，加工费时费事且表面质量不易控制。若使用五轴加工，可使用立铣刀的侧刃一次精加工出来，而且加工出的零件表面质量要比球刀加工的好许多，精度能得到很好的保证，同时切削效率也大大提高。

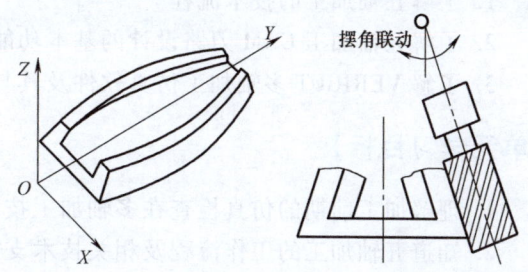

图 1-2-13　使用立铣刀侧刃的变斜角曲面加工

3. 五轴加工的粗、精加工工艺安排

（1）粗加工工艺安排的原则

1）尽可能用平面加工或三轴加工方法去除大余量，以提高切削效率，增加加工控制的可预见性。

2）分层加工，留够精加工余量。分层加工可均衡零件的内应力，防止过大的变形。

3）遇到难加工材料或者加工区域窄小、刀具长径比较大的情况时，粗加工可采用插铣方式。叶轮加工开槽时，最好不要一次开到底，应根据情况分步完成，即开到一定深度后先做半精加工，然后再继续开槽。

（2）半精加工工艺安排的原则

1）半精加工是为精加工均化余量而安排的，因此其给精加工留下的余量应小而均匀。

2）保证精加工时零件具有足够的刚性。

（3）精加工工艺安排的原则

1）分层、分区域及分散精加工。精加工顺序最好是由浅到深、从上而下。对于整体式叶片及叶轮类零件，精加工应先从叶面、叶背开始，然后再到轮毂，以确保加工叶型悬臂时其根部有足够的刚性。

2）模具、叶片及叶轮等零件的加工顺序应遵循曲面→清根→曲面的顺序反复进行，切忌两相邻曲面的余量相差过大，造成在加工大余量时，刀具向相邻而余量又较小的曲面方向让刀，从而造成相邻曲面过切。

3）尽可能采用高速加工。高速加工不仅可以提高精加工效率，还可以改善和提高工件精度和表面质量，同时有利于使用小直径刀具，进而有利于薄壁零件的加工。

对多曲面交接的复杂曲面加工，为避免五轴 CAM 编程计算时抬刀、下刀次数过多而出现扎刀过切，可先简化曲面建模，或尝试改变改轴下刀的方向、改变刀具路径（简称刀路）策略，或使用稍小直径的刀具及锥度球头铣刀，以减少抬刀和下刀的次数，使刀路轨迹连续顺接。

单元三 认知五轴加工的技术流程

【单元学习任务】

1. 了解五轴加工的技术流程。
2. 了解五轴加工 CAM 刀路设计的基本功能。
3. 了解 VERICUT 多轴加工仿真软件及其与 CAM 软件仿真的区别。

【单元学习目标】

1. 理解加工前期的仿真检查在多轴加工技术流程中的重要作用。
2. 知道五轴加工的工作流程及相关技术支持的软件。
3. 初步认知基于 NC 程序的 VERICUT 五轴加工仿真技术。
4. 能利用 VERICUT 仿真案例加深对各类结构五轴机床的理解。

【单元学习知识基础】

一、五轴加工的技术流程

五轴加工的技术流程如图 1-3-1 所示。

三轴加工时，可直接按工艺设计生成刀路，再根据机床系统生成数控程序，简称 NC 程序，然后传送程序到机床中，由操作人员按指定的工件零点位置对刀后实施加工即可。而五轴加工与三轴加工不同，早期数控机床因不支持刀具中心点控制（Rotational Tool Center Point，RTCP）的旋转轴刀具长度自动补偿技术，在生成刀路后输出 NC 程序之前，操作人员必须先将工件装夹对刀后的现场相关数据给编程人员，通过 CAM 软件进行相关后置参数设置，才能生成 NC 程序，再传送到机床中实施加工。但随着现代五轴机床对 RTCP 功能的支持，这一情况得到了很大改善，依然可以如三轴编程加工那样，在前期生成与机床结构参数无关的 NC 程序供加工使用。然而，不管如何，随着五轴加工控制轴数的增多，以及其 NC 程序的可识读性较差，干涉存在较大的不可预见性，因此，实际加工前必须借助第三方

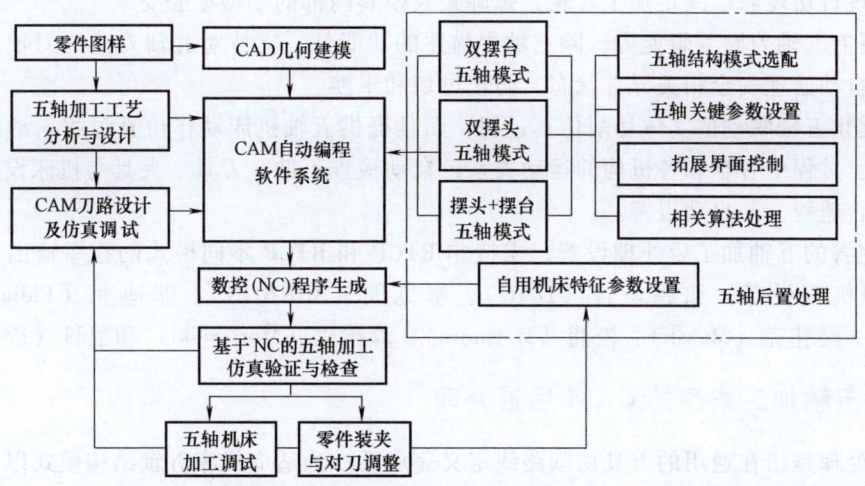

图 1-3-1　五轴加工的技术流程

仿真软件进行基于 NC 程序的五轴加工仿真检查和验证。若发现有干涉的可能，就再返回到 CAM 软件中进行刀路设计的调整，其技术流程远比三轴加工要繁杂。为了获得更精准的仿真检查效果，应尽可能地根据自用机床的机械部件结构、工件装夹部件结构及其位置关系、实际所用刀具系统各刀具尺寸及其刀柄结构尺寸等现场真实数据，在第三方仿真软件（如 VERICUT）中进行模型构建。通过反映现场真实场景的五轴加工仿真进行干涉等内容的检查和验证，对后续机床的实际加工能起到事半功倍的效果。

二、五轴加工编程的 CAM 软件及其基本功能

目前用于三轴数控铣的流行 CAM 软件大多都具有五轴加工编程的功能，包括 Master-CAM、UG、Delcam、CAXA、Pro/E 及 CATIA 等。这些软件有的是以 CAM 为主的专业编程软件，有的是集 CAD/CAM 设计与制造一体化的多功能平台软件。

五轴加工包括五轴定向方式下的三轴加工，因此具备三轴加工刀路设计的全部功能，五轴功能是在此基础上的扩充。

1）具有实现定位五轴加工方式（3+2 轴）和连续五轴加工方式的各类刀路设计功能。五轴定位时能包含五轴定向的坐标数据输出，连续五轴加工时可以获得五轴联动的数据输出。

2）具有连续五轴加工的基本功能和拓展的专家模块功能；具有五轴曲面、槽及弯孔（管道）等的基本加工能力，包含五轴轮廓/曲线、沿边和沿面加工，刀路裁剪功能以及五轴投影加工功能等；能实现叶轮等常用零件的五轴加工专业化刀路定制或模块指导化定制。

3）五轴加工刀路可基于通过点或指向点加工、自直线或到直线、自固定倾角到可变倾角及从曲线或驱动曲面进行控制，其刀轴控制方法多样，刀轴运动安全合理。

4）五轴加工支持使用全范围的不同类型的切削刀具，包括面铣刀、角度铣刀、球头立铣刀、圆角铣刀及三面刃铣刀等。

5）能自动对产生的全部刀路进行刀具夹持和刀具的五轴碰撞检测，这样可确保加工过

程中不出现过切现象，满足加工叶轮、螺旋桨及模具内部的小型型腔要求。

6）具有五轴刀路编辑能力。除三轴中描述的功能外，支持对五轴刀路的刀轴矢量进行编辑，并自动处理安全相关异常状态，防止过切和干涉。

7）提供五轴联动的实体切削仿真过程，而且提供五轴机床动作仿真过程。动态仿真五轴机床加工过程中各轴和各机构的运动关系，自动检查工件、刀具、夹具与机床设备间是否干涉、是否超程，并自动报警。

8）完善的五轴加工后处理设置，支持非 RTCP 和 RTCP 不同模式的程序输出，支持国际上各种机床设备，如德马吉（DMG）、米克朗（MIKRON）、菲迪亚（Fidia）、牧野（Makino）、马扎克（Mazak）、松浦（Matsuura）、森精机（Mori Seiki）和福科（Fooke）等。

三、五轴加工编程的 CAM 后置处理

后置处理是指在通用的刀具切削路线定义完成后，为适应机床五轴结构模式以及机床控制系统的编程规则而定制输出 NC 程序的技术工作。通常 CAM 软件都提供多种标准机床设备后置处理选用的接口，用户只需要在程序输出前选择所需的标准设备类型，即可获得与之对应的 NC 程序输出。对数控加工的程序输出而言，不仅涉及机床数控系统类型的不同，如发那科（FANUC）、西门子（SINUMERIK）及华中数控（HNC）等，而且同一机床系统不同的版本型号，其编程规则也存在着或多或少的差异，如 FANUC-0i 和 FANUC-18i、SINU-MERIK802 和 SINUMERIK840、HNC-21M 和 HNC-8M 等；不同的机床厂家虽然选用了同一类型的数控系统，但在进行 PLC 功能拓展控制时，对部分辅助功能代码又进行了不同的规则定义，如有的机床换刀用 T×× M6，而有的用 T×× M98 P9000，所有这些都需要在 CAM 后置程序输出时进行相应的参数设置。对于五轴加工，其影响 NC 程序输出的参数更多，包括五轴机床的双摆台、双摆头、摆头+摆台的结构模式选配，两个旋转轴类型（主旋转轴和第二旋转轴）$A+C$、$B+C$，以及该两轴的旋转方向和零角度方位等关键参数，还有双摆台机床轴间偏置数据或摆头式机床的摆长及刀长补偿的机床特征参数等。由于早期的五轴机床不具备 RTCP 的旋转轴自动补偿功能，因此需要进行非 RTCP 的 NC 程序输出，其 RTCP 补偿由 CAM 后置处理算出。现代五轴机床通常具有 RTCP 功能，其由 CAM 输出的 NC 程序只需含启用机床 RTCP 功能对应的指令代码即可，RTCP 的补偿计算由机床系统实现。为了兼顾这两种方式，CAM 必须具备相应的后置处理设置。

1. 不同五轴结构模式机床的结构特征参数

对于图 1-3-2 所示的某 $A+C$ 双摆台五轴结构模式的机床，其工作台 C 轴可绕 Z 轴做 $360°$旋转，而工作台 A 轴可绕 X 轴向前最大倾斜 $30°$，向后最大倾斜 $95°$，工作台面上表面至 X 轴轴线的 Z 向偏置距离为 125mm，工作台旋转中心轴线（C 轴轴线）至 A 轴轴线的 Y 向偏置距离为 165mm。由 CAM 进行五轴加工非 RTCP 的 NC 程序输出时，只有在后置处理时给定这些数据，才可产生正确的加工程序。这些数据就是双摆台五轴机床的特征参数，不同的双摆台机床具有不同的特征参数。使用该机床加工不同的零件，安装零件时应使其 C 轴编程零点与 C 轴轴线重合，因此 Y 向偏置距离相对不变，可按−165mm 设置。若 Z 向零点位于与工作台面重合的下安装表面，则 Z 向偏置距离按 125mm 设置；若 Z 向零点距工件下安装表面有一定的距离，则 Z 向偏置距离应计入该距离值，按 Z 向零点至 A 轴轴线的实际 Z 向距离数据进行特征参数设置。若拟启用机床具有 RTCP 自动补偿功能，这些轴间偏置的机

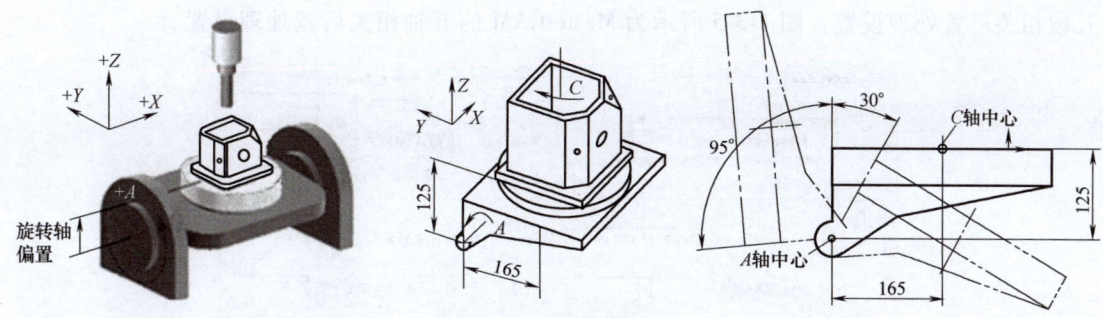

图 1-3-2　双摆台机床的轴间偏置及旋转范围

床结构特征参数只需在机床参数中给定，NC 程序输出时就不需要再考虑。而且工件在机床中的安装位置可更灵活，只需和三轴加工一样通过对刀找正工件零点即可，这就是使用具有 RTCP 功能机床的优势。

对于图 1-3-3 所示的某 *C+A* 双摆头五轴结构模式的机床，其定轴 *C* 可绕 *Z* 轴做 360° 旋转，而动轴 *A* 轴可绕 *X* 轴向前最大倾斜 90°，向后最大倾斜 90°。由于刀轴方向随 *A* 轴摆转而变化，因此加工进刀方向可能与 *Z* 轴方向不再平行，其刀具长度补偿的计算将变得较为复杂，因此，只有在 CAM 后置处理中设置摆长、刀具定长及旋转轴角度允许摆转区间等机床结构特征参数，才可得到正确的非 RTCP 的 NC 程序。摆长（枢轴中心距 *L*）是指两旋转轴的交点（即枢轴点）到刀具刀位点（刀尖中心或球心）的距离，即刀位点至 *A* 轴轴线的距离。摆长 *L* 由枢轴点到主轴鼻端的距离和刀具定长两部分组成。其主轴鼻端到枢轴点的距离由机床厂家给定，对某些机床而言通常为定值，而刀具定长为刀柄安装基准平面（与主轴

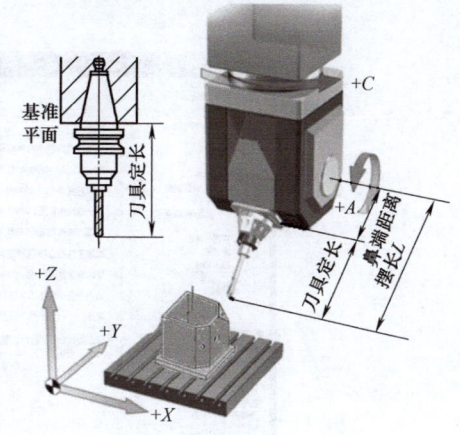

图 1-3-3　双摆头机床的摆长

鼻端平齐）到刀具刀位点的距离，因加工所用刀具不同而不同。使用双摆头机床 RTCP 功能做五轴加工时，这些数据需在机床系统参数中给定，在 CAM 后置处理中选择使用机床 RTCP 模式输出即可。

2. 五轴后置处理相关参数的设置

不同的 CAM 软件对影响 NC 程序输出的相关后置处理参数的设置采用不同的管理模式，但从规范程序指令格式的通用参数设置到由刀路轨迹数据转换为 NC 程序指令坐标数据的算法，针对不同的机床系统以及不同的机床结构模式，均有一个对应的后置处理文档供用户在程序输出前选用，并允许用户对该后置处理文档进行个性化编辑与修改。一般来说，对通用参数的编辑修改目前大多通过专门的后置处理编辑器实现，用户可采用人机对话的方式在对话框中逐一进行设置修改，而对高级参数设置，特别是涉及相关算法部分的修改，大多还需熟知后置处理文档语法的高级用户（或软件商）直接对后置处理文档进行编辑处理。由于高级后置处理文档的修改带来的后果不可预见，因此不建议一般用户直接进行编辑。对五轴

加工而言，一般用户只需要能够进行相关后置处理参数设置即可。图 1-3-4 所示为 UG NX 的五轴相关后置处理设置，图 1-3-5 所示为 MasterCAM 的五轴相关后置处理设置。

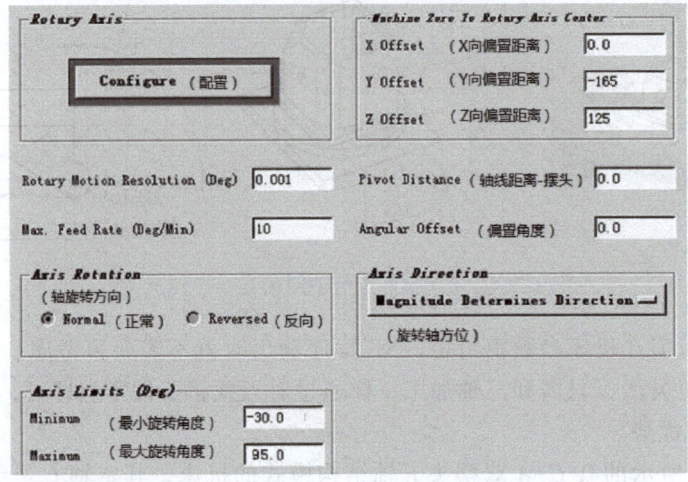

图 1-3-4　UG NX 的五轴后置处理设置

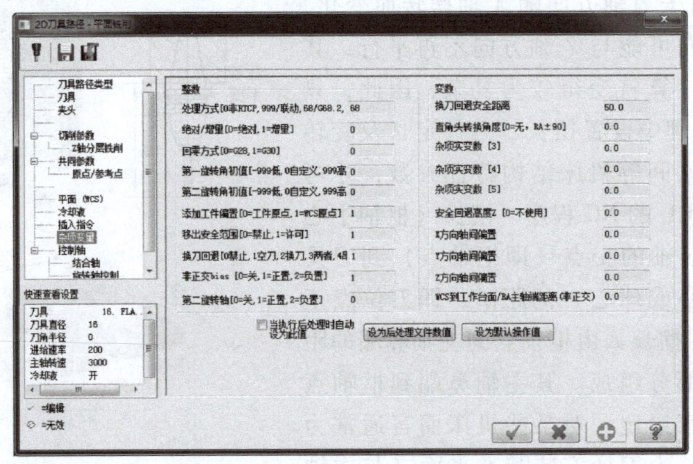

图 1-3-5　MasterCAM 的五轴后置处理设置

四、基于数控软件的仿真检查

1. 数控加工仿真检查软件的类别

（1）CAM 软件内嵌的仿真检查功能模块　CAM 软件本身内嵌有刀路轨迹的仿真检查功能模块，通常具有线架形式、3D 实体形式以及基于机床实体模型的仿真验证检查。实体模型的仿真用于加工结果的直观检查，而线架仿真用于刀路轨迹的细致分析。实体仿真检查时，因快速移动导致的干涉碰撞痕迹可用特定的颜色显示，容易直观地被发现，而产生的过切和欠切则必须通过与设计图样比对做出判断。基于刀路的毛坯加工实体验证，便于设计者观察所编制刀路程序的加工效果，以及时调整刀路方法与设计参数，但这种实体验证难以体现零件在机床上具体加工状况及其对结构关系的要求。而基于机床模型的虚拟验证，可帮助设计者根据生产现场中机床与夹具的实际结构及尺寸关系，进一步就加工工艺系统的具体要求实施分析和检查，对刀具长短、工件装夹位置要求及其可能的干涉情况等做出一定的判断。

（2）第三方开发的专业仿真检查软件 由 CAM 软件公司与数控机床厂家之外的第三方所开发的仿真检查软件，如 CIMCO Edit、MetaCut Utilities 及 VERICUT 等。这类软件通常可读取由 CAM 软件生成的刀路轨迹数据文件或者面向机床加工用的 NC 程序文件，从中提取或即时定义刀具和毛坯数据后，即可选择线架形式或 3D 实体形式的仿真检查。由于对 NC 程序解释方面的不同理解和对实际插补算法的不同，这类仿真检查软件对过切和欠切虽然也有定量的分析，但和具体数控机床的实际加工效果或多或少地存在一定的差异。

另外，还有一些国内开发的加工仿真类软件，如上海宇龙、北京斐克等的数控加工仿真系统等。目前，这类软件以数控机床操作的模拟训练为主，虽然也可直接面向 NC 程序进行一些基本功能的仿真检查，但在复杂件加工的处理上还不完善。

（3）数控机床厂家开发的在机仿真检查功能模块 由数控机床系统本身提供的在机仿真检查，作为功能模块内嵌在机床控制软件中。它由于采用 DOS 操作系统的控制模式，在存储容量的分配上受到种种限制，大多数都只能提供线架形式的仿真，只有少量使用 PC-NC 控制模式和基于 Windows 操作系统管理的机床系统才有 3D 实体形式的仿真检查功能模块，而且有些机床必须采用其系统本身提供的简易自动编程功能获得的程序才可实现在机仿真检查。在机仿真检查通常与机床的实际运动相配合，因此，其真实可信度是最高的。

2. 数控加工仿真检查软件的适应性

总体来说，自动编程的零件数控加工处理，使用 CAM 软件内嵌的仿真检查功能最便利。大多数情况下设计者都会选用实体仿真做预检查，发现问题后再用线架仿真进行具体分析。对于多工序加工的仿真，通常采用将前一工序仿真结果保存为 STL 半成品毛坯文件的方法，供后续加工使用，最终的加工结果还可与零件的实体模型进行过切和欠切的比较，从而判定其刀路设计的不合理程度。

由于很多 CAM 软件自身进行仿真检查时不是基于 NC 程序而是基于刀路轨迹的中间数据的，其仿真检查似乎与后续程序输出时选用的机床类型无关，因此，它无法检查出其在转换到 NC 程序过程中产生的错误。为此，在后置处理生成 NC 程序之后，还必须采用第三方软件进行基于 NC 程序的仿真检查，此时仿真检查的重点可放在每一把刀具加工程序的首尾部分及其下刀、提刀的干涉问题。

若要进一步就毛坯安放和装夹后的准加工状况进行仿真检查，可选择基于机床实体模型的仿真模块、在机仿真软件，或选择操作训练类的仿真软件做定性检查。为避免在各软件之间来回转换的烦琐，可直接选用如 VERICUT 那样能全面兼顾的第三方专业软件，即使多轴、多面、车铣复合、工序分散或组合加工以及多系统选配，也可在一个软件中实现。

3. 基于 NC 程序仿真验证的软件

（1）MetaCut Utilities 仿真软件 MetaCut Utilities 仿真软件是一个用于加工前对 NC 程序代码进行仿真模拟及检查分析的专业软件，在其中也可指定 STL 数据文件作为毛坯，从 3.0 版开始可进行多轴加工的仿真模拟。如图 1-3-6 所示，该软件左侧显示 CAM 软件产生的 NC 程序或 NCI 刀路数据，右侧可多窗口显示加工刀路、加工切削的动态过程及切削后的实体模型结果，左下方显示所用刀具，右下方显示实时状态信息、过切碰撞及其结果分析等提示信息。

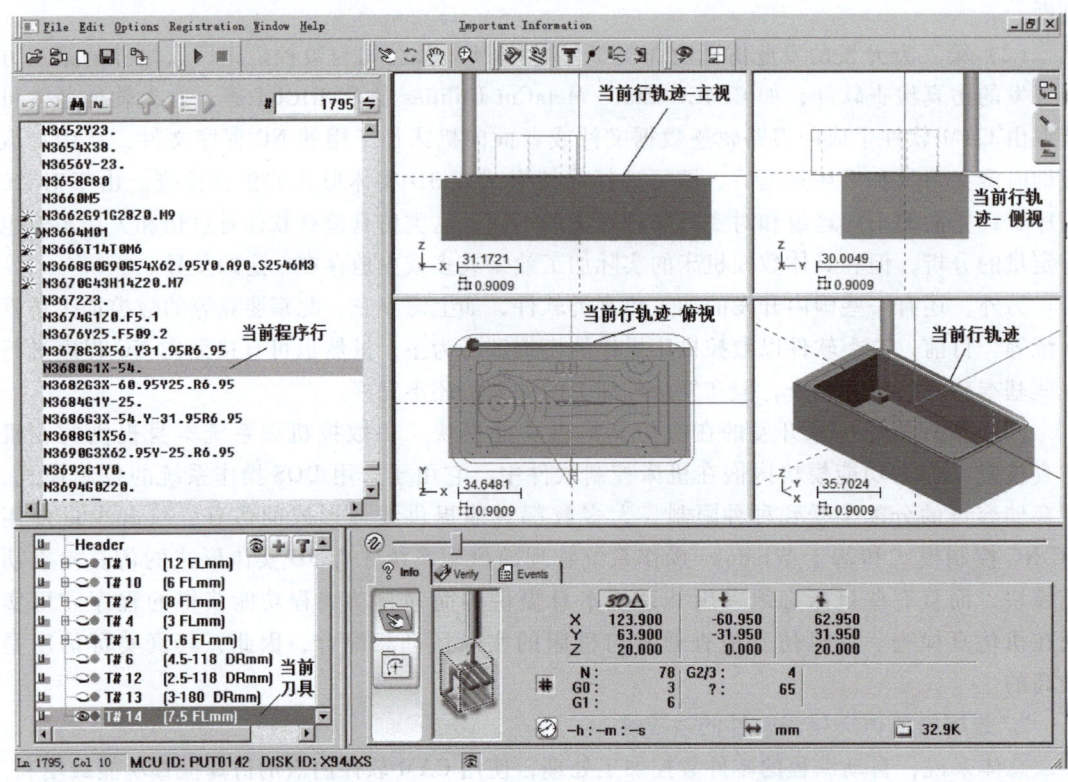

图 1-3-6　MetaCut Utilities 基于 NC 程序的仿真模拟

（2）VERICUT 仿真软件　如图 1-3-7 所示，VERICUT 软件可用于交互模拟 2~5 轴铣、

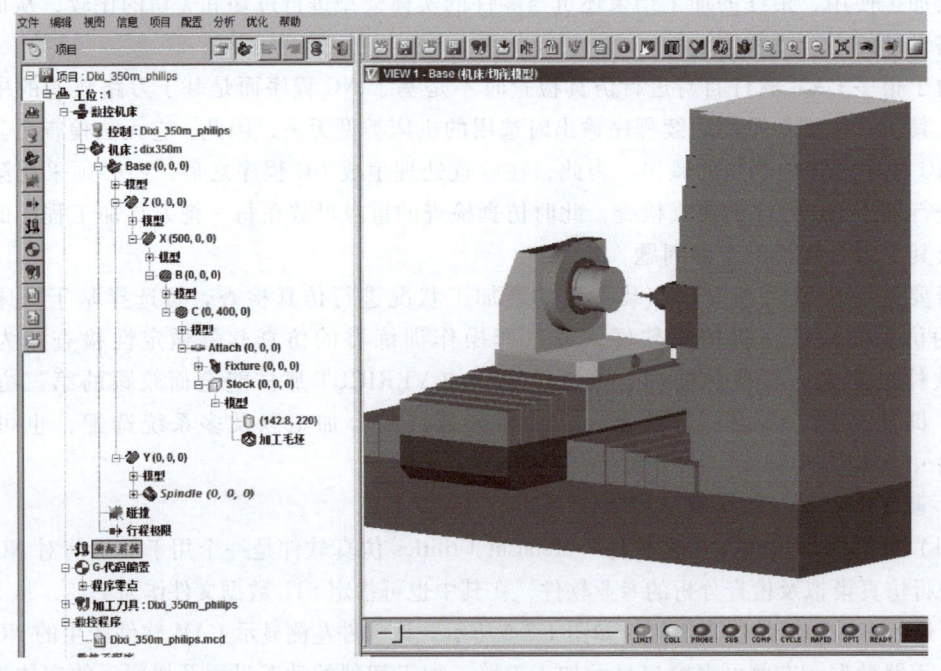

图 1-3-7　卧式 *B+C* 摆台五轴加工的 VERICUT 仿真

钻、车、EDM 等单项及组合数控加工过程，能准确识别加工过程中的过切和欠切，刀具与工件、刀具与夹具等的碰撞；可将切削零件与设计原型进行比较，以判断过切差值和欠切差值；可由用户根据自用机床的结构模式自主搭建机床模型，能自主选用机床数控系统类型并定义编程规则；可参照现场加工的实际环境构建任意工具、夹具或刀杆形状，并可任意旋转、剖视以及测量零件尺寸；可根据切削条件与数控系统工具能力，自动修正 NC 程序，使切削更快、效率更高。

单元四 了解五轴加工的应用领域及发展趋势

【单元学习任务】

1. 了解五轴加工技术的应用领域。
2. 熟悉多轴机床及多轴加工技术的发展历程。
3. 了解多轴加工发展中的前沿高端技术。

【单元学习目标】

1. 知道五轴加工技术应用涉及的主要领域。
2. 知道多轴加工技术的发展历程。
3. 知道多轴加工技术的应用现状及前沿新技术。

【单元学习知识基础】

机械工业是装备制造业最重要的组成部分，我国机械工业的重要产品产量已居世界前列，国民经济的高速发展对机械工业相关技术也相应地提出了更高的要求，对高档数控机床的大量需求也就非常迫切。据 2023 年的数据统计，当前我国中、低档数控机床的国产化率分别为 65%、82%，但高档数控机床的国产化率仅为 6%，高档数控机床存在较大的国产化空间。随着我国数控产业的产品结构不断优化，技术含量明显增加，数控企业纷纷推出五轴联动数控机床及其配套系统，高精、高速及五轴联动等高档数控机床的生产也在逐年提升。例如，华中数控推出的五轴联动高档系统与高档数控机床配置在我国的国防、汽车和重大装备制造企业中得到了广泛的应用。作为国民经济增长和技术升级的原动力，以五轴联动为标志的机械装备制造业将伴随着高新技术和新兴产业的发展而共同进步。

一、五轴加工的应用领域

五轴加工主要应用于航空航天、水利水电及轮船等高端产品的核心部件的制造，例如具有复杂曲面结构的航空发动机中的大型整体叶轮、水利水电设备中的发电机转子、汽车发动机中的涡轮以及模具制造等领域。为适应装备制造业高速发展的需要，提高生产效率，五轴加工技术在制造业的各领域都已得到广泛应用。其主要应用如下。

1. 加工复杂空间曲面的产品零件

加工一些具有复杂空间曲面的产品是五轴加工的典型应用之一。使用传统的三轴数控机床加工这类产品可能需要多台机床、多次装夹，有的甚至无法加工，同时还需要大量的人力修整，制造周期长，生产成本高。例如，在宇航、船舶、电力及核工业等制造业中，压气机、涡轮燃机和发电机组等许多产品中多有结构复杂且为空间曲面的叶片、整体叶轮以及螺旋桨叶等零件，采用五轴加工技术实现直接铣削加工具有重要的意义。

2. 大型复杂结构件的高效加工

加工大型复杂结构件时，其搬运、装夹和测量是困难、费时和高费用的，同时在多数情况下还需要多台机床。应用适应轻、中、重载切削的各类高速五轴机床对大型复杂结构件实现高效率加工可避免这种不足，特别是在飞机制造业得到了非常广泛和有效的应用。

3. 复杂多面体带孔系结构件的高效加工

在宇航、汽车制造业，常需要加工复杂多面体带孔系结构件，如汽车缸盖、气缸箱体、泵体和变速箱体等，传统加工手段需要多次装夹，测量、装夹定位困难、费时，加工周期长，生产成本高。采用具有多面体加工能力的五轴联动加工中心可有效缩短生产周期，降低生产成本，通常可明显缩短生产周期 30% ~ 70%。

4. 模具主要成形部件的加工

在模具制造业，模具中的主要成形部件的加工，如型芯、型腔及侧抽芯部件等，由于传统加工手段的局限性，往往采用电火花（EMD）辅助加工的方法，或将复杂难加工的内腔曲面分解为几个部件镶拼组合的方式进行加工，不仅加工过程繁杂、加工周期长，而且装配调整困难。采用五轴加工技术可实现复杂模腔曲面的整体加工，能有效缩短生产周期，明显降低生产成本。

5. 个性化产品的零件加工

五轴加工技术对各种个性化产品零件的加工具有普遍优点。例如，针对 3C 行业，基于华中 8 型高档数控系统，华中数控推出了高速钻攻中心数控系统 HNC-808、818、848M 系列，可实现加工效率的极大提高。

6. 组成柔性生产系统用于中小批量产品的加工

数控设备的柔性化、高速化与集成化一直是业界努力追求的目标，并已成为数控设备发展的趋势。宇航、汽车制造商多采用高速五轴联动加工中心构成柔性加工单元或柔性化生产线来实现中小批量复杂产品的生产。

二、五轴加工技术的发展趋势

1. 当前五轴加工技术的发展方向

（1）高速、高效率　随着机床技术的发展，高速机床中的新型功能部件（如高频电主轴单元、高速直线电动机、电滚珠丝杆、高性能数控系统以及伺服系统）都得到了突破，高速机床应用范围越来越广。目前机床采用电主轴（内装式主轴电动机），其主轴转速可达 15000 ~ 200000r/min，由于高运算速度 32 位及 64 位微处理器的应用，使得当分辨率为 0.1μm、0.01μm 时仍能获得高达 24 ~ 240m/min 的进给速度。

（2）高可靠性　五轴机床可加工比较复杂的表面，一般要求其平均无故障时间在 20000h 以上，且有多种报警和防护措施，减少因故障造成的损失。国外数控系统平均无故障时间在 70000 ~ 100000 小时以上，整机平均无故障工作时间达 800h 以上。

（3）高精度　随着高速插补、误差补偿、网格检查及精度预测等高端技术的发展，机床加工精度得到了大幅度提升。目前，日本已开发出装有 106 脉冲/r 位置检测器的交流伺服电动机，其位置检测精度可达 0.01μm/脉冲；而综合误差补偿技术应用亦可将加工误差减少 60%~80%。由此大大提高了 CNC 系统的控制精度。另外，机床精度的提高不仅体现在加工精度数量级上，高精度的概念也得到了拓展和延伸。现在提到高精度，包括表面粗糙度、几何精度和尺寸精度间的相互协调，例如尺寸精度为微米级，几何精度为亚微米级，表面精度为纳米级左右，同时还要保障工件表层的结构品质。

（4）复合化　复合机床的含义是指在一台机床上完成或尽可能完成从毛坯至成品的多种要素加工。根据其结构特点可分为工艺复合型和工序复合型两类。工艺复合型机床包括镗铣钻复合加工中心、车铣复合车削中心及铣镗钻车复合加工中心等。工序复合型机床包括多面多轴联动加工的复合机床和双主轴车削中心等。采用复合机床进行加工，可减少工件装卸、更换和调整刀具的辅助时间，减小中间过程产生的误差，提高零件的加工精度，缩短产品制造周期，提高生产效率和制造商的市场反应能力，相对于传统的工序分散的生产方法具有明显的优势。

（5）智能化、网络化、柔性化　随着人工智能技术的发展，为了满足制造业生产柔性化、自动化的发展需求，数控机床的智能化程度也在不断提高。智能化包含在机床控制的各个方面，主要有自适应控制技术、加工参数的智能优化与选择、智能故障自诊断与自修复技术以及智能化数字伺服驱动装置等。网络诊断、远程监控及产品全生命周期管理等技术的兴起使五轴联动数控机床快速向网络化发展。

（6）"绿色机床"　"绿色机床"的核心概念是减少对能源的消耗。"绿色机床"应该具备的特征有机床主要零部件由再生材料制造，机床的重量和体积减少 50% 以上，通过减轻移动部件质量、降低空运转功率等措施使功率消耗减少 30%~40%，使用过程中的各种废弃物减少 50%~60%，保证基本没有污染的工作环境，报废机床的材料接近 100% 可回收。

2. 未来五轴机床技术的发展热点

（1）直线电动机驱动技术　经过十几年的发展，直线电动机驱动技术已经非常成熟。直线电动机刚开发出来时的易受干扰和产生的热量大的问题也已经得到解决，并且已能实现在高速移动中快速停止。直线电动机的优点是直线驱动、无传动链、无磨损及无反向间隙，所以能达到最佳的定位精度。直线电动机具有较高的动态性、较高的可靠性以及免维护等特点。

（2）智能化模块的应用技术

1）基于机床状态的加工自适应模块：监控机床在加工过程中的加工状态，自动分离切削条件变化、刀具磨损等因素，对加工参数进行自动调整，提高机床的加工效率，延长刀具及机床关键部件的寿命。

2）五轴联动误差自动分离与补偿模块：通过开发专用设备对双摆头 $A+C$ 轴 RTCP 误差进行测量、分离，将联动误差进行统计分析并自动补偿，实现 RTCP 调试的自动化。

3）热变形及其补偿模块：对主轴和进给系统等一些核心区域进行发热反馈，利用热误差补偿系统自动补偿。

（3）复合加工技术　拥有为加工复杂形状的工件而进行数道工序、不同方式的加工性能的机械，称为复合加工机床。为达到同样目的，也有采用控制坐标多轴化、扩大加工功能及多机能化的使用方法。总之，复合加工技术是用工序集成的方法提高生产效率，提高机床的附加价值的。例如，铣削激光切割五轴联动复合加工机床、融入增材式激光局部堆焊技术的五轴机床、整机自动装配的柔性组合加工生产线和以车削为主体的复合加工中心等。

五轴机床已经成为当今机加工领域中最重要的加工工具。随着工业化的深入，五轴机床必将应用于更加广泛的领域，只有紧跟世界机床发展的步伐，深入研究，不断加大自主创新力度，才能在新的机床工业发展中不断前进。

阅读学习材料1 阅读学习材料2	 中国创造：蛟龙号	 神舟一号返回舱

思考与练习题

1. 数控机床是依照什么原则来确立坐标系统的？其基本坐标轴确立的方法是什么？旋转轴是如何设定的？

2. 卧式数控转台式四轴加工中心能进行什么样的加工？五面加工需要使用什么机床类型？

3. 多面分度加工和多轴联动加工有什么区别？什么是多轴定向加工？

4. 五轴机床主要有哪些实现形式？各有什么特点？$A+C$ 方式和 $C+A$ 方式有什么不同？

5. 3+2 五轴定向加工和 3+2 五轴结构模式的机床各是什么概念？是不是只有 3+2 模式的机床才可以实施 3+2 定向加工？

6. 五轴加工有什么特点？为什么说五轴加工能简化工艺、提高加工质量和切削效率？

7. 五轴加工的工艺优势有哪些？是否五轴加工使用的夹具也相当复杂？五轴加工对工件的装夹有什么要求？

8. 用平底铣刀对零件上的局部柱面做法向垂直的回转铣削时，其表面常有明显的行间凹凸接痕，原因是什么？为获得较好的表面质量，选用刀具时应注意什么？

9. 高速加工对刀具有何特殊要求？传统 7∶24 的刀柄接口为什么不适合高速加工？HSK 刀柄接口与传统刀柄接口相比有什么优势？

10. 热装式刀柄和液压夹紧刀柄分别基于什么原理？

11. 三大类结构模式的五轴机床加工分别适合于什么样的工艺范围，各有何优缺点？

12. 五轴加工的粗加工与精加工工艺安排和三轴加工有何不同？为什么五轴加工不能像传统三轴加工那样编制出 NC 程序后直接在机床上执行加工？其程序编制时需要哪些机床相关数据？

13. 五轴加工的大致技术流程是什么样的？为什么需要先做仿真？仿真模拟的主要目的是什么？从刀路设计到机床加工前期，分别需要做哪些形式的仿真？每部分的模拟仿真分别解决了什么技术问题？

14. 五轴加工的 CAM 软件有哪些？五轴加工一般对 CAM 软件有哪些功能要求？通常使用哪类软件？你对五轴加工编程功能有何了解？

15. CAM 软件的后置处理是什么？五轴加工的后置处理和三轴加工的后置处理有什么

区别？五轴加工的后置处理特别需要关注哪些关键参数？

16. 五轴加工的技术现状是什么样的？五轴加工一般应用于哪些方面？你对五轴加工的关键技术有什么样的了解？

17. 和三轴加工技术相比，五轴加工的技术难度主要有哪些？

18. 未来数控技术的发展有哪些趋势？五轴加工技术的发展趋势是什么样的？

项目二

五轴联动加工中心认知及基础操作

单元一　认知 JT-GL8-V 五轴联动加工中心

【单元学习任务】

1. 了解 JT-GL8-V 五轴联动加工中心的结构组成及技术参数。
2. 熟悉机床主轴及进给驱动系统的特点。

【单元学习目标】

1. 知道五轴联动加工中心主要技术参数的含义。
2. 知道 *A+C* 双摆台五轴机床轴间位置关系。
3. 知道 JT-GL8-V 五轴联动加工中心机械部件的构成及主要性能。

【单元学习知识基础】

一、机床五轴联动模式

1. JT-GL8-V 五轴联动加工中心的结构组成

图 2-1-1 所示为 JT-GL8-V 五轴联动加工中心，它是一种门型立式加工中心结构。设置

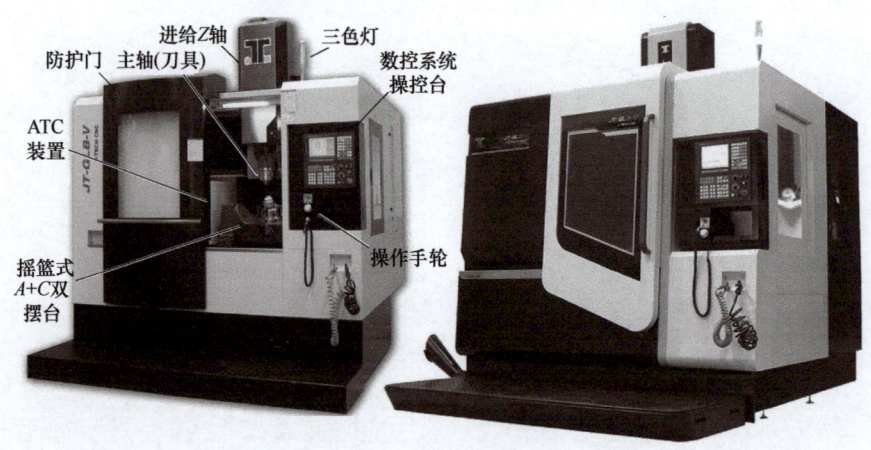

图 2-1-1　JT-GL8-V 五轴联动加工中心

在床身上的双摆转工作台以环绕 X 轴回转的为 A 轴，工作台中间还设有一个 C 轴回转台，可环绕 Z 轴回转。通过 A 轴与 C 轴的组合，固定在工作台上的工件除了底面之外，其余五个面都可以由立式主轴进行加工。A 轴和 C 轴最小分度值一般为 0.001°，这样可以把工件细分成任意角度，加工出倾斜面、倾斜孔等。该机床标配华中 HNC-848 总线式数控系统，支持多轴多通道、五轴加工 RTCP 等功能，使 A 轴和 C 轴与 X、Y、Z 三直线轴实现联动，可加工出复杂的空间曲面。

2. 机床主要规格及技术参数

JT-GL8-V 五轴联动加工中心的主要规格及技术参数见表 2-1-1。机床净重 6000kg，长×宽×高为 2700mm×2800mm×3400mm。

表 2-1-1　JT-GL8-V 五轴联动加工中心的主要规格及技术参数

规格 ITEM		单位	JT-GL8-V
工作台	工作台最大荷重	kg	水平时为 100kg，倾斜时为 75kg
	工作台直径	mm	$\phi350$
行程	X 轴行程	mm	400+550（换刀行程）
	Y 轴行程	mm	400+150
	Z 轴行程	mm	350
	A 轴行程	(°)	$-120 \sim +42$
	C 轴行程	(°)	360
	主轴鼻端至工作台距离	mm	$120 \sim 470$
线轨	线轨宽度	mm	X：34　Y：34　Z：28
	线轨道数		X：2　Y：2　Z：2
主轴	主轴锥度		BT40
	主轴转速	r/min	10000
速度	$X/Y/Z$ 切削速度	mm/min	$1 \sim 12000$
	快移速度	mm/min	X：36000　Y：36000　Z：36000
		r/min	A：13.3　C：22.2
精度	定位精度	mm	$X/Y/Z$：±0.005
		(″)	A：45　C：15
	重复定位精度	mm	$X/Y/Z$：±0.003
		(″)	A：±8　C：±6
主轴	额定功率	kW	7.5/11
	额定转矩	N·m	35.8
进给轴	额定功率	kW	X：5.1　Y：8.5　Z：8.5
	额定转矩	N·	X：16　Y：27　Z：27
刀库	刀库形式		伞形刀库 BT40
	刀库容量	把	16
	换刀时间（刀对刀）		2
	最大刀径（满刀/空邻刀）	mm	$\phi100/\phi200$

3. 机床的五轴结构模式及轴间位置关系

JT-GL8-V 五轴联动加工中心为摇篮式 $A+C$ 双摆台五轴结构，其中 A 轴为定轴，C 轴为动轴。C 轴转台位于 A 轴转台的中间，C 轴轴线与 A 轴轴线正交，即 Y 向偏置距离为 0mm，A 轴可倾斜角度为 $-120°\sim+42°$，C 轴旋转范围为 $360°$，最小分度单位为 $0.001°$，切削力矩可达 $70N\cdot m$。C 轴转台上表面与 A 轴轴线重合，可加装自定心卡盘、单动卡盘或其他专用夹具，以实现各类中小坯件的装夹。该机床各轴位置关系如图 2-1-2 所示。A 轴零位为工作台面水平放置，即与 Z 轴法向垂直的方位。C 轴绝对零位为台面 T 形槽与 X 轴平行的方位。

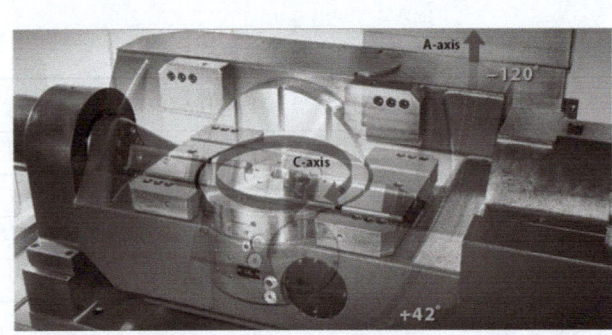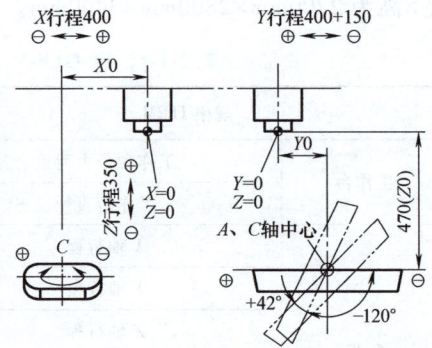

图 2-1-2　JT-GL8-V 五轴联动加工中心各轴位置关系

以上为机床设计时的理想几何关系，实际机床会因制造和装配误差，而使 A 轴线、C 轴线间存在小量的轴间偏置。由于这一偏置对加工结果会造成较大影响，因此，使用机床之前，必须先进行偏置距离的标定，以确保 RTCP 功能执行的准确性，使用非 RTCP 程序输出时也需要采用这些偏置数据。

二、主轴系统及 ATC 系统的构成特点

JT-GL8-V 五轴联动加工中心的主轴结构如图 2-1-3 所示。该机床通过特殊设计来轻化主轴箱体结构，使 Z 轴传动具有更高的灵敏性，同时主轴中心与 Z 轴导面距离仅 210mm，提高了主轴箱的刚性，有效避免了因主轴箱体中心悬臂过长导致的主轴箱变形大等问题。该机床搭配直连式高转速主轴（主轴转速可达 10000r/min），响应速度快，转矩大，定位精度高，能有效提高加工精度；该机床标配带有气幕功能，以防止切削液及粉末切削物进入主轴内部影响主轴使用寿命，并且标配还带有主轴环喷功能，能有效提高加工冷却效果。

如图 2-1-4 所示，该机床的 ATC 自动换刀机构布置在机床左侧，搭配容量为 16 把刀具的经济型伞形刀库，刀仓设计成独立控制的罩盖结构，能防止切屑黏着刀具，从而保证刀具的正常使用寿命。

三、进给驱动系统的构成特点

JT-GL8-V 五轴联动加工中心各运动轴的结构布局如图 2-1-5 所示。该机床采用高刚性龙门式结构，立柱与横梁一体，有效提高了整机结构的稳定性。X 轴的运动在龙门立柱横梁上带动 Z 轴及主轴箱的左右水平运动，除正常的 400mm 工作行程外，还有预定的 550mm 的换刀行程；Z 轴的运动为驱动刀具主轴箱的垂直上下运动，其 Z 轴工作行程为 350mm，主轴

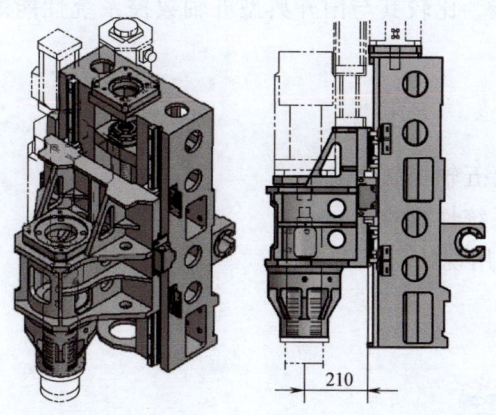

图 2-1-3　JT-GL8-V 五轴联动加工中心的主轴结构　　　　图 2-1-4　JT-GL8-V 五轴联动加工中心的 ATC 装置

鼻端至工作台面（水平时）的距离为 120~470mm；Y 轴的运动为带动 AC 双摆台在龙门框架内的前后水平运动，其工作行程为 550mm；X、Y、Z 三轴的快速移动速度为 36m/min，进给速度为 1~12m/min。A 轴、C 轴则为摇篮式双摆台的回转运动，其运动速度分别为 13.3r/min 和 22.2r/min。

该机床的 X、Y、Z 三轴采用双固定滚珠丝杠，通过预拉消除丝杠自身的传动间隙，能较好地预防使用中因温度升高导致的热变形。通过无齿隙弹性联轴器，直连伺服电动机与滚珠丝杠，可有效提升机床的定位精度。三轴采用直线重载型滚柱线轨导轨，

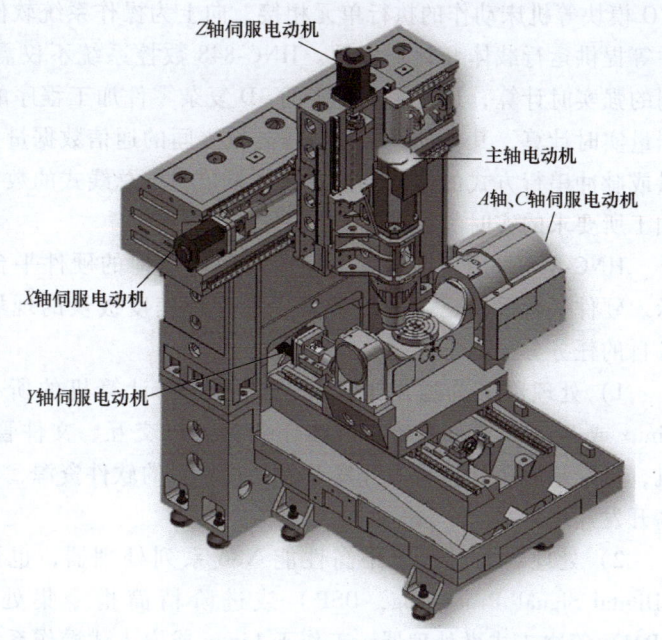

图 2-1-5　JT-GL8-V 五轴联动加工中心各运动轴的结构布局

通过预紧处理达到零间隙及满载荷的能力，摩擦系数低，驱动的定位精度高。X、Y、Z 三轴的定位精度为 ±0.005mm，A 轴定位精度为 45″，C 轴定位精度可达 15″。

单元二　认知 HNC-848 数控系统

【单元学习任务】

1. 了解 HNC-848 数控系统的组成及控制原理。
2. 了解 HNC-848 软件系统结构及 RTCP 控制模块构成。

3. 了解 HNC-848 数控系统五轴编程控制功能，比较其与国外典型五轴数控系统性能的异同。

【单元学习目标】

1. 知道 HNC-848 数控系统的基本框架及主要五轴控制功能。
2. 知道 HNC-848 数控系统与国外典型数控系统性能的异同。
3. 知道国内多轴机床发展及前沿新技术的应用现状。

【单元学习知识基础】

一、HNC-848 数控系统的组成与控制原理

HNC-848 数控系统的硬件平台向下与伺服驱动单元、PLC（可编程序控制器）处理器及 I/O 模块等机床动作的执行单元相接，向上为操作系统软件、控制软件、应用软件及管理软件等提供运行载体和计算资源。HNC-848 数控系统不仅需进行多轴、多通道及复合加工控制的强实时计算，还需实现直观的 3D 复杂零件加工程序的校验和动态机床防碰监测等大数据量实时计算，其与伺服驱动器等外设之间的通信数据量大且频繁，因此摒弃了现有的模拟量或脉冲串行方式的信号传输方式，采用现场总线式的数字通信方式，满足了高速、高精度加工所要求的实时和同步性能。

HNC-848 采用现场总线接口多处理器结构的硬件平台，其硬件结构框图如图 2-2-1 所示。硬件平台采用三个处理器及一片处理速度极快的现场可编程序逻辑门阵列（FPGA），各自的任务分配如下：

1）处理器 1 为通用工业计算机，具有计算机的所有外设接口，可工作于 Windows、Linux 或 WinCE 操作系统，具体任务有人机交互、文件管理及网络通信等。采用通用计算机，可继承通用计算机的开发平台及其丰富的软件资源，有利于系统升级换代，更有利于提高开发速度。

2）处理器 2 可以采用高性能 X86 系列处理器，也可以采用高性能数字信号处理器（Digital Signal Processing，DSP）或进阶精简指令集处理器（Advanced RISC Machines，ARM）等嵌入式微处理器，工作于 Linux 或嵌入式操作系统，承担数控程序中的解释、插补及位置控制等实时性较强的任务。处理器 1 和处理器 2 之间的数据传输实时性要求不高，通常可采用工业以太网进行数据通信。

3）处理器 3 为高性能 DSP 或 ARM 等嵌入式微处理器，是专用于数控装置 PLC 程序的处理器，其目的是提高 PLC 程序的运行和对外的响应速度，最快响应时间可达微秒级。其输入/输出模块数据经 FPGA 由现场总线完成。处理器 2、处理器 3 与 FPGA 之间的数据通信采用 32 位高速并行总线接口。

4）FPGA 的主要任务是完成现场总线的通信，外接伺服驱动单元和主轴驱动单元、PLC 等。处理器 2 的插补命令及处理器 3 的 PLC 处理结果通过现场总线输出，同时伺服驱动单元和主轴驱动单元、PLC 的有关输入信息通过现场总线输入到处理器 2 和处理器 3 中。另外，数控装置还可以通过现场总线对伺服驱动单元等外设进行参数设置、参数辨识及参数自整定等工作，从而可以减少伺服驱动单元的调试时间，提高伺服驱动单元的性能。

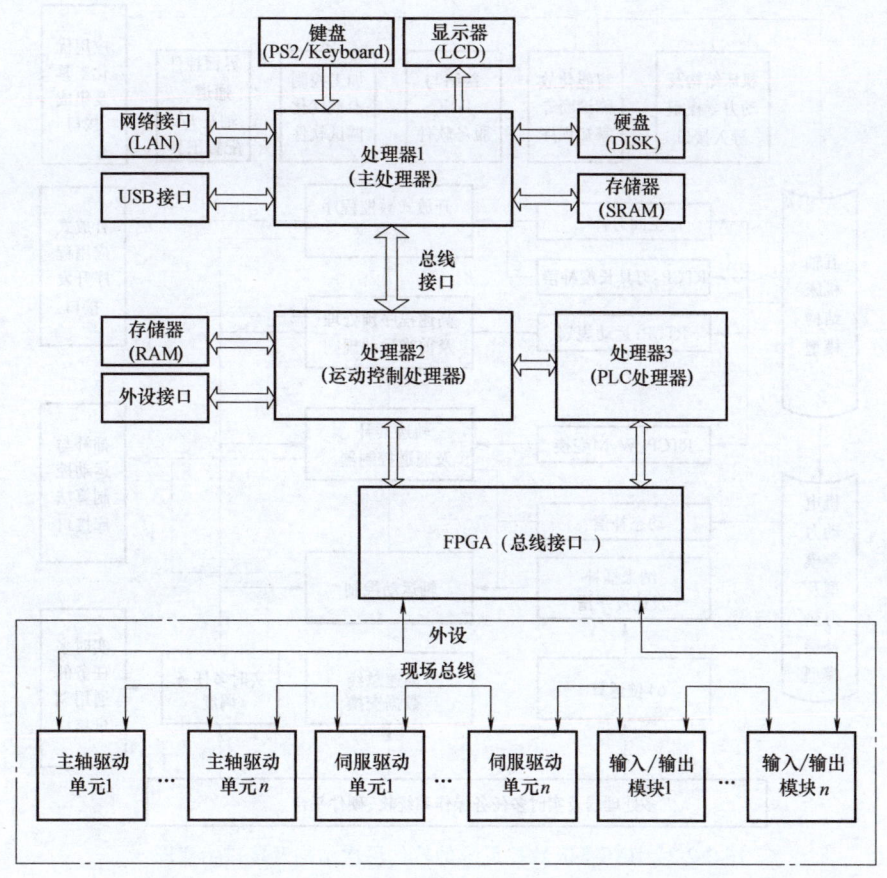

图 2-2-1　HNC-848 现场总线接口的多处理器硬件结构框图

5）现场总线。工业以太网以其低廉的价格以及广泛的用户群已经成为工业控制用现场总线的发展方向，HNC 以基于以太网的数控系统高速实时现场总线技术 NCUC 2.0，构建全数字数控系统体系架构，其嵌入式一体化的数控系统软、硬件平台实现了内外设备间信息的实时可靠交换。

二、软件系统结构及其基本控制功能

图 2-2-2 所示为 HNC-848 数控系统的软件层次结构及接口示意图。由多处理器集成的硬件平台和实时多任务操作系统软件平台提供 64 位运算支持，提供软件与总线的高速数据交换接口以及基于优先级的可抢占强实时多任务的调度机制。

针对数控软件中计算和控制任务对实时调度的需求，设计者对操作系统的内核进行了改造，缩短了中断响应时间，保证周期性的任务被准时执行，对轴运动控制任务、轨迹插补及通道控制任务、高速程序预处理及前瞻运动规划任务、数控程序解释任务等按不同优先级进行统一调度。同时，针对用户在二次开发时有时需要创建专用的实时任务的需求，对上层软件提供了实时多任务的通用调度接口，形成高档数控装置体系结构在操作系统任务调度层面的二次开发接口规范。

在操作系统内核层开发数控系统现场总线主站接口的驱动程序，实现核心控制软件与现

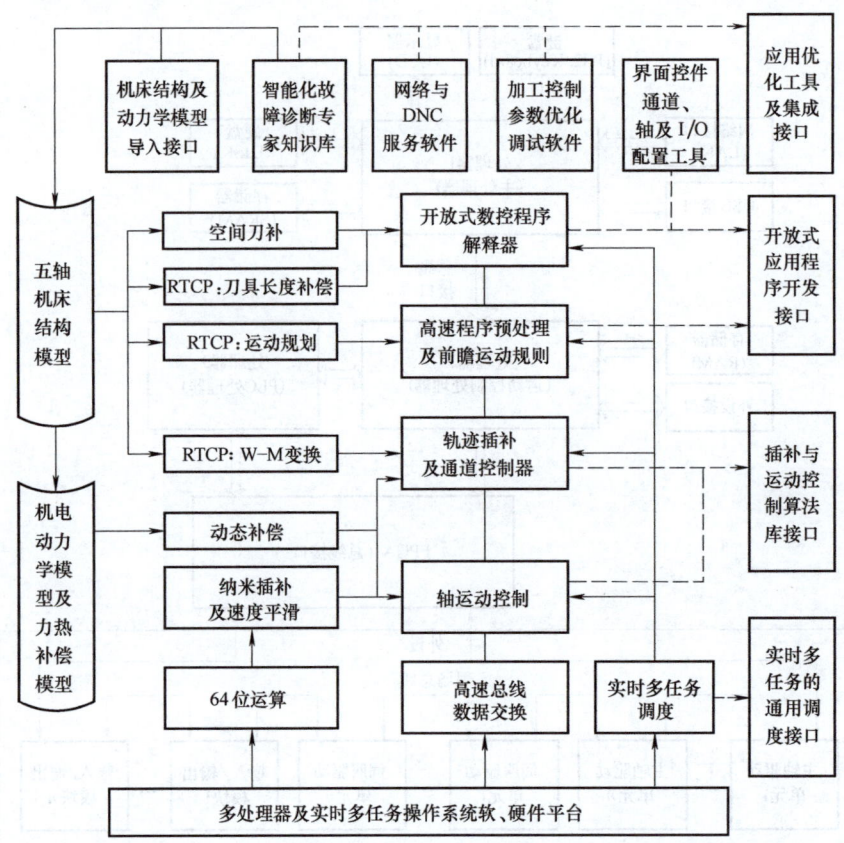

图 2-2-2　HNC-848 数控系统的软件层次结构及接口示意图

场总线主站的高速数据交换。

HNC-848 数控系统将最小长度控制单位设定为纳米，其重复定位精度达到微米级，实现了机床高加速度时的速度平滑性能。控制软件在轨迹插补和轴运动控制模块中提供了动态补偿接口，以供机床厂导入机床的机电动力学模型和力热补偿模型，在加工过程中通过传感器采样和编码器反馈，实时完成误差补偿，达到高定位精度和高重复定位精度。

在轨迹插补及通道控制器中，集成各种样条曲线以及常见解析曲线的插补算法，结合单轴的运动控制算法，设计出插补与运动控制算法库接口，形成高档数控装置体系结构在多轴联动控制层面的二次开发接口规范。

在 RTCP 控制技术方面，HNC-848 数控系统将各种常见结构形式的五轴机床结构模型引入程序解释、运动规划和轨迹插补三个模块中，除了程序解释模块中实现通常意义上的 RTCP 长度补偿外，采用在插补后才进行工件坐标系（Workpiece Coordinate System，WCS）到机床坐标系（Machine Coordinate System，MCS）的插补点变换（RTCP：W-M 变换）的方法，使得每一个插补点的位置都在编程轨迹上，消除了插补过程的非线性误差。进一步地，在程序预处理前瞻运动规划中，把工件坐标系下的指令速度、加速度变换到机床坐标系中，进行约束校验，以保证实际物理轴的进给速度和加速度不出现超调，通过这种 RTCP 运动规划技术实现切削加工速度的平滑控制。

把数控程序解释和前瞻运动规划等插补前的处理功能封装，与图形化人机界面的控件以及配置系统的通道、轴、I/O 模块的工具一起，对外提供应用程序开发接口，形成高档数控装置体系结构在应用软件层面的二次开发接口规范。

除此以外，HNC-848 数控系统还提供了一系列简化现场调试和加工操作的辅助工具。智能化的故障诊断知识库协助使用者迅速定位故障位置和故障原因，减少故障修复时间。网络与分布式数控（Distributed Numerical Control，DNC）服务软件提供数控系统与企业局域网联网的服务，在实现生产资源管理的同时，用以太网实现超大容量程序的 DNC 加工。控制参数优化调试软件协助伺服参数的调试及整定，为调试人员提供方便的调试工具。这些面向应用优化的辅助软件，除了作为独立的工具软件供用户选择外，还提供集成接口，形成高档数控装置体系结构在辅助工具软件层面的集成接口规范。

HNC-848 数控系统的基本控制功能见表 2-2-1。

表 2-2-1　HNC-848 数控系统的基本控制功能

功能类别	基本控制功能
CNC 功能	最大控制轴：9 进给轴+4 主轴。联动轴数：9 轴
	最小插补周期：0.125ms。最小分辨率：10^{-6} mm/(°)/in[①]
	最大移动速度：999.999m/min（与驱动单元、机床相关）
	直线、圆弧、螺纹、NURBS 插补功能、参考点返回
	自动加减速控制（直线/S 曲线），坐标系设定
	MDI 功能，M、S、T 功能，加工过程图形仿真和实时跟踪
	内部二级电子齿轮，固定铣削循环
	小线段最大前瞻段数：2048。程序段处理速度：7200 段/s
CNC 编程功能	最小编程单位：10^{-6} mm/(°)/in[①]
	最大编程尺寸：999999.999mm（最小编程单位为 10^{-3} 时）
	最大编程行数：20 亿行，公/英制编程
	绝对/相对指令编程，宏指令编程
	子程序调用，工件坐标系设定
	平面选择，坐标旋转、缩放、镜像
插补功能	直线插补，最大 9 个轴
	圆弧插补，螺纹切削
刀具补偿功能	刀具长度补偿，刀尖半径补偿，RTCP
操作功能	15in LED 彩色液晶显示屏，防静电薄膜面板与机床操作面板
	PC 标准键盘接口，手持单元（选件）
	图形显示功能与动态实时仿真，网络通信功能
进给轴功能	无限旋转轴功能，最高设定速度为 999999.999mm/min
	进给修调 0~120%，快移修调 0~100%，每分钟进给/每转进给
	多种回参考点功能：单向、双向，快移、进给加减速设定
	最大跟踪误差设定，最大定位误差设定

（续）

功能类别	基本控制功能
主轴功能	主轴速度：可通过 PLC 编程控制（最大 999999.999r/min）
	主轴修调：0～150%，主轴速度和修调显示
	变速比和变速比级数可通过 PLC 编程控制，主轴编码器接口（通过总线式 PLC I/O 单元扩展）
	螺纹功能，主轴定向，刚性攻螺纹
辅助功能	冷却液开/停，自动换刀，主轴正反转
PLC 功能	内嵌式 PLC，梯形图在线监控，就近选刀功能
	标准铣床梯形图程序，在线/离线编程与调试功能

① in：英寸，1in＝0.0254m。

三、五轴控制功能特点及编程支持

HNC-848 数控系统在五轴加工方面支持 RTCP 功能、多种五轴编程格式，支持倾斜面加工功能，支持法向进退刀，能进行实时刀具补偿的自动计算，从而简化五轴定向加工的编程难度。其带 3D 刀路仿真检查模块时支持 STL 格式毛坯模型、刀具模型，能实时检测干涉，实现防止碰撞的预警。

1. 旋转轴角度和旋转轴矢量编程控制

HNC-848 数控系统除可直接使用 G01/G00 X_ Y_ Z_ A_ B_ C_ 格式同时指定 A、B、C 旋转轴角度外，也可通过使用 G01/G00 X_ Y_ Z_ I_ J_ K_ 的格式，以指定程序段终点的刀轴在工件坐标系中的方向矢量（I，J，K）的形式实施五轴移动控制，从而为编程方式带来更多的灵活性，如图 2-2-3 所示。

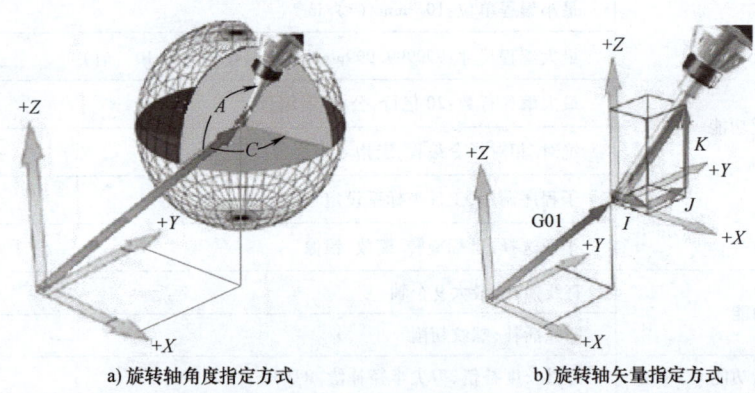

a) 旋转轴角度指定方式   b) 旋转轴矢量指定方式

图 2-2-3 旋转轴编程的两种设定方式

2. 五轴旋转运动的定向插补控制

和传统三轴直线运动的插补控制不同，五轴旋转运动时的插补有线性插补 G140、大圆插补 G141 及样条插补 NURBS 等几种控制方式。

（1）线性插补 五轴线性插补中，旋转轴插补就是建立直线轴位移增量与旋转角增量的同比例映射关系。在旋转的运动过程中，这种插补方式下只能控制刀具中心点位置，无法控制刀轴方向。如图 2-2-4 所示，在起始刀轴角度 1 到结束刀轴角度 2 的线性插补中，所需旋转轴运动将被分成几等分，但刀轴矢量并不会在一个既定的平面内，其运动类似于圆锥面形式，因此，不可用于圆周铣削加工。旋转轴编程方式下，默认为线性插补方式，在启用其他插补控制方式后，可用 G140 切换到线性插补控制方式。

（2）大圆插补　大圆插补是基于刀轴旋转方式开发的一种插补方法，该方法使得在两个编程点之间插补的刀轴轨迹总是在同一平面圆弧上。如图 2-2-5 所示，该平面是由起始刀轴矢量 1 和结束刀轴矢量 2 构成的。由于在空间球面上刀轴的轨迹是在两个刀轴形成的大圆弧上摆动，因此称为大圆插补。大圆插补时每个旋转轴都按等角趋进，通常可用于倾斜平面壁的精修。要采用大圆插补控制方式，必须使用 G141 进行指定。

图 2-2-4　旋转轴线性插补

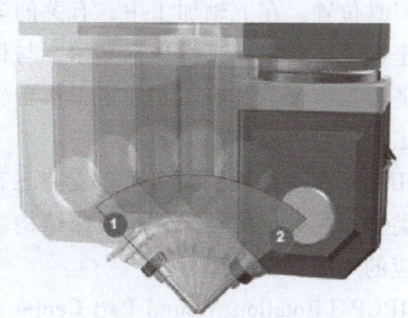

图 2-2-5　大圆插补

3. 刀具中心点控制（RTCP）和工件旋转中心控制（RPCP）

RTCP 即五轴机床旋转刀具中心点控制，简单来说，就是当刀具轴指向发生改变时，刀具加工点位置保持不变。

RTCP 功能包括三维刀具长度补偿、三维刀具半径补偿以及工作台坐标系编程。

（1）三维刀具长度补偿　在五轴机床加工中，旋转轴的加入和机床结构的误差，会导致刀具中心（刀位点）的轨迹发生改变。不使用 RTCP 功能时，刀具围绕着旋转轴中心（控制点）旋转，刀位点将移出偏离设定点，如图 2-2-6a 所示；使用 RTCP 功能时，一边改变刀具的姿态，一边进行实时三维刀具长度补偿，即使刀具相对工件的方向发生改变，刀位点仍将停留在设定点，即旋转刀轴姿态的变化是围绕刀位点实现的，如图 2-2-6b 所示。当旋转轴运动时，系统会自动实时进行刀具长度补偿，从而保证刀位点沿着指定的编程路径移动，如图 2-2-6c 所示。使用 RTCP 功能将使程序编制具有更灵活的适应性，改变机床结构参

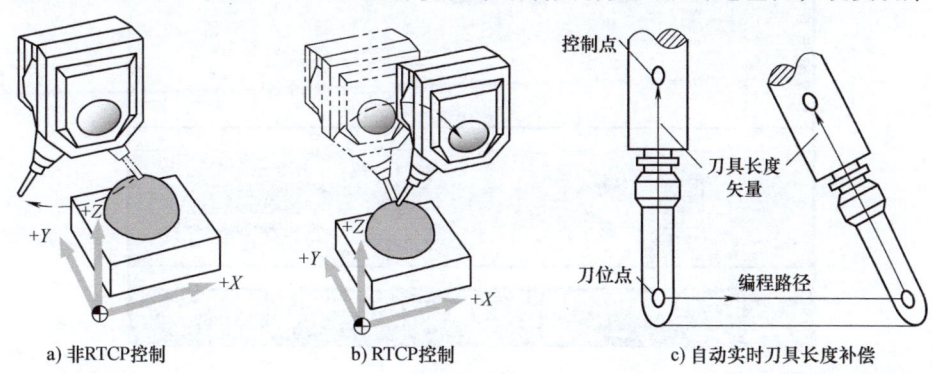

a) 非RTCP控制　　　　b) RTCP控制　　　　c) 自动实时刀具长度补偿

图 2-2-6　RTCP 控制的实现

数并不需要重新生成 NC 程序。

（2）三维刀具半径补偿　在轮廓加工过程中，由于刀具总有一定的半径，刀具中心的运动轨迹并不等于所需加工零件的实际轮廓。在进行二维内外轮廓加工时，刀具中心偏移零件内外轮廓表面一个刀具半径值，这种偏移补偿即称为刀具半径补偿。三轴联动数控机床具备的刀具半径补偿功能为二维补偿，只能在指定的加工平面上进行，如在 G17 平面上执行 X、Y 坐标偏置。高档多轴联动数控系统一般具备三维刀具半径补偿功能，在三维偏置方向确定后，刀具移动实现三维转换的补偿计算。

（3）工作台坐标系编程　工作台坐标系编程是指可以在随工作台一起旋转的坐标系中指定刀具位置。在五轴加工中，有关的坐标系主要包括三种：机床坐标系、工件坐标系和工作台坐标系。其中，工件坐标系始终与机床坐标系平行，工作台坐标系则与工作台固连在一起并随着工作台一起旋转。使用工作台坐标系编程不仅可以简化 CAM 编程，还能取得更好的加工质量和更高的加工效率。

HNC-848 数控系统最多可以支持三直线轴+四旋转轴机床结构，扩展性强，可根据机床结构类型以及标定的结果，将机床结构参数填入通道参数中，系统即可根据机床结构模式进行相应的 RTCP 控制计算。

RPCP（Rotation Around Part Center Point）是工件旋转中心控制，其意义与 RTCP 功能类似，不同的是该功能是补偿工件旋转所造成的平动坐标的变化。一般来说，RTCP 功能主要应用在双摆头结构形式的机床上，而 RPCP 功能主要应用在双摆台形式的机床上。

4. 倾斜面的坐标定向

HNC-848 数控系统支持在倾斜面上建立特性坐标系，由此实现倾斜面的坐标定向功能。它通过基于特性坐标系的坐标变换，使加工面总是垂直于刀轴方向，其加工编程可直接在该坐标系下进行，从而能非常方便地实现不同方向斜面上相应的加工，如钻孔、镗孔和铣削等。如图 2-2-7 所示，系统中可设置 16 个特性坐标系，可在任意平面上建立特性坐标系，然后在程序中使用 G68.1 指令来选择使用哪一个特性坐标系。由于特性坐标系与斜面相适

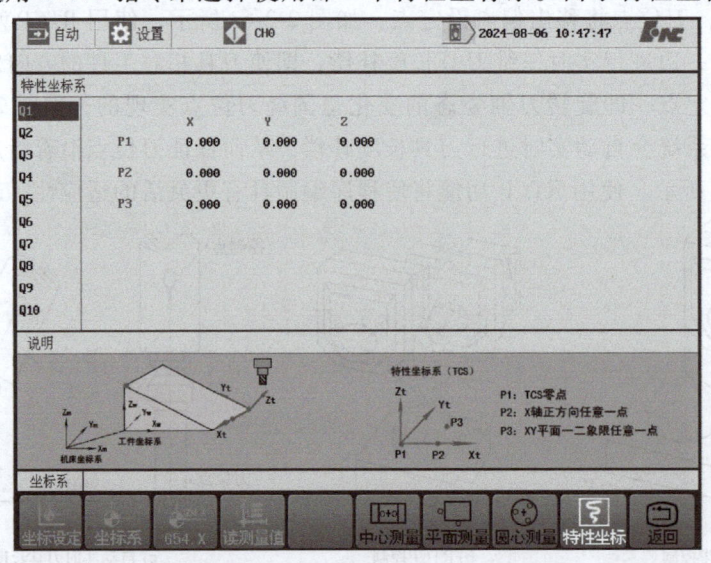

图 2-2-7　HNC-848 数控系统的特性坐标系设置功能

应，因此在斜面上的编程与平面上的编程同样简单。

5. 法向进退刀控制

如图 2-2-8 所示，HNC-848 数控系统在通过 G68.1 指令使用特性坐标系的基础上，使用 G53.2 指令来控制刀具轴摆动到与特性坐标系 Z 轴平行的方向，并可采用 G53.3 指令实现法向进退刀控制。开启 RTCP 功能后，通过 G 代码或手动/手轮方式控制，刀轴方向自动垂直于加工面，能轻松地实现法向进退刀控制。

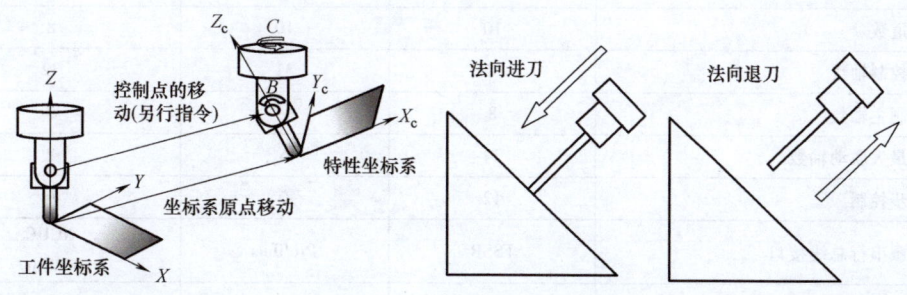

图 2-2-8　刀具轴方向控制功能

6. 防碰撞功能

如图 2-2-9 所示，HNC-848 数控系统内嵌的 3D 刀路仿真检查模块支持 STL 格式的机床、刀具及毛坯模型导入，支持建立刀具和工作台传动链，能实时检测干涉，提前报警，防止碰撞。

7. 刀具长度自动测量功能

如图 2-2-10 所示，HNC-848 数控系统提供刀具长度自动测量功能，可实现刀库中各刀具的长度自动校准、测量，能将测量结果自动导入到刀补表中。

图 2-2-9　内嵌的 3D 刀路仿真检查功能

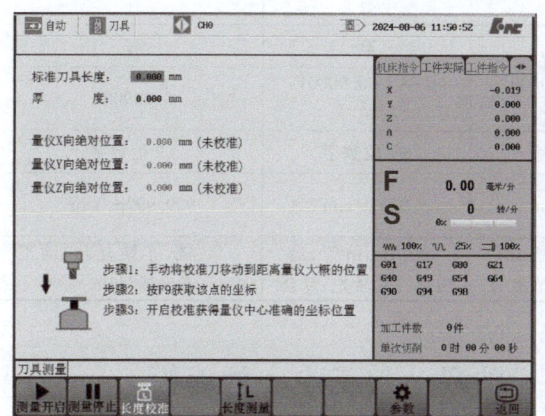
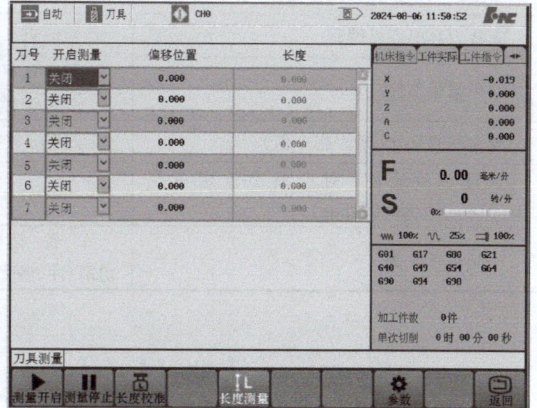

图 2-2-10　刀具长度自动测量功能

HNC-848 数控系统在某些关键技术及性能指标上已接近或达到世界上先进的 SIEMENS 840D、FANUC 300is 等高档数控系统的水平。其主要性能指标对比见表 2-2-2。

表 2-2-2　HNC-848 数控系统与世界上先进数控系统的性能指标对比

功能/性能	FANUC 300is	SIEMENS 840D	HNC-848
最小插补周期/ms	—	—	0.125
程序前瞻预读/段	1000	≥500	2000
程序段处理速度/(段/s)	5000	—	3000
位置分辨率/nm	1	10	1
多通道(车铣)复合加工	有	有	有
控制通道数	10	10	8
最大总控制轴数	32	31	32
最大控制主轴数	8	8	8
每通道最大联动轴数	24	6	8
双轴同步控制	12	有	有
数字伺服串行总线接口	FSSB	Profibus	NCUC 100Mbit/s
纳米级高精度插补	有	—	有
样条曲线插补	NURBS	NURBS 三次多项式	有
曲面插补	有	有	有
运动轨迹平滑	有	有	有
加速度控制(自动加减速控制)	直线/指数型	直线/指数型	梯形/S 形加减速
空间刀具补偿	有	有	有
机床空间几何误差、动态误差和热变形补偿	有	有	有
智能化编程、加工及故障诊断	有	有	有
远程监控及故障诊断	有	有	—
IEC61131-3 标准 PLC 编程	—	有	有
加工区域保护和三维防碰撞	有	有	有
旋转刀具中心点编程	有	有	有
最小编程单位/[mm/(°)]	0.001~0.000001 可选择	0.001~0.00001 可选择	0.000001
最大编程尺寸(最大指令值)	±9 位数字	±9 位数字	±9 位数字
快速进给速度(对应最小设定单位 0.001mm/0.0000001mm)	999m/min	999m/min	999.999m/min
控制机床类型	车、铣、钻镗、磨、切割、冲、激光、复合	车、铣、钻镗、磨、切割、冲、激光、复合	车、铣、车铣复合、加工中心、五坐标机床

单元三　认知 JT-GL8-V 五轴联动加工中心的面板

【单元学习任务】

1. 了解 HNC-848 数控系统软件界面及操控面板。

2. 熟悉 JT-GL8-V 五轴联动加工中心的面板功能键及菜单项功能内容。

3. 了解车间现场五轴机床的基本操作。

【单元学习目标】

1. 知道 JT-GL8-V 五轴联动加工中心面板功能键布局及各键功能。

2. 知道 HNC-848B 数控系统基本菜单项功能。

3. 会现场进行 JT-GL8-V 五轴联动加工中心的基本操作。

【单元学习知识基础】

一、数控系统软件界面与菜单项功能

图 2-3-1 所示为 HNC-848 数控系统软件界面显示及菜单操控面板。界面显示区底部和右侧为菜单软键控制区，用于各项菜单功能选择。根据不同控制功能的需要，可使主要显示区分别显示加工位置坐标、程序文字内容、系统参数设置及切削仿真图形等各类信息，辅助信息（如当前坐标、切削速度及当前模态等）将在辅助显示区域显示。采用 15in LED 液晶显示屏，通过合理布局设计使界面中可同时显示多种类型的信息。除可采用菜单软键外，还支持指点触控板的控制。该软件各菜单项具有的功能如下：

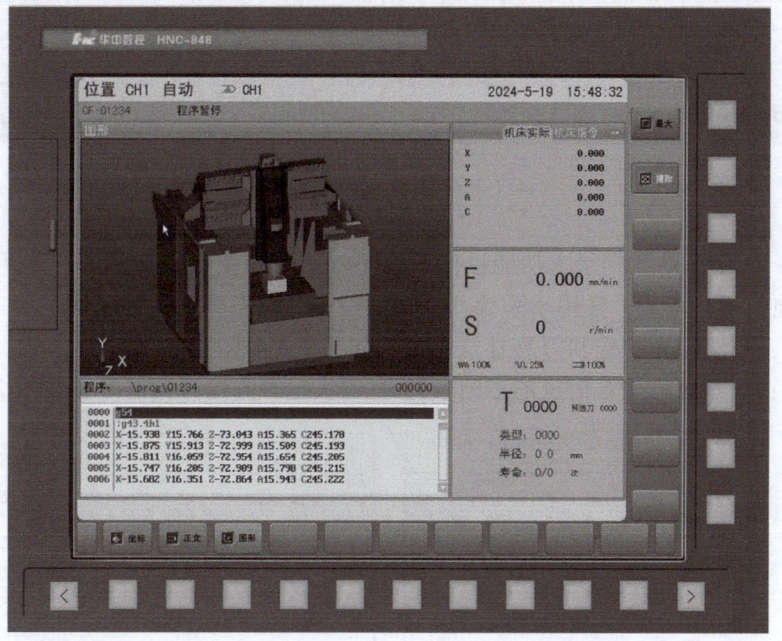

图 2-3-1　HNC-848 数控系统软件界面显示及菜单操控面板

1）程序：用于新建程序、选择已有的程序并进行编辑修改，或复制外部程序并进行程序文件的管理。图 2-3-2 所示为程序选择及选用程序文件后等待后续操作的界面。

2）设置：如图 2-3-3 所示，用于设置工件坐标系零点（可采用直接输入、提取位置坐标或通过对刀找正计算等多种方式）及各类参数（系统参数、显示参数、系统时间及通信端口参数等）。

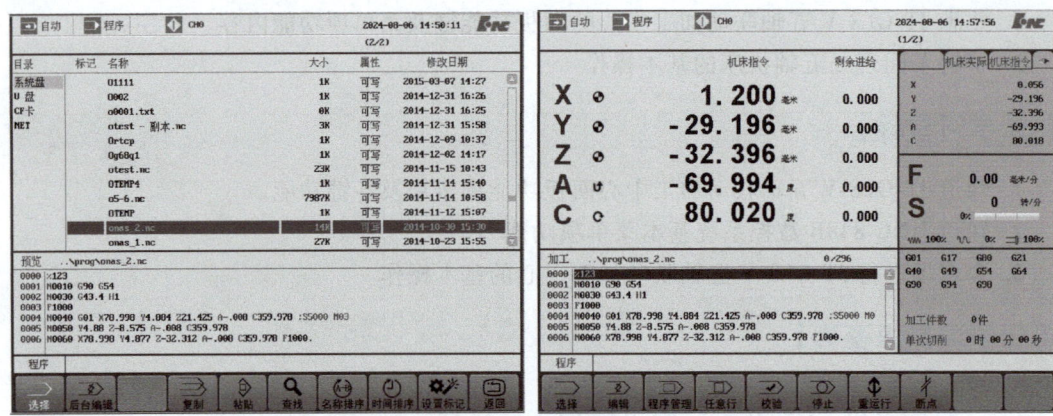

图 2-3-2　程序操作界面

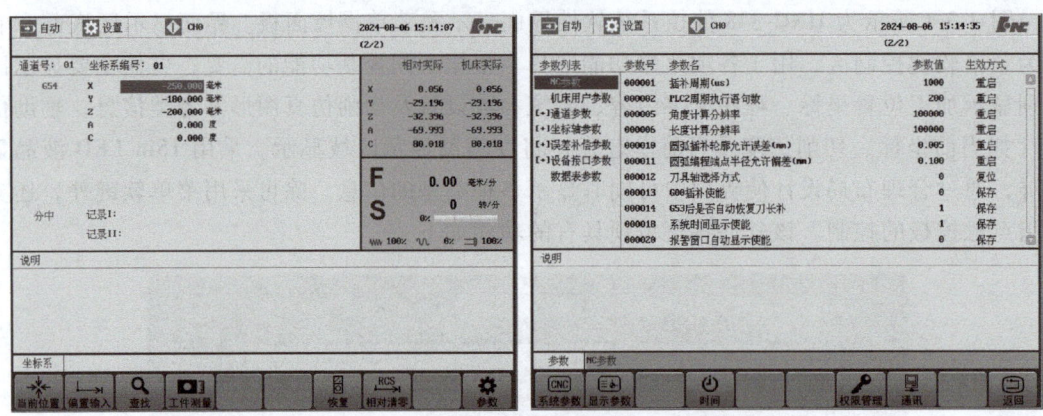

图 2-3-3　系统设置操作界面

3）MDI：用于手动数据录入功能操作，是即时从数控面板上输入一个或几个程序段指令并立即实施的运行方式，常用于系统部件性能检查、模态查询及即时调试等。

4）刀补：用于刀库管理和刀具补偿设置，如图 2-3-4 所示。

5）诊断：用于故障警示信息的诊断及其 PLC 状态的监控与调试等，如图 2-3-5 所示。

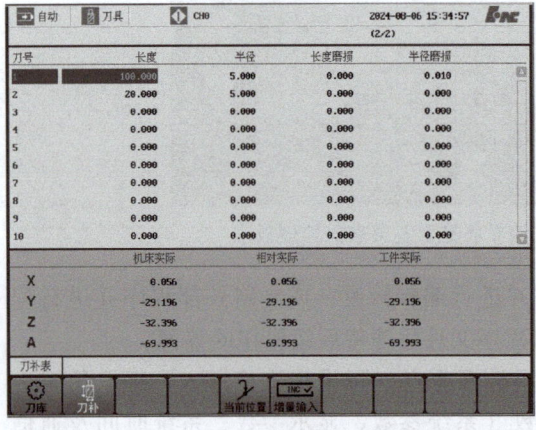

图 2-3-4　刀具补偿设置操作界面　　图 2-3-5　系统故障诊断操作界面

6）位置：用于当前刀具坐标位置、所执行的程序行或刀具轨迹图形等状态的监控显示。

7）参数：与"设置"菜单项中的参数项功能相同。

8）帮助：用于对系统编程规则及其基本功能和使用方法等的查询。

9）复位（Reset）：用于解除报警状态、复位系统模态等。

二、操作面板及其基本操控功能

图 2-3-6 所示为 HNC-848C 数控系统的系统操作面板和机械操作面板。系统操作面板上分布有主菜单项快速切换功能键（程序、设置、MDI、刀补、诊断、位置、参数及帮助信息等），编辑和设置操作时所用的地址数字键、光标控制键（上下左右、翻页等）和编辑键（插入、删除及输入）等，采用标准 PC 键盘的布局设计，能让用户方便快捷地配合系统控制软件进行所需的相关工作；机械操作面板上分布有工作方式选择键区（自动、回零、手动连续、增量、单段、空运行、循环启动及进给保持等）、轴运动手动控制键区（主轴启停、主轴定向和点动、冷却液启停、各进给轴及其方向选择等），主轴转速及进给速度的修调采用旋钮控制。

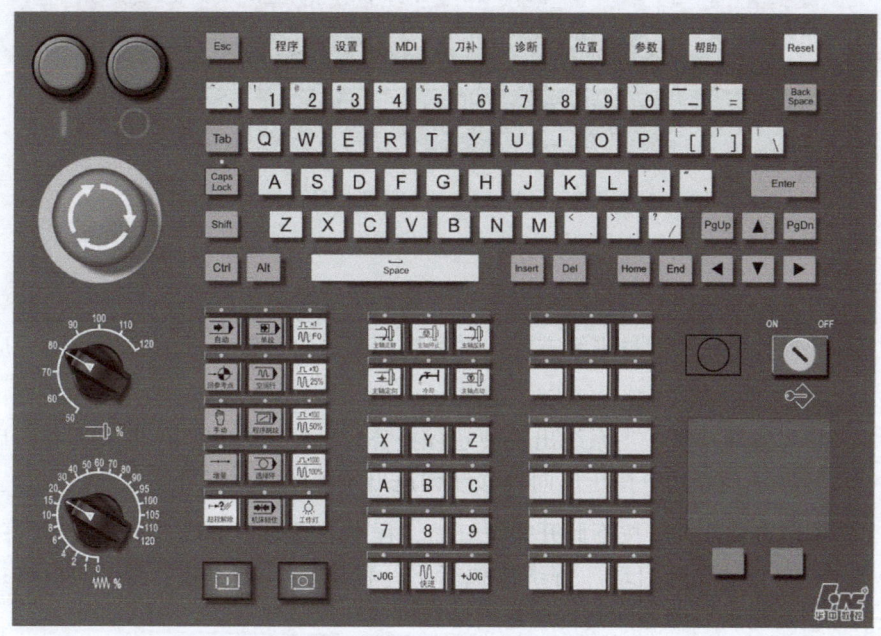

图 2-3-6　HNC-848C 数控系统的操作面板

图 2-3-7 所示为 HNC-848B 数控系统及机械操作标准面板。各操作按键的功能说明如下：

1. 工作方式选择（开关/按键）

（1）自动　程序运行的自动加工方式。要自动执行 NC 程序或 MDI 指令时，应选择并按下此功能开关。

（2）回参考点　手动返回参考点方式。机床开机后，应先选择此方式进行手动返回参考点的操作，以初始化机床坐标系统。

图 2-3-7 HNC-848B 数控系统及机械操作标准面板

（3）手动 手动连续进给方式。手动移动调整各运动轴时，应选择此方式。

（4）增量 手轮或增量进给方式。手动微调或手轮调整各进给轴位置时，应选择此方式。

（5）超程解除按键 当系统出现硬超程报警时，核定超程坐标轴及其方向后，需先按压此键，然后在手动方式下按压反向轴移动键退出超程区间，方可解除超程报警。

（6）单段方式开关 按下此开关至灯亮，程序运行处于单段方式，每运行一个程序段后都会停止；再按"循环启动"键继续执行下一程序段，通常用于程序的检查；再按一次此开关断开，灯熄灭后即返回到自动连续运行方式。

（7）空运行按键开关 按下此开关至灯亮，自动运转将处于空运转运行方式，此时程序执行将无视指令中的进给速度，而按照快速移动速度移动，但也受到快速修调设定倍率的控制，常用于程序加工前的检查；再按一次此开关断开，灯熄灭后即退出空运行状态。空运行时将伴有机械各轴的移动，如果同时按下机床锁定开关，则将以空运行的速度校验程序。

（8）程序跳段按键开关 按下此开关至灯亮，程序跳段为有效状态，自动运转时将跳过带有"/"（斜线号）的程序段；再按一次此开关断开，灯熄灭后即为跳段无效状态，带"/"的程序段会同样被执行。

（9）选择停止按键开关　按此开关至灯亮，可在实施带有辅助功能 M01 的程序段后，暂停程序的执行，再按"循环启动"键可继续程序的执行；再按一次此开关断开，灯熄灭后即为选择停止无效状态，下次执行至 M01 指令时将不会暂停。

（10）机床锁定按键开关　按此开关至灯亮，程序执行时机械不动，仅让位置显示动作；再按一次此开关断开，灯熄灭后即解除机床锁定状态，如果不是处于空运行方式，则程序按设定的速度运行。

（11）循环启动按键　用于自动运转开始的按钮，也用于解除临时停止，在自动运转时按钮灯亮。

（12）进给保持按键　用于自动运转过程中临时停止的按钮，一按此按钮，轴移动减速并停止，灯亮。

2. 轴运动倍率的修调（按键/旋钮）

（1）增量及快进倍率修调按键　当操作方式为增量进给方式时，这些按键为增量进给的倍率选择，当操作方式为手动连续进给或自动运行中的 G00 模式时，这些按键为快速移动修调对应的倍率选择。

（2）进给倍率修调旋钮　如图 2-3-8a 所示，用于 G01、G02、G03 等工作进给模式下的进给倍率修调，此时实际进给速度为当前指定的 F 进给速度模态值与对应档位倍率的乘积。

（3）主轴转速倍率修调旋钮　如图 2-3-8b 所示，从 50% 到 120%，以 10% 为 1 档对主轴转速 S 指定的模态值进行修调，用于工作现场根据实际切削状况调整进给切削时的主轴转速。

3. 辅助功能控制操作

（1）主轴起停及正反转控制按键　在手动控制方式下按压主轴正转或反转按键，可使主轴按当前的 S 模态

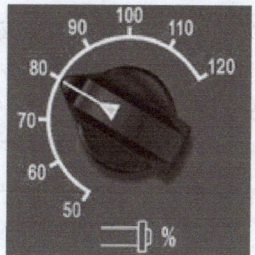

a）进给倍率修调旋钮　　b）主轴转速倍率修调旋钮

图 2-3-8　倍率修调旋钮

值进行正转或反转，按主轴停止按键即可中止主轴的旋转。HNC-848 数控系统中主轴的默认 S 模态值为 500r/min，通过 MDI 或自动运行设定了 S 指令数据值，则当前的 S 模态值随之改变，实际主轴转速同时也受到主轴转速修调倍率的控制。

（2）主轴定向手动控制按键　主轴装刀调整或进行需要做主轴定向相关操作时，可按压此按键，则主轴将自动调整旋转角度，使之处于设定好的角度方位，如使精镗刀尖朝向 +X 方向，或使刀柄定位键槽处于自动换刀装置（ATC）所要求的角度方位。

（3）主轴点动控制按键　此功能按键可使静止主轴做一次微动调整。

（4）切削液起停控制按键　按此开关至灯亮，即可手动开起切削液，再按一次至灯熄即关闭切削液。

（5）照明灯开关控制　按此开关，即可打开机床内工作照明灯，再按一次即可关闭照明灯。

三、基本操作方法

1. 手动回参考点（机床原点）

将操作面板上的操作方式开关置于 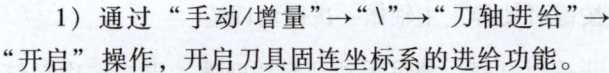 "回参考点"方式档，然后分别选择各手动轴按键，再按下 +JOG "移动方向"键，则各轴将向参考点方向移动，一直至回零指示灯亮。手动回参考点是开机后必须首先执行的操作，若因某些原因实施过急停操作，解除急停状态后也必须再次进行各轴的回参考点操作，否则程序执行时将产生报警。

2. 刀具相对工件位置的手动调整

刀具相对工件位置的手动调整是采用方向按键通过产生触发脉冲的形式或使用手轮通过产生手摇脉冲的方式来实施的。和普通机床手柄的粗调、微调一样，其手动调整也有两种方式。

（1）粗调　将操作方式开关置于 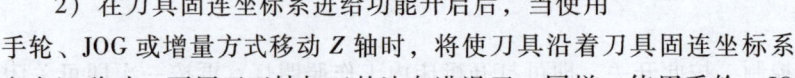 "手动连续进给"方式档，先选择要运动的轴，再按轴移动方向按钮，则刀具主轴相对于工件向相应的方向连续移动，移动速度受快进倍率修调旋钮的控制，移动距离按受按压轴方向选择钮的时间控制，即按即动，即松即停。采用该方式无法进行精确的尺寸调整，进行大移动量的粗调时可采用此方法。

（2）微调　位置调整的微调可使用增量或手轮来操作：将方式开关置于 "增量"方式档，若手轮上的开关处于"OFF"档位，则处于增量微动方式，选按操作面板上的增量倍率按键 100%、 50% 、 25% 及 F0 之一，再选择要运动的轴，然后按轴移动方向按钮一次，则刀具主轴相对于工件向相应的方向分别移动 1mm、0.1mm、0.01mm 及 0.001mm；若手轮上的开关不在"OFF"档位，则处于手轮微动方式，在手轮中选择移动轴和进给倍率，按"逆正顺负"方向规则旋动手轮手柄，则刀具主轴相对于工件向相应的方向移动，移动距离视进给倍率和手轮刻度而定，手轮旋转 360°，相当于进给 100 个刻度的对应值。

3. 五轴加工的手动操作

若已由参数 P400 和 P401 正确设置了机床的五轴结构类型，则对于系统支持的机床结构类型，可进行刀具固连坐标系中的手动进给。如图 2-3-9 所示，所谓刀具固连坐标系，是指当刀具位于初始位置（刀轴与机床坐标系 Z 轴平行）时，在刀具上建立的一个与机床坐标系平行的局部坐标系，在刀具的旋转过程中，该坐标系随着刀具一起旋转，始终与刀具固连。不管刀具固连坐标系随着刀具旋转到什么位置，都可以通过手动操作，使刀具沿着刀具固连坐标系的坐标轴移动，移动操作方式包括手轮、JOG 和增量。其操作方法如下：

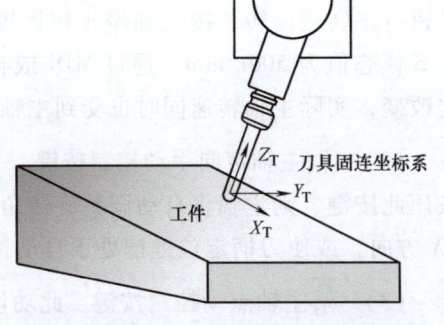

图 2-3-9　刀具固连坐标系

1）通过"手动/增量"→"\"→"刀轴进给"→"开启"操作，开启刀具固连坐标系的进给功能。

2）在刀具固连坐标系进给功能开启后，当使用手轮、JOG 或增量方式移动 Z 轴时，将使刀具沿着刀具固连坐标系 Z 轴方向（即刀具轴线方向）移动，可用于五轴加工的法向进退刀；同样，使用手轮、JOG 或增量方式移动 X、Y

轴时，将使刀具沿着刀具固连坐标系的 X、Y 方向移动。

3）可通过"手动/增量"→"\\"→"刀轴进给"→"关闭"操作，关闭刀具固连坐标系的进给功能。

4. MDI 程序运行

MDI 程序运行是指即时从数控面板上输入一个或几个程序段指令并立即实施的运行方式。其基本操作方法如下：

1）置操作控制方式为"自动"。

2）置菜单功能项为"MDI"运行方式，则屏幕显示如图 2-3-10 所示，当前各指令模态也可在此屏中查看。

3）在 MDI 程序录入区可输入一行或多行程序指令，程序内容即被加到番号为%1111 的程序中。按"保存"软键可对该 MDI 程序内容赋名存储，按"清除"软键可清除所录入的 MDI 程序内容。

4）程序输入完成后，按"输入"软键确认，按"循环启动"键即可执行 MDI 程序。

5. 程序输入及自动运行调试

NC 程序输入及自动运行调试的基本操作方法如下：

1）置菜单功能项为"程序"。

2）在图 2-3-2 所示界面中按"编辑"软键，然后在新建程序处

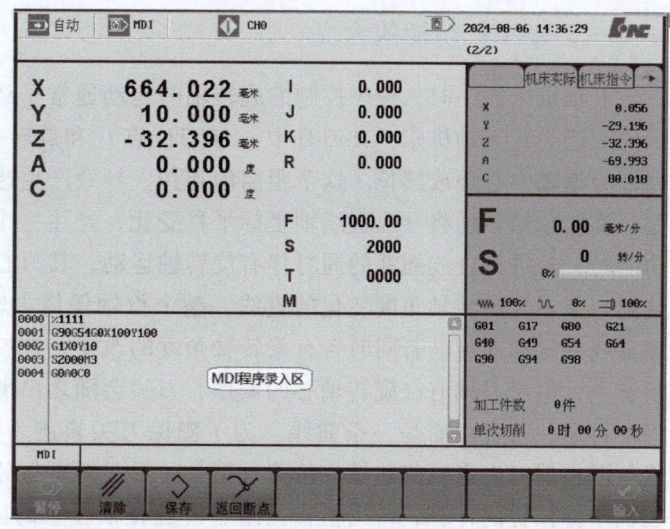

图 2-3-10　MDI 操作界面

输入程序文件名即可编辑录入加工程序，录入完成后按"保存"软键。

3）选择当前编辑的程序或系统盘中已输入完成的程序，对由 CAM 软件编制并转存在外接 U 盘、CF 卡等介质中的程序，可通过复制、粘贴等操作输入到系统盘中。

4）置操作方式为"自动"，并根据需要选按其他工作方式的开关状态。

5）选按"校验"菜单软键可使系统处于校验检查的执行模式，置菜单功能项为"位置"，然后按"循环启动"键，可在不执行机械运动的状况下运行检查所选择的程序。在程序执行的同时，可选按菜单软键进行"坐标""程序正文""轨迹图形"等监控信息的切换。

6）当程序校验检查无误，并完成零件装夹、对刀调整及设置等操作后，可按"重运行"软键，然后按"循环启动"键进行零件加工程序的自动运行。

单元四　学习 RTCP 操作

【单元学习任务】

1. 了解五轴加工中 RTCP 功能、RPCP 功能的含义。

2. 熟悉 RTCP 功能涉及的机床结构参数及其测定方法。

3. 了解 RTCP 功能检测的基本方法。

【单元学习目标】

1. 知道五轴加工中 RTCP 功能和非 RTCP 功能的区别。

2. 知道五轴加工中 RTCP 技术应用的优势。

3. 知道机床 RTCP 功能结构参数的标定方法，会进行 RTCP 功能的简单检测。

【单元学习知识基础】

一、RTCP 功能的含义

五轴机床加工时，程序控制的旋转轴的运动通常是绕其旋转轴心的旋转。如图 2-4-1 所示的双摆头式五轴机床，其刀具中心（刀位点）和旋转主轴头的中心有一个距离，这个距离称为枢轴中心距或摆长。这个距离的存在，导致产生这样一个问题，即如果对刀具中心编程，旋转轴的转动将导致直线轴坐标平移变化，产生一个位移。如前所述，当不使用 RTCP 功能时，若进行直线插补的同时伴有旋转轴运动，其刀心轨迹就会偏离预定的插补直线。要铣削一条不含旋转轴角度变化的直线，整个枢轴保持主轴刀具与 Z 轴方向一致做平行于轨迹直线的运动即可。若同时含有旋转轴角度的改变，在控制枢轴仍做平行于轨迹直线运动的状态下，由于刀轴有绕旋转轴心的偏摆，刀尖会随之出现高低起落的弧形运动，则刀尖轨迹将不再是一条直线而是一条曲线。为了确保刀尖轨迹为一条直线，就必须对该曲线进行补偿。需根据刀尖点到旋转轴心的刀具摆长关系，对所有插补点进行旋转轴角度和旋转轴心点三轴坐标位置的计算，得出枢轴控制点（旋转轴心）的插补轨迹（曲线），然后按此计算结果调整控制枢轴的运动，方可保证刀尖轨迹为指定的直线，这就是通常意义上的刀具中心点 RTCP 控制功能。

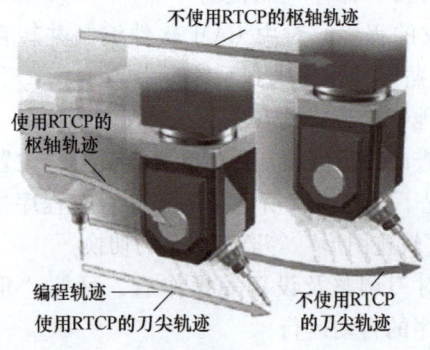
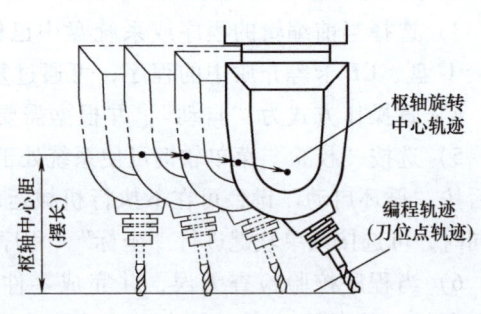

图 2-4-1　RTCP 功能的含义

通常在五轴加工中处理这种补偿有两种办法：一种是在 CAM 后置处理中添加枢轴中心距后得到预补偿的程序，即由 CAM 实施 RTCP 的预补偿编程，适用于早期无 RTCP 功能的五轴机床；另一种就是由 CAM 输出适合利用机床 RTCP 功能而未做补偿的程序，然后在机床系统中启用 RTCP 功能，由机床实施 RTCP 补偿的计算控制。对不具备 RTCP 功能的五轴机床，在编制五轴加工程序时，必须知道枢轴中心距，需根据枢轴中心距和旋转角度计算出 X、Y、Z 轴的直线补偿后编程，以保证刀具中心处于所期望的位置。此外，实际运行时必须要求五轴机床的枢轴中心距值正好等于编程计算时所采用的数值，一旦刀具长度在换新刀等情况下发生了改变，原来的程序数据就都不正确了，需要重新进行后置处理，因此给实际使用带来了很大的麻烦。若五轴机床具备 RTCP 功能，则系统能根据被加工曲线在空间的轨迹，保持刀具中心始终在被编程的 X、Y、Z 坐标位置上，由旋转角度变化可能导致刀具中心的 X、Y、Z 直线位移将被转换成枢轴旋转中心的 X、Y、Z 位移变化，即自动对旋转轴进行补偿。这一坐标变换由机床系统控制器来计算，加工程序可以保持不变。CAM 编程时可直接按刀具中心的轨迹实施程序输出，而不需考虑枢轴中心的位置，枢轴中心距是独立于编程的，是在执行程序前通过 RTCP 功能标定（现场实测后在机床系统中输入）赋予的。

对于以工件旋转实现五轴加工的双摆台式五轴机床，这种补偿功能则称为 RPCP 功能，即基于工件旋转中心的编程。其意义与上述 RTCP 功能类似，不同的是该功能是补偿工件旋转所造成的平动坐标的变化。不同结构模式的机床，其转换控制的算法不同。可根据机床结构类型以及 RTCP 标定的结果，将机床结构参数（摆头式机床的摆长、摆台式机床的轴间偏置等）填入通道参数中，系统即可根据机床结构模式进行相应的 RTCP 功能控制计算。HNC-848 数控系统在 RTCP 功能控制技术方面，已将 10 种常见结构形式的五轴机床结构模型引入程序解释、运动规划和轨迹插补三个模块中，除了程序解释模块中实现通常意义上的 RTCP 功能长度补偿外，还采用在插补后才进行工件编程坐标系到机床坐标系的插补点变换（RTCP 功能的 W-M 变换）的方法，使每一个插补点的位置都在编程轨迹上，能有效消除插补过程中的非线性误差。

二、机床 RTCP 功能结构参数的标定

对 JT-GL8-V 双摆台式五轴机床而言，RTCP 功能（或 RPCP 功能）需要标定的参数包括：C 转台中心位置，A、C 轴线间偏移矢量。如图 2-4-2 所示，预先测量出 C 转台上表面中心在机床坐标系中的坐标（$X0$、$Y0$、$Z0$）、A 轴回转轴线和 C 轴回转轴线在 Y 轴方向的偏置距离 y_f 及 Z 方向的偏置距离 z_f，然后将这些数据输入到机床系统参数中，供系统实施 RTCP 功能时作为补偿换算用。

1. C 转台中心位置的测定

（1）C 转台中心 X、Y 坐标的测定　将电子寻边器像普通刀具一样装夹在主轴上，其柄部和触头之间有一个固定的电位差。当触头与金属工件接触时，即通过床身形成电流回路，电子寻边器上的指

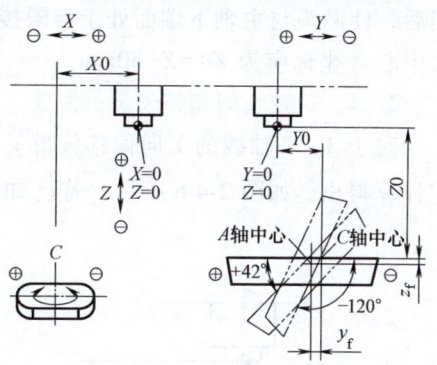

图 2-4-2　RTCP 标定的机床结构参数

示灯就被点亮。逐步降低步进增量，使触头与工件表面处于极限接触（进一步即点亮，退一步则熄灭），即认为定位到工件表面的位置处。具体操作为：如图 2-4-3 所示，调整 A 轴、C 轴至 0°方位，使 C 转台置于水平位置，然后移动 X、Y 轴使电子寻边器先后定位到 C 轴转台正对的两侧表面，记录下对应的 $X1$、$X2$、$Y1$、$Y2$ 机床坐标值，则对称中心在机床坐标系中的坐标应是 $[(X1+X2)/2，(Y1+Y2)/2]$。这一操作可使用系统提供的"工件测量"→"中

心测量"对刀设定功能，即在如图 2-4-4 所示的设置界面中，先移光标在"X"处，当定位到左右侧表面时分别按"读测量值"软键以记录 A、B 两点的位置数据 X1 和 X2，再按"坐标设定"软键即可计算 X 方向对称中心（X1+X2）/2，并将结果自动设置为 G54 的 X 坐标。同理，先移光标在"Y"处，当定位到前后侧表面时分别按"读测量值"软键以记录 A、B 两点的位置数据 Y1 和 Y2，再按"坐标设定"软键即可计算 Y 方向对称中心（Y1+Y2）/2，并将结果自动设置为 G54 的 Y 坐标。

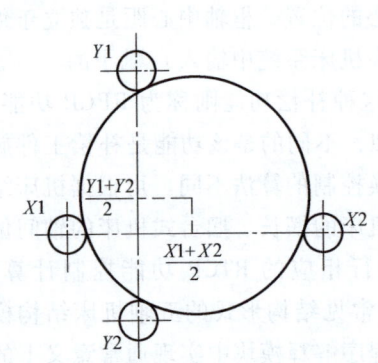

图 2-4-3　C 轴中心 X、Y 坐标的找正

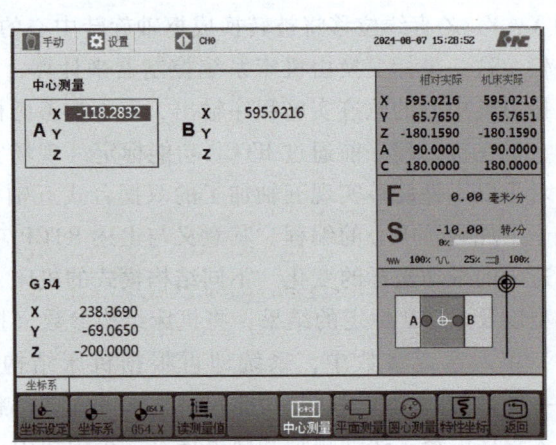

图 2-4-4　分中对刀的 G54 设定

（2）C 转台上表面 Z 坐标的测定　C 转台上表面的 Z 坐标测定用于测量其与主轴下端面接触时，C 转台上表面在机床坐标系中的坐标值数据 Z0。可直接用 Z 轴电子对刀设定器进行测定，具体操作为：如图 2-4-5 所示，调整 A 轴、C 轴至 0°方位，使 C 转台置于水平位置，置标准高度为 50mm 的 Z 轴电子对刀设定器于 C 转台上表面，先进行 Z 方向回零后再用手轮移动 Z 轴至主轴下端面接触 Z 轴电子对刀设定器的测头，微调手轮移动单位为"×1"档后，使测头与主轴下端面处于极限接触状态，记录此时的机床坐标 Z 值（负值），则 C 转台中心 Z 坐标应为 Z0=Z−50mm。

2. A、C 轴线间偏移矢量的测定

对于 A、C 轴线的 Y 向偏移矢量 y_f 和 Z 向偏移矢量 z_f，可通过已知尺寸的测试块进行测定计算得出。如图 2-4-6 所示，若已知测试块高度为 H，从中心到某侧表面的距离为 L（可

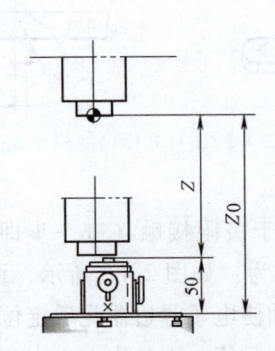

图 2-4-5　C 轴中心的 Z 坐标测定

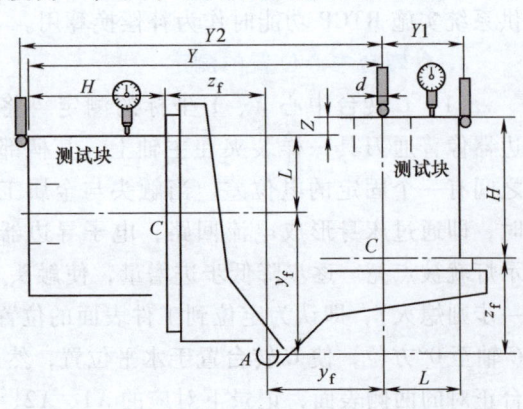

图 2-4-6　A 轴、C 轴间偏移 y_f、z_f 的测定

现场实测出），根据测试块由 0° 到 90° 的旋转变换，图示应存在如下计算关系：

$$|Y| = H + z_f + y_f$$

$$|Z| = H + z_f - (y_f + L)$$

由此，即可计算得出：

$$y_f = (|Y| - |Z| - L)/2 \tag{2-1}$$

$$z_f = (|Y| + |Z| + L)/2 - H \tag{2-2}$$

式中，L、H 为不带符号的正数，若由上式计算得出 y_f、z_f 为负值，表示其偏置方向与图中指示方向相反。

按照以上算法，仅需通过测定获得 Y、Z 数据即可得出 AC 轴线间偏移矢量。其 Y、Z 数据可通过下述操作进行测定。

如图 2-4-6 所示，先调整 A 轴、C 轴至 0° 方位，使 C 转台处于水平位置，装夹固定好高度为 H 的测试块，并通过打表找正使其后侧表面（图 2-4-6 中右侧边）与 X 轴平行。在主轴上装夹一把已知标准直径为 d 的电子寻边器或测试杆，然后移动机床至 C 轴转台中心正对主轴中心的位置，即（$X0$，$Y0$）位置，并将当前 Y 轴坐标相对清零。调整移动机床使刀具（电子寻边器测头）与其后侧表面处于极限接触，记录此时的 Y 轴相对坐标 $Y1$（正值），则从中心到右侧边的距离 $L = Y1 - d/2$。转动 A 轴至 90° 方位，使测试块顶面处于垂直位置，后侧表面处于水平位置，调整移动机床使刀具（电子寻边器测头）与垂直后的顶面（图中左侧边）处于极限接触，记录此时的 Y 轴相对坐标 $Y2$（负值），则图 2-4-6 中的数据 $Y = |Y2| - d/2$。

使用百分表（或 Z 轴对刀设定器）先找正转台处于 0° 方位时测试块上表面的位置，然后将当前 Z 坐标相对清零，移开百分表后再转动 A 轴至 90° 方位，找正测试块呈水平方位的后侧表面位置，记录此时的 Z 轴相对坐标 $Z1$，即为图中数据 $Z = |Z1|$。

根据实测的 L、Y、Z 数据及已知测试块高度 H，即可按式（2-1）和式（2-2）计算出 y_f、z_f。此处 y_f 是指 A 轴回转轴线和 C 轴轴线在 Y 方向上的偏移距离，z_f 是指 A 轴回转轴线和 C 轴转台上表面之间的偏移距离，它仅是 RPCP 功能（或 RTCP 功能）补偿换算的基础数据，是与使用夹具及工件结构类型无关的原始数据。在实际工件加工中，RPCP 功能的 A、C 轴线的 Z 方向偏移矢量应按工件编程用 $Z0$ 平面（如工件上表面）至 A 轴轴线之间的偏移距离来进行设定，若已知所用夹具厚度、工件厚度，即可直接与 z_f 矢量求和得到。

以上数据测定完成后，需要将这些数据填入如图 2-4-7 所示参数号对应的系统参数中，如参数 040433（y_f）、040435（$X0$）、040436（$Y0$）和 040437（$Z0 + z_f$）等，才能完成五轴 RTCP 结构参数的标定。

三、RTCP 功能的手动测试

1. 手动测试的操作方法

当完成机床 RTCP 结构参数的标定后，即可手动进行 RTCP 功能测试，以验证参数测定的准确性及 RTCP 功能的实施效果。测试时，需要先在 MDI 模式下输入执行启用 RTCP 功能的指令，然后点动旋转轴，使刀具中心点保持在开启 RTCP 功能时的刀位点位置。具体测试可参考如下操作：如图 2-4-8 所示，在主轴刀柄上夹持一个标准球，再在工作台上架好千分表，然后移动机床直线轴沿 $-X$（或 $-Y$、$-Z$）方向使表头接触标准球，找准球头最大点位置

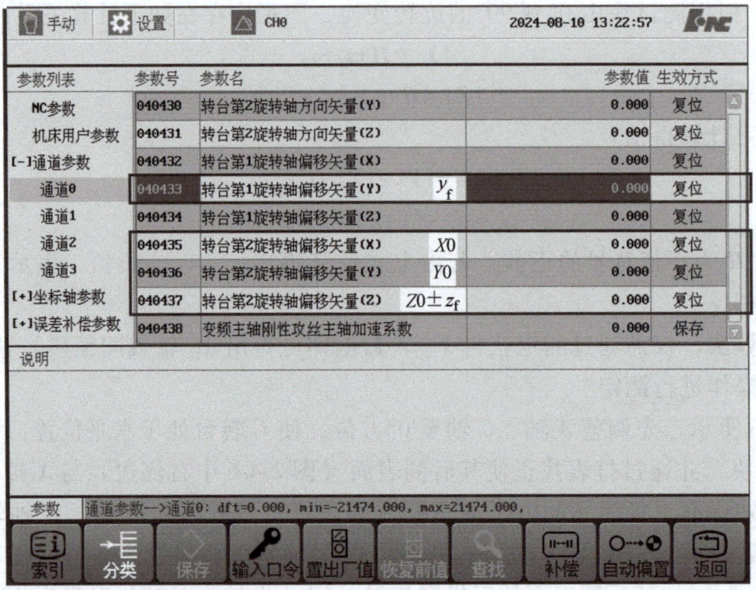

参数列表	参数号	参数名		参数值	生效方式
NC参数	040430	转台第2旋转轴方向矢量(Y)		0.000	复位
机床用户参数	040431	转台第2旋转轴方向矢量(Z)		0.000	复位
[-1]通道参数	040432	转台第1旋转轴偏移矢量(X)		0.000	复位
通道0	040433	转台第1旋转轴偏移矢量(Y)	y_f	0.000	复位
通道1	040434	转台第1旋转轴偏移矢量(Z)		0.000	复位
通道2	040435	转台第2旋转轴偏移矢量(X)	$X0$	0.000	复位
通道3	040436	转台第2旋转轴偏移矢量(Y)	$Y0$	0.000	复位
[+1]坐标轴参数	040437	转台第2旋转轴偏移矢量(Z)	$Z0\pm z_f$	0.000	复位
[+1]误差补偿参数	040438	变频主轴刚性攻丝主轴加速系数		0.000	保存

说明

参数　通道参数→通道0: dft=0.000, min=-21474.000, max=21474.000,

索引　分类　保存　输入口令　置出厂值　恢复前值　查找　补偿　自动偏置　返回

手动　设置　CH0　2024-08-10 13:22:57

图 2-4-7　RTCP 测定结果的标定设置

后将表头调零，同时设置刀长 H = 球头杆实际长度 − 球头半径。在 MDI 模式下输入并先后执行 "G54" 和 "G43.4 H1" 以启用系统 RTCP 功能，接着在手轮模式下实施 A 轴、C 轴的旋转，观察千分表指针的变化，应在允许范围内，同时观察各轴是否联动，查看机床坐标的变化。

2. RTCP 功能测试的原理解析

双摆台式机床 RTCP 功能测试的原理就是无论千分表（工件）放置在工作台面上什么位置，当表头调整到与标准球面法向垂直指向球心（球刀球心）时，任意改变旋转轴角度，都能保证表头相对球心的距离不变，即刀位点相对工件位置不改变，因旋转角度变化导致刀具相对工件可能产生的直线位移，将由系统按 RTCP 功能补偿算法自动转换为工作台旋转中心的 XY 平动及刀轴的 Z 向升降调整。若机床精度较高，当旋转轴摆转时，表头不会固定在球面上某点，而是在球面上滑动，但不会脱离球面。因此，千分表指针只会在精度允许范围内做微小摆动，但工作台（旋转中心）及刀具主轴的 X、Y、Z 会有自动补偿调整的坐标变化。每一点上都能按此计算控制，即可实现五轴的 RTCP 功能插补加工。

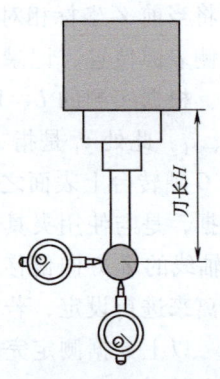

图 2-4-8　RTCP 功能
标准球测试

单元五　学习常见警示故障的处置及机床维护

【单元学习任务】

1. 在车间现场对所用机床进行日常检查和保养。

2. 记录现场机床切削加工中常见的报警信息，学习解除报警的方法。

3. 参与处理机床加工中可能出现的设备故障。

【单元学习目标】

1. 知道机床日常保养检查的工作内容，能正确认知保养维护涉及的机床部件。
2. 会分析出现常见警示故障的原因，解除机床使用中常见的报警故障。
3. 能按检修流程记录机床使用中的故障，填写设备使用维修记录和报修单。

【单元学习知识基础】

一、机床使用中的故障警示及其诊断

1. 常见故障类别及故障警示

（1）按数控机床发生故障的部件分类

1）主机故障。主机故障主要包括机械、气动装置、液压装置、辅助装置等的故障。

2）电气故障。电气故障包括弱电部分（CNC、PLC 及 I/O 设备等电子电路）和强电部分（电动机、变压器、接触器、继电器、行程开关等电气元件及其组成电路）的故障。

（2）按数控机床发生的故障性质分类

1）系统性故障。满足一定条件或超过某一设定的限度，工作中的数控机床必然会发生的故障，即为系统性故障。

2）随机性故障。工作时偶然发生一两次的故障，即为随机性故障，有时也称为"软故障"。

（3）按故障发生后有无报警显示分类

1）有报警显示的故障。有报警显示的故障分为硬件报警显示和软件报警显示两种。

2）无报警显示的故障。无报警显示的故障发生时无任何硬件或软件报警显示。

2. 故障分析与诊断

现代数控机床的故障通常都可参照系统中提供的报警显示信息来进行分析与诊断。

（1）硬件报警显示的故障　硬件报警显示通常是指各单元装置上的警示灯的指示。借助相应部位上的警示灯均可大致判断出故障发生的部位与性质。

（2）软件报警显示的故障　软件报警显示通常是 CRT 显示器上显示出来的报警号和报警信息。由于数控系统具有自诊断功能，一旦检测到故障，即按故障的级别进行处理，同时在 CRT 上以报警号形式显示该故障信息，便于故障判断和排除。

表 2-5-1 是 HNC-848 数控系统工作中由 PLC 控制显示的警示信息一览。

表 2-5-1 中 G3010.0 的伺服报警可转到电柜中伺服驱动器上进一步查看具体报警号，其报警显示见表 2-5-2。

表 2-5-1　由 PLC 控制显示的报警

报警代码	报警号	报警说明
G3010.0	报警0	伺服报警
G3010.1	报警1	换刀允许灯亮,禁止转主轴
G3010.2	报警2	松刀时禁止转主轴

（续）

报警代码	报警号	报警说明
G3010.3	报警3	主轴定向时禁止转主轴
G3010.4	报警4	主轴旋转时禁止松刀
G3010.5	报警5	换刀允许灯亮时，禁止主轴定向
G3010.6	报警6	快移修调值为零
G3010.7	报警7	刀库未进到位
G3010.8	报警8	刀库未退到位，请在手动模式下退回
G3010.9	报警9	紧刀未到位
G3010.10	报警10	松刀未到位
G3010.11	报警11	目的刀号超过刀库范围
G3010.12	报警12	第二参考点未到位
G3010.13	报警13	Z轴/机床锁住不允许换刀
G3010.14	报警14	第三参考点未到位
G3010.15	报警15	主轴正反转、回零不允许同时执行
G3011.0	报警16	主轴为C轴时禁止主轴正反转
G3011.1	报警17	未找到目的刀号
G3011.2	报警18	扣刀未到位，检查刀臂电动机
G3011.3	报警19	交换刀未完成
G3011.4	报警20	回刀臂原点未完成
G3011.5	报警21	刀松紧报警
G3011.6	报警22	刀套检查报警
G3011.7	报警23	机械手不在起始位报警
G3011.8	报警24	刀套未到位报警
G3011.9	报警25	刀套未回到位报警
G3011.10	报警26	主轴报警
G3011.11	报警27	压力报警
G3011.12	报警28	冷却报警
G3011.13	报警29	外部报警
G3011.14	报警30	刀套未回，请先回刀套（M69）
G3012.0	报警31	冷却过载
G3012.1	报警32	气压报警
G3012.2	报警33	润滑泵过载
G3012.3	报警34	润滑油位低
G3012.4	报警35	润滑油压低

（续）

报警代码	报警号	报警说明
G3012.5	报警 36	刀库转盘过载
G3012.6	报警 37	刀库机械手过载
G3012.7	报警 38	液压过载
G3012.10	报警 39	A 轴未松开到位
G3012.11	报警 40	C 轴未松开到位
G3012.12	报警 41	A 轴锁紧未到位
G3012.13	报警 42	C 轴锁紧未到位

表 2-5-2 伺服驱动的报警

报警代码	报警名称	原因及处理方法
0	正常	无报警发生
1	主电路欠电压	①驱动单元三相强电进线是否接触良好 ②主电路电源电压过低
2	主电路过电压	①驱动单元内置制动电阻是否完好 ②外接制动电阻规格、接线是否正确 ③主电路电源电压过高
3	IPM 模块故障	①驱动单元散热是否正常 ②系统负载过大 ③查看参数设置是否合适（PA5、PA25 及 PA26） ④PA2 号参数是否设置太大 ⑤电动机动力线是否连接正确 ⑥屏蔽线连接是否完整、可靠
4	制动故障	①驱动单元内置制动电阻是否完好 ②外接制动电阻规格、接线是否正确
5	保留	
6	电动机过热	①电动机温度过高 ②STA-12 设置为 1，可屏蔽此报警
7	编码器数据信号错误	①编码器电缆是否连接可靠 ②编码器线缆是否太长
8	编码器类型错误	①编码器电缆是否连接 ②PA25 号参数设置是否正确 ③确认编码器未损坏
9	系统软件过热	①电动机堵转 ②电动机动力线相序是否正确 ③电动机动力线是否连接牢固 ④PA-26 参数设置是否正确？电动机是否飞车
10	过电流	①电动机堵转 ②PA5、PA18、PA19 号参数设置是否正确 ③PA26 号参数设置是否正确 ④驱动单元负载过大 ⑤驱动单元与电动机是否匹配

（续）

报警代码	报警名称	原因及处理方法
11	电动机超速	①PA17 号参数设置是否正确 ②编码器反馈信号是否正确 ③工作在全闭环模式：查看全闭环反馈脉冲方向是否与半闭环反馈方向一致 ④PB43 号参数设置是否正确
12	跟踪误差过大	①确认编码器信号是否正常 ②PA12 号参数设置是否正确 ③运行参数如 PA27、PA2 参数是否调整合理 ④使用了全闭环，未接全闭环线缆
13	电动机长时间过载	①PA18、PA19 号参数设置是否正确 ②电动机相序是否接反
14	控制参数读错误	重新保存参数
15	指令超频	①给定指令频率超过 PA17 号参数所对应的频率，查看 PA17 号参数设置是否合理 ②查看 PA23 号参数设置是否合理 ③检查系统电子齿轮比、编码器类型或工作模式设置是否正确 ④PB42 及 PB43 号参数设置是否正确
16	控制板硬件故障	①DSP 与 FPGA 通信故障 ②重新保存参数
17	驱动器过热	①驱动单元温度超过设定值（100℃） ②STA15 设置为"1"时，可屏蔽此报警
18	保留	
19	A-D 转换故障	A-D 转换数据通信故障或电流传感器故障
20	反向超程警告	驱动单元 CCW 或 CW 输入端子断开
21	正向超程警告	
22	系统自识别调整错误	①惯量识别错误 ②检查运行参数，尤其是 PA18 等参数设置 ③检查系统惯量与电动机是否匹配
23	NCUC 数据帧检验错误	①总线通信故障 ②总线连接是否可靠
24	保留	
25	NCUC 通信链路断开错误	①总线通信断开或不正常 ②复位驱动单元或系统
26	电动机编码器信号通信故障	①绝对式编码器通信故障 ②编码器线缆是否正常连接 ③PA25 号参数设置与电动机编码器是否一致
27	全闭环正余弦编码器信号失真	①全闭环编码器线缆是否正常连接 ②全闭环编码器类型设置是否正确
28	全闭环编码器信号通信故障	①全闭环编码器线缆是否正常连接 ②全闭环绝对式编码器类型设置是否正确
29	电动机与驱动器匹配错误	PA43 号参数的设置是否与所使用的驱动单元及电动机相匹配

二、常见警示故障及其处置

1. 超程报警的故障分析及处置

常见的超程报警有硬超程报警和软超程报警两种。

图 2-5-1 所示为数控机床进给轴软、硬极限位置关系，当手动或自动移动中进给轴运动导致触碰行程开关时就会出现硬超程报警，此故障的表象通常是进给轴的机械移动超出了允许的运动范围，但引发该故障的原因可能是机械问题也可能是电气问题。若出现该报警的位置偏离原始极限位置，则应排查是否因极限挡

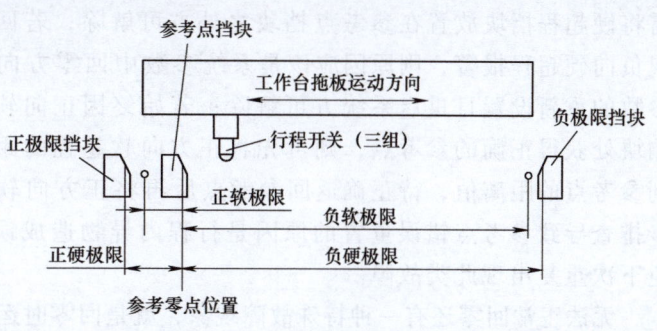

图 2-5-1　软、硬极限的位置关系

块松动而被重置或行程内有异物，当然也有可能是行程开关本身损坏或信号线破损形成短接而造成系统误判。排查并处置好以上影响因素后，可在按 超程解除 "超程解除" 键的同时朝反向移动至行程开关复位即可解除此故障。

而软超程报警的表象则是进给轴的机械运动超出了系统参数设置的行程运动范围，软行程极限的设置是为防止出现机械硬性碰撞而先于硬超程报警触发的保护措施，通常应在正常返回参考点建立正确的坐标系之后才起作用。若机械运动出现软超程警示时在正常的保护位置，则直接反向移动即可解除，加工编程时应防止机械运动超出软行程极限，以避免出现该故障。

2. 无法正常回零的故障分析及处置

无法正常回零的故障通常表现为回零时出现超程报警或产生机械碰撞。图 2-5-2 所示为机床回零过程控制的两种基本方式，选择回零方式后按压进给轴回零方向的移动键，机床即开始按预定的方向往参考点快速移动，在参考点开关触点产生通断变化后开始做减速移动。若回零之前进给轴已位于参考点附近，则回零时将会因运动惯性快速冲过参考点挡块并很快到达极限挡块位置而造成硬超程报警。因此，应先将该进给轴往行程范围内移至离参考点 50~100mm 的距离后方可开始进行回零操作。

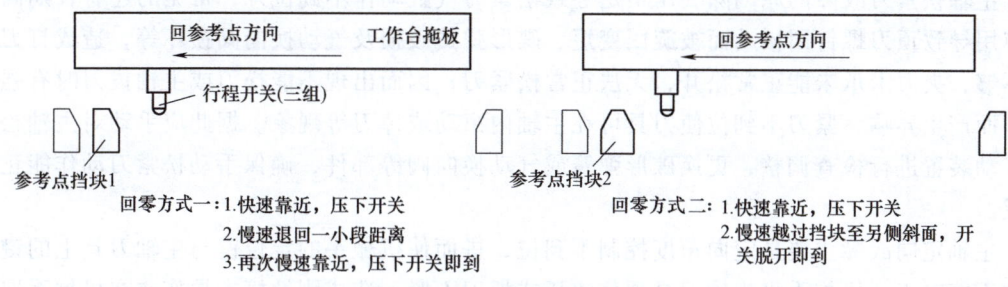

图 2-5-2　回零过程控制的两种基本方式

若回零前虽然进给轴远离参考点位置，但回零时还没到达参考点即出现硬超程报警或软

超程报警，则引发硬超程报警故障的原因可能是硬超程挡块被放置在参考点挡块之前或系统参数设置的回零方向不正确，引发软超程报警故障的原因可能是之前出现过远离实际参考点位置的参考点错误重置。通常回零方向设置为"+"，若回零时轴运动方向正确但未能正常回零即出现正向硬超程报警，则原因应该是硬超程挡块被放置在参考点挡块之前，需将硬超程挡块放置在参考点挡块之外方可解除；若回零时轴运动方向不正确且后续出现负向硬超程报警，则原因应该是系统参数中回零方向设置不对，需进行回零方向系统参数的重新设置且重启系统方可解除；若始终因正向软超程距离限制而无法到达参考点挡块处获得正确的参考点，则可先将正方向软超程的距离设置到足可以让工作台拖板移到参考点的距离值，待正确返回参考点后再将正方向软超程恢复为正常设置，且应进一步排查导致参考点错误重置的原因是行程内异物造成误判还是行程开关触点伤损，以避免下次重复出现此类故障。

无法正常回零还有一种特殊故障现象，就是回零时运动速度没有变化且始终很低，最后仍因超程报警而终止。出现这一故障的原因可能是参考点开关损坏或导线破损短接而使参考点信号处于常通状态，属于电气故障。此故障应排查短接导线或更换参考点开关方可解除。

3. ATC 装置常见故障分析及处置

加工中心的 ATC 在自动换刀过程中的常见故障包括：主轴松紧刀故障、主轴定向故障、机械手取送刀具故障和刀库故障等。其表象主要为换刀动作不能持续、装卸刀时有异响及掉刀等，可结合表 2-5-1 中 G3010～G3012 各警示代码综合判断。

最常见的换刀动作不能持续的故障报警是在换刀过程中出现气压不足现象，导致气动控制部件动作不到位从而引发的。由于 ATC 自动换刀的动作过程是通过 PLC 来设计控制的，要求其动作严格按顺序进行，每一步骤都设计有到位信息检测，因此，根据气压不足时其动作实施的进度，可能出现不同报警信息。伴随着气源处气压的检测，最后还会出现气压不足报警。有的机床系统在换刀过程中出现气压不足报警时，只要未实施"复位"等其他中止换刀的操作，随着气压的恢复就可自动接续完成自动换刀动作，但大多数机床系统则需要人为地实施各动作部件的手工复位操作方可解除报警。

如果故障发生时已经产生机械手转位的取送刀具动作，那么首先必须人工将机械手复位，其操作方法是：将操作方式置为"手动"方式或按下"急停"键，将机械手驱动电动机的控制把手切换为手控方式，然后用扳手拧动电动机尾端的方榫，使电动机轴转动直至机械手恢复到原始位置（确认指示灯处于正常状态的指示），然后解除急停状态。

主轴松紧刀故障的原因除气压不足导致松紧刀气缸动作不到位外，常见的还有长期高负荷使用导致顶刀螺钉因松动而被旋回变短、碟形弹簧破损及气动换向阀损坏等，造成打刀行程不够，夹刀卡爪未能正常松开，无法正常松紧刀，因而出现不能松刀或主轴拔刀时有强制动作而产生异响、紧刀不到位使刀具可在主轴内窜动或掉刀等现象。据此应手动对主轴松紧刀气动装置进行检查调整，更换碟形弹簧或气动换向阀等部件，确保手动松紧刀动作能正常完成。

主轴定向故障主要是定向角度控制不到位，进而使机械手的定位键与主轴刀具上的键槽方位不能对正，机械手将主轴刀具顶住憋死或抓刀不紧，造成刚性撞击损伤或在机械手取刀后持续回转的过程中将刀具甩出。此类故障的原因可能是主轴电动机与主轴间的传动带松动致使定向角度改变，或参数设置改变导致主轴定向角度变化，应手动排查并逐步调整，确保定向角度准确。

机械手方面的常见故障主要是由于保养欠缺,未能及时对其内部的销钉、弹簧等活动部件中活动通道的油污及锈迹进行清洗,致使弹簧失效、销钉不能弹出,夹刀键块运动阻滞而夹刀无力,致使回转过程中将刀具甩出。此类故障通过加强日常维护和保养环节的管理即可预防。

4. 旋转轴未锁紧/未释放的警示故障分析及处置

五轴机床的 A、C 双摆台旋转轴在做三轴加工时可实施气动锁紧,从而保证工作台能承受较大的切削载荷,做五轴联动加工时则必须解锁释放旋转轴。在这些模式间切换时需要正确使用旋转轴锁紧和释放的 M 功能指令(M40 松开 A 轴,M41 锁紧 A 轴,M42 松开 C 轴,M43 锁紧 C 轴),否则就会出现旋转轴未锁紧/未释放的警示,见表 2-5-1 中 G3012.10~G3012.13(报警号 39~42)。气动锁紧装置损坏或系统参数设置中未启用锁紧/释放控制功能,也会出现类似的警示,因此应根据具体状况做相应的处置。

5. RTCP 功能中断故障时的法向退刀处置

在使用 RTCP 功能钻孔、攻螺纹或者 Z 轴正方向有干涉加工时,若意外出现中断或者报警,可按下 X484.5 代表的开启 TOOLSET 功能的按键,在手动状态下移动 +Z 轴即可实现手动法向退刀功能或者使用手轮移动 Z 轴抬刀,再次按此键则关闭法向进退刀功能。

如果使用 RTCP 功能加工,当 Z 轴正方向无干涉时,可以进入 MDI 模式,输入"G49",取消 RTCP 功能,然后抬刀或者退刀即可。

三、数控机床的日常维护和保养

数控机床各维护期需要维护保养的主要内容见表 2-5-3。

表 2-5-3 数控机床维护与保养的主要内容

序号	检查部位	检查内容			
		每天	每月	六个月	一年
1	切削液箱	观察箱内液位,及时添加	清理箱内积存的切屑,更换切削液	清洗切削液箱,清洗过滤器	全面清洗,更换过滤器
2	润滑油箱	观察油标上的油位,及时添加	检查润滑油泵工作状况,油管接头是否松动或漏油	清洁润滑油箱,清洗过滤器	全面清洗,更换过滤器
3	各移动导轨副	清除切屑,用软布擦净,检查润滑情况及划痕	清理导轨滑动面上的刮屑板	检查导轨副上的镶条、压板是否松动	检验导轨运行精度
4	压缩空气气泵	检查气泵控制的压力是否正常	检查气泵工作状态是否正常,滤水管道是否畅通	空气管道是否渗漏	清洗气泵润滑油箱,更换润滑油
5	气源自动分水器(三点组合)	检查其工作是否正常,观察分油器中滤出的水分,及时清理	擦净灰尘,清洁空气过滤网	空气管道是否渗漏,清洗空气过滤器	全面清洗,更换过滤器
6	液压系统	观察箱体内液压油油位、油压是否正常	检查各阀、油路是否正常畅通,接头处是否渗漏	清洗油箱,清洗过滤器	全面清洗油箱、各阀,更换过滤器

（续）

序号	检查部位	检查内容			
		每天	每月	六个月	一年
7	防护装置	清除切削区内防护装置上的切屑与脏物，用软布擦净	用软布擦净各防护装置表面，检查有无松动现象	检查折叠式防护罩的衔接处是否松动	因维护需要，全面拆卸清理
8	刀具系统	检查刀具夹持是否可靠，位置是否准确，刀具是否损伤	在刀具更换后，检查重新夹持的位置是否正确	检查刀夹是否完好，定位固定是否可靠	全面检查，有必要时更换固定螺钉
9	换刀系统	观察主轴定向、刀库选刀、机械手定位情况	检查刀库、机械手的润滑情况，清除油污	检查换刀动作的轻便灵活程度	清理主要零部件，更换润滑油
10	LED显示及操作面板	观察报警显示、指示灯的显示情况	检查各轴限位及急停开关是否正常，观察LED显示情况	检查面板上所有操作按钮、开关的功能情况	检查插接线路并清除灰尘
11	强电柜与数控柜	检查冷风扇工作是否正常，柜门是否关闭	清洗控制箱散热风道的过滤网	清理控制箱内部，保持干净	检查所有插接线路、继电器和电缆的接触情况
12	主轴箱	观察主轴运转情况，注意声音、温度的情况	检查主轴上刀柄的夹紧情况，注意主轴定向功能	检查松紧刀装置、主轴轴承的润滑情况，测量轴承温升是否正常	清洗零部件，更换润滑油，检查或更换主传动带，检验主轴精度并进行校准
13	电气系统与数控系统	检查运行功能是否有障碍，监视电网电压是否正常	检查所有电气部件、联锁装置的可靠性。若长期不用，需定期通电空运行	检查一个试验程序的完整运转情况	检查存储器电池、数控系统的大部分功能情况
14	电动机	观察各电动机运转是否正常	观察各电动机冷却风扇运转是否正常	检查各电动机轴承噪声是否严重，必要时可更换	检查电动机控制板、电动机保护开关的功能
15	滚珠丝杠	用油擦净滚珠丝杠暴露部位的灰尘和切屑	检查滚珠丝杠防护套，清理螺母防尘盖上的污物，在滚珠丝杠表面涂油脂	测量各轴反向间隙，必要时予以调整或补偿	清洗滚珠丝杠上的润滑油，涂上新脂

阅读学习材料3

大国工匠：大技贵精

思考与练习题

1. 从机床结构组成和使用数控系统的基本要求来看，五轴联动加工中心和三轴联动加工中心大致有什么不同？

2. JT-GL8-V 五轴联动加工中心是哪种结构模式的数控机床？其主要技术参数有哪些？大致能进行什么样的加工？

3. JT-GL8-V 五轴联动加工中心的双轴转台是什么样的结构形式？双轴间的位置关系及行程范围如何？其用于五轴加工编程时的偏置数据大致应如何设置？

4. JT-GL8-V 五轴联动加工中心各轴的零位是如何确定的？当其刀具主轴正对 AC 转台零位时，X、Y 轴的机床坐标是多少？该数据对编程加工有何作用？

5. JT-GL8-V 五轴联动加工中心 X、Y 方向用于换刀的附加行程是什么？这是不是意味着增加了其在 X、Y 方向的有效行程范围？在这一范围内能实施加工吗？

6. JT-GL8-V 五轴联动加工中心各轴间的父子逻辑关系如何？机床设计主要有什么特点？其 ATC 自动换刀装置是如何布局的？该换刀装置设计有何特点？

7. HNC-848 数控系统有何特点？什么是现场总线式？其有何技术优势？

8. HNC-848 数控系统的软硬件结构如何？其软件部分主要包括哪些功能模块？该数控系统主要能实现哪些基本控制功能？

9. HNC-848 数控系统支持哪些五轴加工与编程控制功能？它和 FANUC 300is、SIEMENS 840D 的主要性能指标对比如何？

10. RTCP 功能的含义是什么？其包括哪些功能部分？使用 RTCP 功能有何优势？

11. 倾斜面的坐标定向功能有何作用？其主要可实现哪些功能？

12. 和 HNC-21、HNC-210 数控系统相比较，HNC-848 数控系统在操作界面上主要增加了哪些功能？其 3D 防碰撞仿真检查、刀具和工件在机测量是标配功能吗？

13. HNC-848 数控系统有哪些针对五轴加工的手动操作功能？其基本操作方法如何？RTCP 功能在手动操作方面是如何体现的？五轴加工的法向进退刀功能是如何使用的？

14. 加工中心的日常维护和保养主要有哪些内容？三级检查与保养分别指哪些内容？

15. 数控机床常见故障主要有哪些，分别应如何处置？加工中心的 ATC 装置主要有哪些常见故障，应如何处置？

项目三

五轴加工基础编程认知

单元一 了解 HNC-848M 多轴数控系统的编程规则

【单元学习任务】

1. 学习 HNC-848M 系统五轴加工指令编程的规则。
2. 熟悉五轴加工编程的特征指令及其编程格式要求。
3. 了解五轴定向加工的倾斜面特性坐标系编程方法。
4. 了解五轴联动加工 RTCP 编程指令控制方法。

【单元学习目标】

1. 熟悉五轴 RTCP 编程的特征指令功能及格式。
2. 理解构建倾斜面特性坐标系用于五轴定向加工的编程方法。
3. 熟悉 HNC-848M 系统用于简化编程的固定循环指令功能及用法。
4. 知道五轴钻孔与传统三轴钻孔加工编程处理方式的不同。

【单元学习知识基础】

一、HNC-848M 的基本编程指令功能

1. G 指令功能

HNC-848M 数控系统的 G 指令功能见表 3-1-1，其中包括能控制机床坐标轴移动的插补指令和影响插补指令执行状态的状态指令。

2. M 指令功能

M 指令是用于控制零件程序走向、机床各辅助功能开关动作及指定主轴起停、程序结束等的辅助功能指令。HNC-848M 数控系统的 M 指令功能见表 3-1-2，其中包括系统内定的 M 功能指令（M00、M01、M02、M30、M90/91、M92、M98/99）和由 PLC 设定的 M 功能指令（如 M3~M5、M6、M7~M9、M64、M19 及 M20）。

3. F、S、T 指令功能

F 指令是用于控制刀具相对于工件的进给速度。进给速度采用直接数值指定法，可由 G94、G95 分别指定 F 的单位是 mm/min 还是 mm/r。注意：实际进给速度还受操作面板上进给速度修调倍率的控制。

表 3-1-1 HNC-848M 数控系统的 G 指令功能

代码	组	指令功能	代码	组	指令功能	代码	组	指令功能
G00		快速定位	G28		回参考点	G64	12	连续切削
*G01		直线插补	G29	00	参考点返回	G65	00	宏非模态调用
G02	01	顺圆插补	G30		回第 2~4 参考点	G68		旋转变换开启
G03		逆圆插补	G34	01	攻螺纹切削	G68.1		倾斜面特性坐标系 1
G02.4		三维顺圆插补	*G40		刀具半径补偿取消	G68.2	05	倾斜面特性坐标系 2
G03.4		三维逆圆插补	G41		刀具半径左补偿	G69		旋转、特性坐标取消
G04		暂停延时	G42		刀具半径右补偿	G70~G79		钻孔样式循环
G05.1		高速高精加工模式设定	G43	09	刀具长度正补偿	G73~G89	06	钻、镗固定循环
G06.2		NURBS 样条插补	G44		刀具长度负补偿	*G80		固定循环取消
G07	00	虚轴指定	G43.4		开 RTCP 角度编程	G90	13	绝对坐标编程
G08		关闭前瞻功能	G43.5		开 RTCP 矢量编程	G91		增量坐标编程
G09		准停校验	*G49		关刀具半径补偿及 RTCP	G92	00	工件坐标系设定
G10	07	可编程输入	*G50	04	缩放关	G93		反比时间进给
*G11		可编程输入取消	G51		缩放开	G94	14	每分钟进给
*G15	16	极坐标编程取消	G52		局部坐系设定	G95		每转进给
G16		极坐标编程开启	G53		机床坐标系编程	*G98	15	固定循环回起始面
*G17		XY 加工平面	G53.2	00	刀轴方向控制	G99		固定循环回 R 面
G18	02	ZX 加工平面	G53.3		法向进退刀	G106	00	刀具中断回退
G19		YZ 加工平面	G54.x		扩展工件坐标系	G140	25	线性插补
G20	08	英制单位	G54~	11	工件坐标系 1~6 选择	G141		大圆插补
*G21		米制单位	G59			G160~G164		工件测量
G24	03	镜像功能开启	G60	00	单向定位	G181~	06	固定特征
*G25		镜像功能取消	*G61	12	精确停止	G189		铣削循环

注：1. 表内 00 组为非模态指令，只在本程序段内有效。其他组为模态指令，一次指定后持续有效，直到碰到本组其他代码。
2. 标有 * 的 G 代码为数控系统通电启动后的默认状态。

表 3-1-2 HNC-848M 数控系统 M 指令功能

代码	作用时间	组别	指令功能	代码	作用时间	组别	指令功能	代 码	作用时间	组别	指令功能
M00	★	00	程序暂停	M06	★	00	自动换刀	M30	★	00	程序结束并返回
M01	★	00	条件暂停	M07	#		开切削液 1	M64			工件计数
M02	★	00	程序结束	M08	#	b	开切削液 2	M90/M91			用户输入/输出
M03	#		主轴正转	M09	★		关切削液	M92		00	暂停（可手动干预）
M04	#	a	主轴反转	M19			主轴定向停止	M98/M99		00	子程序调用和返回
M05	★		主轴停转	M20		c	取消主轴定向	M128/M129		00	开/关工作台坐标系

注：1. 组别为"00"的属于非模态代码。其余为模态代码，同组可相互取代。
2. 作用时间为"★"者表示该指令功能在程序段指令运动完成后开始作用，作用时间为"#"者则表示该指令功能与程序段指令运动同时开始。
3. 使用 M90/M91 可方便用户根据 PLC 的执行动作来控制 G 代码执行流程，或通过 G 代码执行流程来控制 PLC 的执行动作，由此拓展系统功能的应用控制。

S 指令是用于控制带动刀具旋转的主轴的转速。主轴转速采用直接数值指定法，如 S1500 表示主轴转速为 1500r/min，实际主轴转速还受操作面板上主轴转速修调倍率的控制。

T 指令是用于机床刀库的选刀，其后的数值表示要选择的刀具号。使用机械手换刀方式时可在执行其他指令功能的同时通过 T 指令预选刀具，以节省选刀占机时间。使用主轴刀库互动换刀方式时，T 指令应与 M06 指令在同一程序段中使用。

二、多轴加工的指令编程规则

HNC-848M 数控系统基本编程指令用于三轴加工时的程序编制规则与 HNC-21/22M 一致，在此主要就其用于多轴加工时的要求进行介绍。

1. 多轴加工的插补指令应用规则

（1）快速定位 G00 和直线插补 G01　相对于三轴数控铣削编程而言，五轴机床中快速定位或直线插补的标准程序段可在指定 X、Y、Z 轴坐标数据的同时指定 A、B、C 旋转角度（RTCP 模式下使用 G43.4），或通过指定刀轴矢量数据的形式（RTCP 模式下使用 G43.5 指令），实现五轴联动的移动控制，如图 3-1-1 所示。

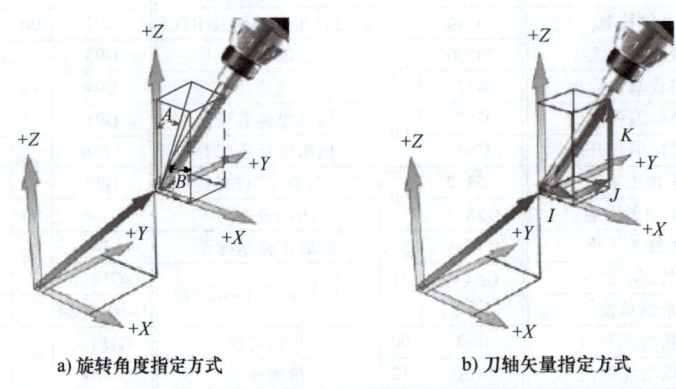

a) 旋转角度指定方式　　　　　b) 刀轴矢量指定方式

图 3-1-1　G00/G01 的两种多轴编程方式

指令格式：

1）G43.4　H＿＿　　　　　启动 RTCP 功能，旋转轴角度控制方式

G90（G91）　G0　X＿＿　Y＿＿　Z＿＿　A＿＿　B＿＿　C＿＿

或 G90（G91）　G1　X＿＿　Y＿＿　Z＿＿　A＿＿　B＿＿　C＿＿　F＿＿

2）G43.5　H＿＿　　　　　启动 RTCP，旋转轴矢量控制方式

G90（G91）　G0　X＿＿　Y＿＿　Z＿＿　I＿＿　J＿＿　K＿＿

或 G90（G91）　G1　X＿＿　Y＿＿　Z＿＿　I＿＿　J＿＿　K＿＿　F＿＿

其中 X、Y、Z 是以 mm 为单位的刀位点移动的有向距离，A、B、C 是以（°）为单位的旋转角度，I、J、K 是程序终点的刀轴在工件坐标系中的矢量（由 I、J、K 三个方向的正负矢量及配比关系确定刀轴的空间角度方向）；线性轴的进给速度 F 以 mm/min 为单位，旋转轴的进给速度以（°）/min 为单位。当旋转轴与其他线性轴同时做直线插补时，F 速度是直线轴与旋转轴构成的直角坐标系中的切线进给速度，旋转轴的实际进给速度据此进行计算。G、M、S 和 T 指令在应用中，可省略中间的 0、如 G00 指令，可简化为 G0 指令。

例如指令为 G91 G1 X30 A50 F500 时，应先将 A 轴当成线性轴来计算合成移动所需的时间，即

$$t = \frac{\sqrt{30^2 + 50^2}}{500} \mathrm{min} = 0.117 \mathrm{min}$$

则旋转轴 A 的进给速度为

$$v = \frac{50°}{t} = \frac{50}{0.117}(°)/\min = 427.35(°)/\min$$

编程示例：由 X0 到 X10 铣削一条直线，同时刀轴方向由 B 轴 0°改变至 B 轴 45°，如图 3-1-2 所示。可编程如下：

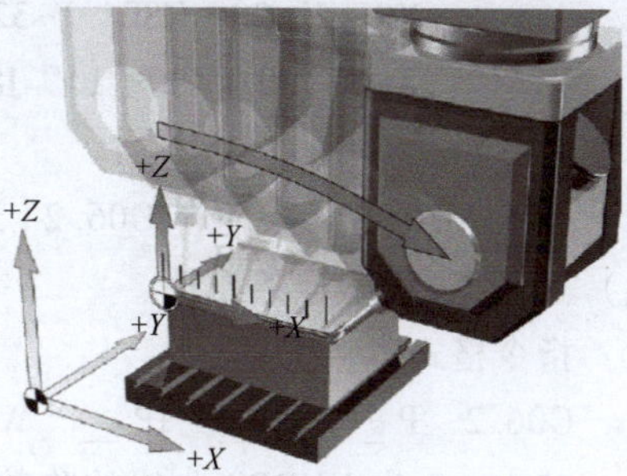

%0001 [⊖]

G54

M03 S2000

G43.4 H1　　　　　　　　指定旋转轴角度编程方式，并启用 RTCP 功能

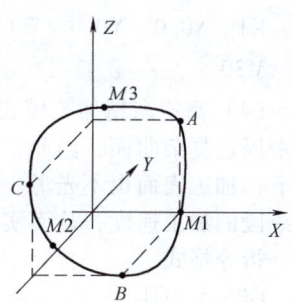

图 3-1-2　直线插补编程示例

G90 G0 X0 Y0 Z5 B0　　　刀具定位到起始位置，刀轴平行于 Z 轴

G1 Z-1 F100　　　　　　　下刀切入

G43.5　　　　　　　　　　切换为旋转轴矢量编程方式

X10 Y0 I1 K1　　　　　　　铣削直线到 X10，I、K 等比矢量确定刀轴在 XZ 面内 B 轴 45°方向

Z5

G0 Z50

G49

M5

M30

（2）三维圆弧插补 G02.4/G03.4　　除必须限定切削平面 G17 指令、G18 指令、G19 指令中实现平面圆弧插补外，HNC-848M 能通过指定圆弧上三个不重合的点来执行三维空间上的圆弧插补。

指令格式：

G02.4/G03.4　X__　Y__　Z__　I__　J__　K__　F__

其中，X、Y、Z 指定空间圆弧终点位置，G90 方式下指定终点坐标，G91 方式下指定从起点到终点的有向距离；I、J、K 指定空间圆弧中间点坐标，无论 G90 方式还是 G91 方式，均指定从起点到中间点的有向距离；F 指定进给速度。

使用限制：

1）由于空间圆弧不分旋转方向，因此 G02.4 指令和 G03.4 指令相同。

2）若任意两点重合或三点共线，系统将产生报警。

3）整圆应分成几段来处理。

编程示例：加工如图 3-1-3 所示三段空间圆弧，可编程如下：

%877

图 3-1-3　三维圆弧插补

_____

⊖　华中系统中的程序号用 O 和%均可。

```
G90   G0   X80   Y0   Z80                              到 A 点
G64
G03.4   X80   Y-80   Z0   I0   J0   K-80   F2000      终点 B，中间点 M1
        X0   Y-80   Z80   I-32   J0   K32              终点 C，中间点 M2
        X80   Y0   Z80   I0   J88   K0                 终点 A，中间点 M3
M30
```

（3）NURBS 样条插补 G06.2　通过指定 NURBS 曲线的三个参数（控制点、加权及节点）进行 NURBS 样条插补。

指令格式：

G06.2 P＿＿ K＿＿ IP＿＿ W＿＿ F＿＿ E＿＿

其中，P 为 NURBS 曲线的阶数，2~4 分别对应 1~3 次样条；K 为控制的节点；IP 为控制点坐标，指定 G06.2 首段程序的节点时，采用 G06.2 P4 K {0，0，0，0，1} X1 Y0 Z0 的格式；W 为相同程序段中指定控制点的权重，省略时默认为1；F 为进给速度；E 为避免终点速度过低而设定的第二进给速度（插补结束进给速度），且最后一段必须显式指定 E 为非0 正数，否则插补结束时速度将会降为 0。

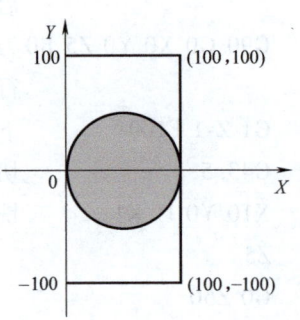

图 3-1-4　NURBS 样条插补

NURBS 样条插补方式中不能使用刀具半径补偿。

编程示例：使用三次 NURBS 样条插补如图 3-1-4 所示的整圆，R=50mm，可编程如下：

```
%0001
G54
G90   G17   F500   G64
G06.2   P4   K{0,0,0,0,0.5}   X0.0   Y0.0   Z0.0   W1   F600      插补上半圆
K0.5   X0.0000   Y100.0   W0.3333
K0.5   X100.0   Y100.0   W0.3333
K1   X100.0   Y0.0   W1.0   E600
K1   X100   Y-100.0   W0.3333                                     插补下半圆
K1   X0.0   Y-100   W0.3333
K1   X0.0   Y0.0   W1   E600
M30
```

（4）高速高精加工模式设定 G05.1　对于模具加工行业，由于编程时常常采用微小线段来逼近复杂曲面，因此，在一般的加工模式下，对小线段处理功能不足，会导致加工效率低下，加工表面也不光滑。高速高精加工模式增强了小线段的处理功能，可以提高程序中微小线段的加工速度，从而实现高速加工的目的。

指令格式：

G05.1 Q1	高速高精加工模式 1
G05.1 Q2	高速高精加工模式 2
G05.1 Q0	高速高精加工模式关闭

高速高精加工模式关闭后，为 G61 准停方式，即各程序段编程轴都要准确停止在程序

段的终点，然后再继续执行下一程序段。在高速高精加工模式 1 下，系统自动计算相邻线段连接处的过渡速度，在保证不产生过大加速度的前提下，使过渡速度达到最高，从而实现高速加工的目的。在高速高精加工模式 1 下，插补轨迹与编程轨迹重合。

高速高精加工模式 2 是样条插补模式。在该模式下，程序中由 G01 指定的刀具轨迹在满足样条条件的情况下被拼成样条进行插补。如图 3-1-5 所示，其中虚线部分为编程轨迹，实线部分是刀具实际移动的样条轨迹。在拼成样条的情况下，编程轨迹的直线拐点处（如 B、C、D 等），刀具将以很高的速度过渡，从而实现高速加工。其样条条件包括：

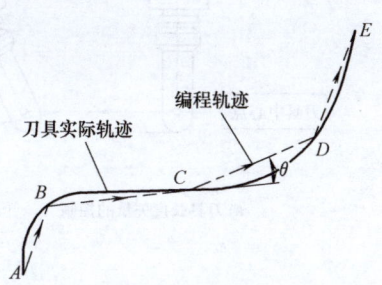

图 3-1-5　高速高精样条插补模式

1）程序段的最大移动量。线长比此设定值更长的程序段，不进行高速高精加工。

2）程序段的最小移动量。线长比此设定值更短的程序段，不进行高速高精加工。

3）相邻线段矢量之间的夹角 θ。若该夹角小于限定值，则满足样条条件，插补器将该相邻线段拼成样条进行插补；若该夹角大于限定值，则不满足样条条件。如果一条直线段与前后直线段的夹角均超过了限定值，则该条直线将按直线（编程轨迹，高速高精加工模式 1）进行插补。

4）相邻线段的长度之比。当前后两条直线段的长度 L_1 和 L_2 的比值超过限定值时，也不满足样条条件。假定长度比值的限定值为 ε（$\varepsilon > 1$），则样条条件为：$\frac{1}{\varepsilon} < \frac{|L_1|}{|L_2|} < \varepsilon$。如果一条直线段与前后直线段的长度比值均超出了限定值，则该直线将按直线（编程轨迹）进行插补。

（5）刀具中心点控制（RTCP）　RTCP 功能主要包括三维刀具长度自动补偿和工作台坐标系编程功能。

1）三维刀具长度自动补偿。三维刀具长度自动补偿是在五轴机床中，无论刀具旋转到什么位置，刀具长度的补偿始终沿着刀具长度方向进行，如图 3-1-6a 所示。

指令格式：

G43.4 H__　　　　刀具长度补偿开始（旋转轴角度编程方式，同时启用 RTCP 功能）

G43.5 H__　　　　刀具长度补偿开始（旋转轴矢量编程方式，同时启用 RTCP 功能）

G43/G44H__　　　可在启用上述功能后，再使用 G43/G44 作为刀具长度的正负补偿

G49　　　　　　　刀具长度补偿取消，同时关停 RTCP 功能

其中，G43 指令为正方向补偿，使刀具中心点沿着刀具轴线往控制点方向（刀尖反方向）偏移一个刀具长度补偿值；G44 指令为负方向补偿，使刀具中心点沿着刀具轴线向刀尖方向偏移一个刀具长度补偿值，如图 3-1-6b 所示。

2）工作台坐标系编程。在进行五轴加工编程时，既可以将工件坐标系作为编程坐标系，也可以将工作台坐标系作为编程坐标系。工作台坐标系是与工作台固连在一起并随着工

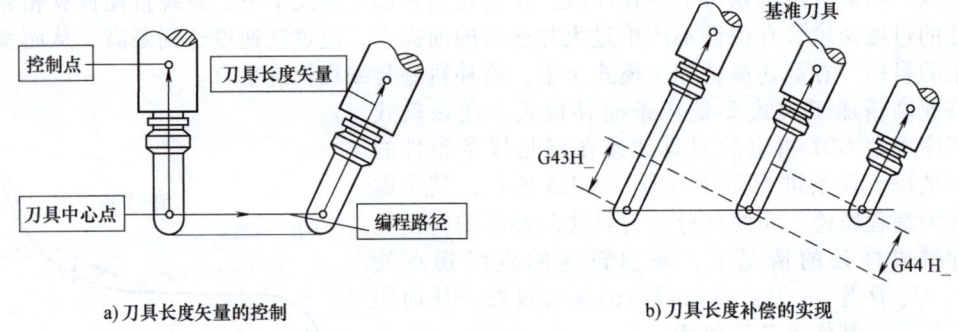

a) 刀具长度矢量的控制　　　　　b) 刀具长度补偿的实现

图 3-1-6　三维刀具长度补偿的实现

作台一起旋转变化的，如图 3-1-7 所示。系统上电后默认是工件坐标系编程，通过 M 代码可以切换到工作台坐标系编程模式。

指令格式：

M128　开启工作台坐标系编程功能

M129　关闭工作台坐标系编程功能（即返回到工件坐标系编程）

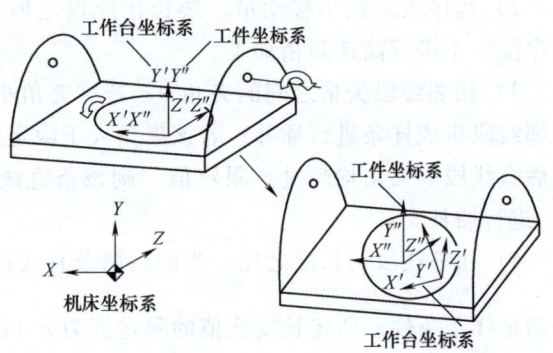

图 3-1-7　工件坐标系与工作台坐标系的切换

该功能和上述 G43.4 指令的功能相同，通常在早期版本（如 HNC-808/818M 系统）中使用。

（6）倾斜面加工指令

1）倾斜面特性坐标系的构建 G68.1。对于在倾斜面上的加工，可以在该倾斜面上建立一个特性坐标系（TCS），并在该坐标系中进行编程。由于特性坐标系与倾斜面相适应，因此在倾斜面上的编程与平面上的编程同样简单。倾斜面特性坐标系的构建关系如图 3-1-8 所示。

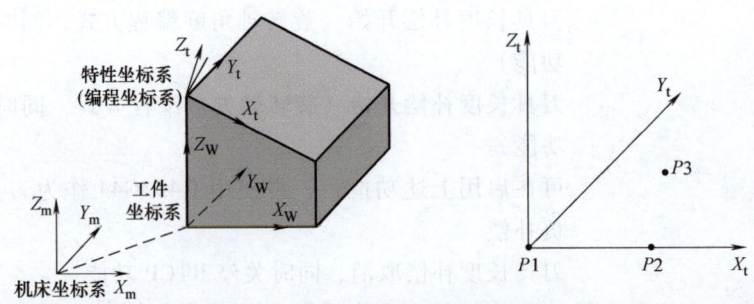

图 3-1-8　倾斜面特性坐标系的构建关系

特性坐标系可以通过指定以下三点在系统的 CNC 界面中进行预设置。

$P1$：特性坐标系零点。

$P2$：特性坐标系 X 轴正方向任意一点。

$P3$：特性坐标系 XY 平面一、二象限任意一点。

以上各点坐标均为该点在工件坐标系中的坐标值。系统最多可存储 9 个特性坐标系，程序中使用 G68.1 指令来选择使用哪一个特性坐标系，G69 指令取消当前选择的特性坐标系。

指令格式：

G68.1 Q __ 　　　　　 Q 后指定要选择的特性坐标系，其值范围为 1~9

G69 　　　　　　　　 取消当前选择的特性坐标系

使用 G68.1 指令前应指定 G43.4 或 M128 开启 RTCP 功能。指定 G68.1 以后，所有编程坐标都是在特性坐标系下的坐标值。

例如：当特性坐标系构建好后，在特性坐标系下加工一个圆。可编程如下：

%0003

G54　G90

M03　S2000

G43.4　H2 　　　　　　　指定旋转轴角度编程方式,并启用 RTCP 功能

G68.1　Q1 　　　　　　　选择并启用 1 号特性坐标系

G53.2

G0　X0　Y0　Z50 　　　　移到特性坐标系中指定点(0,0,50)

Z10 　　　　　　　　　　刀具下移到 Z10 处

G1　X90　Y50 　　　　　刀具移到圆弧起点上方

Z3 　　　　　　　　　　刀具下切到 Z3 处

G91　G02　X0　Y0　I-30　J0　F500 顺圆插补加工半径 $R30mm$ 的整圆

G1　Z10 　　　　　　　　工进提刀到 Z10 处

G0　Z50 　　　　　　　　快速提刀到 Z50 处

G49 　　　　　　　　　　取消 RTCP 功能

G69 　　　　　　　　　　取消并停用所选特性坐标系

M05

M30

2）倾斜面特性坐标系的构建 G68.2。除上述采用数据预置后由序号调用形式指定特性坐标系之外，在 HNC-848M 数控系统内也可使用 G68.2 指令在程序中给定旋转变换关系的方法实现特性坐标系的构建。

指令格式：

G68.2　Xx_q　Yy_q　Zz_q　$Iα$　$Jβ$　$Kγ$

其中，X_q、Y_q、Z_q 为特性坐标系原点在 WCS 工件坐标系中的坐标，α、β、γ 为按特定顺序变换的欧拉角。α 为进动角（EULPR），围绕 Z 轴旋转的角度；β 为盘转角（EULNU），围绕由进动角改变后的 X 轴旋转的角度；γ 为旋转角（RULROT），围绕由盘转角改变后的 Z 轴旋转的角度。角度取值符合"逆正顺负"的原则。

如图 3-1-9 所示，为构建图 3-1-9c 所示左前侧斜表面的特性坐标系的旋转变换，应先将 WCS 原点平移至 $P1$（-70，-100，20），然后将坐标系统 Z 轴逆时针进动旋转 120° 得到 $X1$、$Y1$、$Z1$ 的坐标方位，再将坐标系绕 $X1$ 轴顺时针旋转 90°，得到盘转变换后的 $X2$、$Y2$、$Z2$

坐标方位，最后再将坐标系绕 Z2 轴顺时针旋转 90°，即可得到所需特性坐标系 X、Y、Z 坐标方位。由此，可编程如下：

G68.2　X−70　Y−100　Z20　I120　J−90　K−90

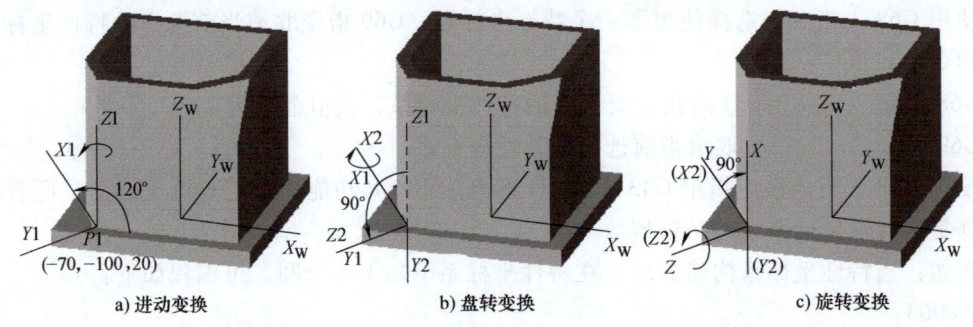

a) 进动变换　　　　　　b) 盘转变换　　　　　　c) 旋转变换

图 3-1-9　G68.2 倾斜面特性坐标系变换方法

3）刀具轴方向控制 G53.2。在指定 G68.1/G68.2 建立特性坐标系后，可使 G53.2 指令来控制刀具轴摆动到与特性坐标系 Z 轴平行的方向，如图 3-1-10 所示。G53.2 指令必须在 G68.1 指令建立特性坐标系后指定，否则系统会报警。

（7）法向进退刀控制 G53.3　法向进退刀是指刀具沿着刀具轴线方向进刀或退刀，如图 3-1-11 所示。

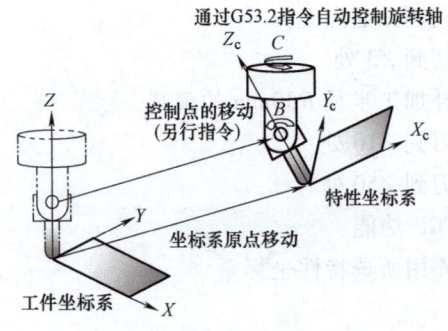

图 3-1-10　刀具轴方向控制

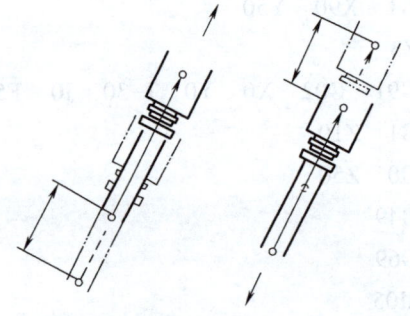

图 3-1-11　法向进退刀控制

指令格式：

G53.3　L__

其中，L 指定进退刀的距离，进刀时指定负值距离，退刀时指定正值距离。

使用法向进退刀功能时，必须在系统参数中正确地设置机床的结构类型，否则无法正确执行法向进退刀指令。编写程序代码时，必须加入 G43.4 H1 启用 RTCP 功能，否则不能准确地法向进退。

编程示例：

%0001

G54

G43.4　H1　　　　　　　　　　　　指定旋转轴角度编程方式，并启用 RTCP 功能

G90　G1　X50　Y90　Z40　F800　　移动至相对零点

B0	*B* 轴 0°
G4　X8	
G53.3　L-20	进刀 20mm 的距离
G4　X8	暂停 8s 记录 *XZ* 坐标
G53.3　L20	退刀
G4　X8	
B45	*B* 轴 45°
G4　X8	
G53.3　L-20	进刀 20mm 的距离
G4　X8	暂停 8s 记录 *XZ* 坐标
G53.3　L20	退刀
G4　X8	
B90	*B* 轴 90°
G4　X8	
G53.3　L-20	
G4　X8	
G53.3　L20	
G4　X8	
G0　X50　Y90　Z40	
B0	
M30	

（8）刀具中断回退控制 G106　在加工过程中，当刀具破损时，可以使刀具从工件回退，等待换刀完成后再次开始返回，这种功能称为刀具中断回退功能。

指令格式：

G106 IP ___

其中，IP 为回退轴名，用以指定轴回退点坐标。回退时，仅对定义的编程轴进行回退。

使用该功能时，当刀具破损、折断或其他紧急情况发生时，可以触发一个信号，该信号触发后，会中断当前的加工，并自动执行一个与该信号关联的子程序。在子程序中，可以执行将刀具移动到指定的回退点并切换到示教模式。在该模式下，可以进行点动及换刀等控制，同时记录刀具移动的路径。调整完毕后按"循环启动"键可按照记录的刀具移动路径返回回退点并返回中断点继续加工，主要适用于中途更换刀片而没有改变刀长的情况。

编程示例：

%100

G54　G90　G0　X0　Y0　S1000　M3

G106　Z20　　　　　　设置 *Z* 方向回退点为 20mm，在下面的程序段中，如果触发了中断信号，则程序中断，*Z* 轴立即回退到 20mm

G1　Z-5　F100

G1　X100　Y0　F600

Y100

```
X0
Y0
G106    Z5              设置 Z 方向回退点为 5mm，在下面的程序段中，如果触发了中
                        断信号，则程序中断，Z 轴立即回退到 5mm
G1    Z-10
G0    X300    Y0
G1    Y100
X200
Y0
G0    Z0    M5
M30
```

2. 多轴加工的钻镗固定循环编制规则

HNC-848M 数控系统在钻镗固定循环的编程规则上大体和 FANUC-0iM 数控系统相一致，但在部分细则上有所区别。

（1）钻镗循环基本格式上的异同　HNC-848M 数控系统钻镗固定循环 G73～G89 指令中，各 G 指令代码所控制的钻镗加工方式与 FANUC-0iM 数控系统基本相同。两系统间除深孔间断进给的 G73 指令、G83 指令，需要主轴定向控制的 G76 指令、G87 指令有所区别之外，其余基本相同，大致都采用以下指令格式：

G90（G91）　G99（G98）　G××　X＿＿　Y＿＿　Z＿＿　R＿＿　P＿＿　F＿＿　L＿＿

而对采用间断进给方式做深孔钻削加工的 G73/G83 指令而言，HNC-848M 数控系统的指令格式为：

G90（G91）　G99（G98）　G73（G83）　X＿＿　Y＿＿　Z＿＿　R＿＿　Q＿＿　K＿＿　P＿＿　F＿＿　L＿＿

其中，G73 时，K 为每次退刀距离；G83 时，K 为每次退刀后，再次进给时，由快进转为工进时距上次加工面的距离。K 取正值，Q 取负值，且 K≤|Q|。

对中途需要做主轴定向及横移避让控制的 G76/G87 指令而言，HNC-848M 数控系统的指令格式为：

G90（G91）　G99（G98）　G76（G87）　X＿＿　Y＿＿　Z＿＿　R＿＿　I＿＿　J＿＿　P＿＿　F＿＿　L＿＿

其中，I 为 X 轴刀尖反方向位移量；J 为 Y 轴刀尖反方向位移量。I、J 只能为正值，位移方向由装刀时确定。

为方便用户简化编程，HNC-848M 数控系统增加了一些钻孔样式循环功能（如圆周钻孔 G70、圆弧钻孔 G71、角度直线钻孔 G78、棋盘格钻孔 G79）和基于固定结构特征的铣削循环功能（如圆弧槽铣削 G181～G182、圆周槽铣削 G183、矩形凹槽铣削 G184、圆形凹槽铣削 G185、端面铣削 G186、矩形凸台铣削 G188、圆形凸台铣削 G189）。在此仅介绍圆周钻孔 G70 和圆形凸台铣削 G189 的指令功能，其余功能请参阅 HNC-848M 数控系统用户手册。

1）圆周钻孔循环 G70。在 X、Y 指定的坐标为中心所形成半径为 I 的圆周上，以 X 轴和角度 J 形成的点开始将圆周做 N 等分，做 N 个孔的钻孔动作，每个孔的动作根据 Q、K 的值执行 G81 或 G83 标准固定循环指令。孔间位置的移动以 G0 方式进行。G70 为模态，其后

的指令字为非模态。

指令格式：

（G98/G99）G70 X＿ Y＿ Z＿ R＿ I＿ J＿ N＿ Q＿ K＿ P＿ F＿ L＿

各参数含义见表3-1-3。

表3-1-3 圆周钻孔循环各参数的含义

参数	含 义
X、Y	圆周孔循环的圆心坐标
Z	孔底坐标
R	绝对坐标编程时是参考点 R 的坐标值;增量坐标编程时是参考点 R 相对于初始点的增量值
I	圆半径
J	最初钻孔点的角度,逆时针方向为正
N	孔的个数,正值表示逆时针方向钻孔,负值表示顺时针方向钻孔
Q	每次进给深度,为有方向距离
K	每次退刀后,再次进给时,由快速进给转换为切削进给时距上次加工面的距离
P	孔底暂停时间(单位:s)
F	指定切削进给速度
L	循环次数(L 不指定,L=1)

例如，要在 XY 平面中以（10，10）为圆心，半径为 10mm 的圆周四个象限点方向上逆时针钻 4 个孔，孔底执行 G81 钻孔动作，可编程为：

G98 G70 X10 Y10 Z0 R20 I10 J0 N4 F200

要在 XY 平面中以（40，40）为圆心，半径为 40mm 的圆周上，从起始角为 30°起沿顺时针方向以 G83 方式钻 6 个均布的孔，可编程如下：

G98 G70 G90 X40 Y40 Z0 R35 I40 J30 N-6 Q-10 K5 F100

2）圆形凸台铣削循环 G189。圆形凸台铣削循环可用于加工平面上任意尺寸的圆形凸台。

指令格式：

（G98/G99） G189 R＿ Z＿ X＿ Y＿ I＿ J＿ F＿ Q＿ E＿ O＿ H＿ U＿ P＿ C＿ D＿ V＿

各参数含义见表3-1-4。

表3-1-4 圆形凸台铣削循环各参数的含义

参数	含 义
R	绝对坐标编程时是参考点 R 的坐标值;增量坐标编程时是参考点 R 相对初始点的增量值
Z	绝对坐标编程时是凸台底部坐标值;增量坐标编程时是凸台底部相对参考点 R 的增量值
X	凸台中心位置,绝对编程时是当前平面第一轴的坐标;相对编程时是相对于起点的增量值的坐标
Y	凸台中心位置,绝对编程时是当前平面第二轴的坐标;相对编程时是相对于起点的增量值的坐标
I	圆形凸台的半径
J	圆形凸台毛坯的半径
F	粗加工时铣削速度

（续）

参数	含　义
Q	粗加工时每次进给深度（可省略，Q＝槽深度－槽底精加工余量）
E	凸台边缘的精加工余量（可省略，E＝0）
O	凸台底部的精加工余量（可省略，O＝0）
H	精加工时的进给深度（可省略，凸台底和边缘一次完成精加工）
U	精加工进给速度（可省略，U取F）
P	精加工主轴转速（可省略，P＝进入循环前主轴转速或默认转速）
C	加工凸台的铣削方向（可省略，C＝3） 0：同向铣削　1：逆向铣削　2：G2方向铣削　3：G3方向铣削
D	加工类型（可省略，D＝1） 1：粗加工　2：精加工
V	铣削刀具半径

粗加工（D＝1）时，G0定位到平面内第一轴正方向凸台右侧上方参考平面处，深度进给一个进给量，根据铣削方向插入半圆进入工件轮廓铣削工件表面直至凸台边缘精加工余量，循环自动插入反方向半圆退出工件轮廓，G0快移至下刀点，再次深度下刀加工凸台表面轮廓直至凸台底部精加工余量。

精加工（D＝2）时，G0定位到平面内第一轴正方向凸台右侧上方参考平面处，深度进给一个进给量，根据铣削方向插入半圆进入工件轮廓铣削边缘精加工余量，表面加工完成后循环自动插入反方向半圆退出工件轮廓，G0快移至下刀点，再次深度下刀加工边缘余量直至凸台底部精加工余量。然后铣削凸台底部精加工余量。

凸台加工完成后，根据G98/G99指令抬刀至初始平面或参考平面，循环完成。

粗加工图3-1-12所示的某倾斜面上的圆形凸台ϕ50mm，凸台毛坯直径为ϕ55mm，每次切削的进给深度为10mm，刀具直径为ϕ10mm。若已在系统中进行过该倾斜面特性坐标系（2号）的设定，则可编程如下：

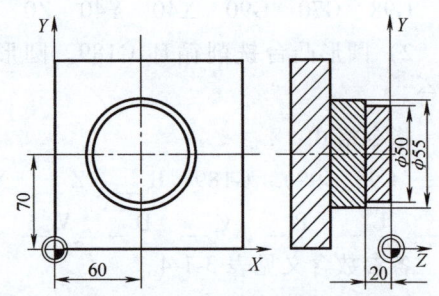

图3-1-12　圆形凸台铣削循环案例

%1020

G17　G54　G90　G0　X0　Y0

T10　M6

M3　S650

G43.4　H2　　　　　　　指定旋转轴角度编程方式，并启用RTCP功能

G68.1　Q2　　　　　　　选择并启用2号特性坐标系

G53.2

G43　H10　Z20　M8

G98　G189　R2　Z−20　X60　Y70　I25　J27.5　F200　Q10　E1　O1　D1　V5

G80

G0　Z50　M9

G49　　　　　　　　　　取消RTCP功能

G69	取消并停用所选特性坐标系
M5	主轴停
M30	程序结束并返回

（2）多轴钻镗加工编程控制的异同　FANUC-0iM 数控系统的钻镗循环用于多轴加工时，可直接在 G73～G89 的指令行中添加 A～C 多轴角度摆转数据。这种方法虽然可使程序得到简化，但在提刀高度不够及其动作顺序控制不合理的状况下，存在着摆转撞刀的风险。为此，HNC-848M 数控系统不允许在钻镗循环 G73～G89 的指令行中直接添加含 A～C 多轴角度摆转数据，而是要求在钻镗孔加工完成后，通过 G00 指令对孔位间的 A～C 多轴角度摆转另行控制，以方便编程者先期确认提刀高度是否安全，从而规避摆转时因安全提刀高度不够而出现的撞刀风险。由于 HNC-848M 数控系统既可用 G80 指令取消固定循环，也可由 01 组的 G 代码取消固定循环，相对于 FANUC 数控系统而言就不需要先使用 G80 指令再切换到 G00 指令，如此其程序编制也就不会显得特别复杂。

双摆台结构的五轴钻镗加工和三轴钻镗加工的控制相同，其钻镗孔的主要动作方向是与 Z 轴平行的主轴进给方向，只需用 G17 指令加工平面的 G73～G89 钻镗循环，即可实施各孔的钻镗加工。而对于采用主轴摆头结构的五轴机床而言，有些零件上的孔无法令其在孔轴线与 Z 轴平行的姿态角下实施加工，因此较难以使用钻镗循环的指令来加工孔。当利用主轴摆头使刀具轴线与孔轴线处于平行的方位，且刀轴方向与 Z、Y、X 轴平行时，可利用 G17、G18、G19 指令进行平面切换后使用钻镗循环指令，否则只能使用 G00/G01 的基本指令控制 Z、Y、Z 合成运动实现孔的加工。使用标准刀轴平面时的钻镗固定循环指令格式如下：

G17　G90(G91)　G99(G98)　G××　X＿＿　Y＿＿　Z＿＿　R＿＿　P＿＿　F＿＿　L＿＿(X、Y 为孔位坐标，R 为 Z)

G18　G90(G91)　G99(G98)　G××　X＿＿　Y＿＿　Z＿＿　R＿＿　P＿＿　F＿＿　L＿＿(X、Z 为孔位坐标，R 为 Y)

G19　G90(G91)　G99(G98)　G××　X＿＿　Y＿＿　Z＿＿　R＿＿　P＿＿　F＿＿　L＿＿(Y、Z 为孔位坐标，R 为 X)

单元二　学习五轴点位加工的手工编程

【单元学习任务】

1. 深化学习五轴加工程序编制的规则。
2. 进行五轴编程节点计算及简单手工编程的训练。
3. 比较双摆台和双摆头加工编程处理方式的不同。

【单元学习目标】

1. 理解双摆台角度摆转前后空间点位的几何变换关系，会进行节点坐标的计算。
2. 理解双摆头角度摆转前后空间点位的几何变换关系，会进行节点坐标的计算。
3. 能编制简单五轴点钻孔加工的程序，理解 RTCP 和非 RTCP 编程的主要区别。

【单元学习知识基础】

一、双摆台五轴加工模式的编程

图 3-2-1 所示为某箱体零件的工程图样，其上几个倾斜面及孔需要通过五轴机床加工。该零件的实体模型及其在五轴转台上的装夹如图 3-2-2 所示。装夹定位时使工件坐标系零点与工作台回转中心重合，即工件底面中心在 C 轴回转轴线上。

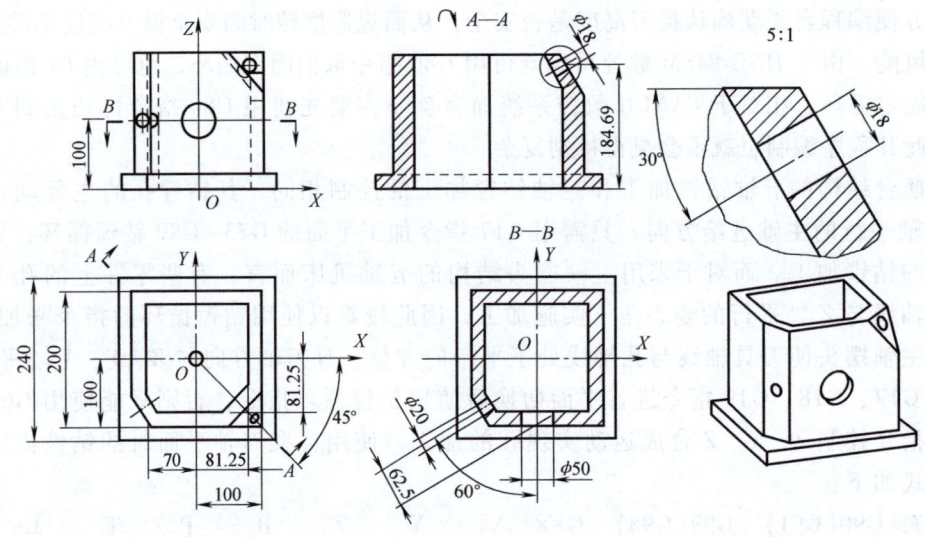

图 3-2-1 箱体零件的工程图样

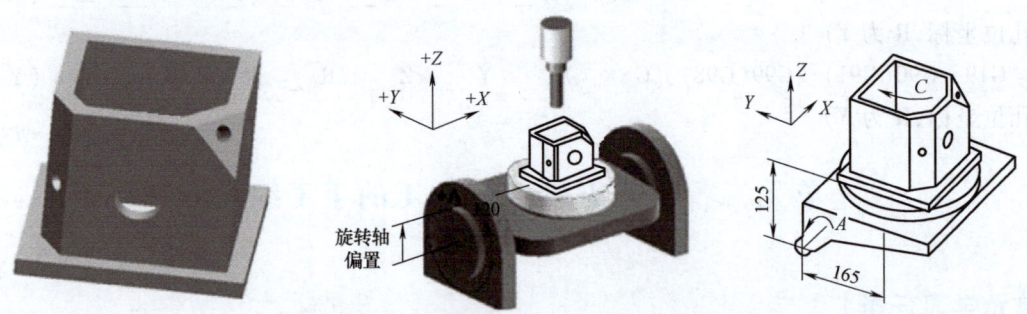

图 3-2-2 箱体零件实体模型及其在五轴转台上的装夹

五轴钻孔加工时，如果以 A 轴摆转 $90°$，先加工 $\phi50mm$ 的孔后，再使 C 转台逆时针转动 $60°$ 加工 $\phi20mm$ 的孔；提刀安全退出并使 A、C 返回零位后，再以 C 转台顺时针旋转 $45°$，A 轴向上摆转 $60°$ 后加工 $\phi18mm$ 的孔。各孔位坐标关系计算如下：

1）加工 $\phi50mm$ 的孔时，$A=90°$，$C=0°$，$X=0mm$；Y、Z 坐标可按图 3-2-3 所示的几何关系计算得出。$Y=100mm+125mm+165mm=390mm$，$Z=165mm+100mm-125mm=140mm$。

2）加工 $\phi20mm$ 的孔时，$A=90°$，$C=-60°$，但相对回转中心的坐标原点在 X 方向有一定的偏置，该偏置值可由图 3-2-4 所示的几何关系利用三角函数进行计算。

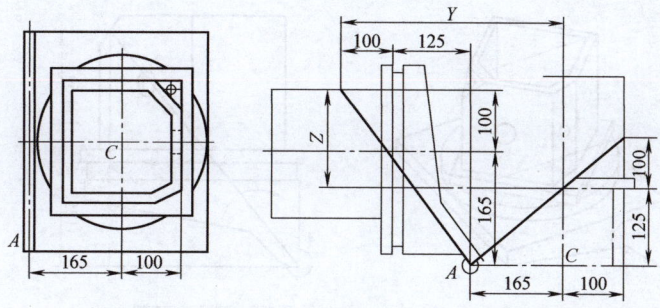

图 3-2-3　ϕ50mm 孔 Y、Z 坐标计算几何关系图

在图 3-2-4 所示的直角三角形 CAB 中，斜边 $CB=100$mm，$\angle ACB=60°$，则

$$AB=100\times\sin60°\text{mm}=86.603\text{mm}$$

当转台逆时针转动 $60°$ 后，ϕ20mm 孔的 X 坐标值为

$$X=AB-62.5\text{mm}=86.603\text{mm}-62.5\text{mm}=24.103\text{mm}$$

$$Y=100\text{mm}+125\text{mm}+165\text{mm}=390\text{mm}$$

而 Z 坐标的计算必须先由图 3-2-4 计算出 CD 线长。

$$CE=\sqrt{100^2+70^2}\text{mm}=122.066\text{mm}$$

$$\angle ECB=\arctan(70/100)=34.992°$$

$$\angle DCE=60°-34.992°=25.008°$$

$$CD=CE\cos25.008°=110.622\text{mm}$$

则加工 ϕ20mm 孔时，$Z=165$mm $+CD-125$mm $=165$mm $+110.622$mm -125mm $=150.622$mm

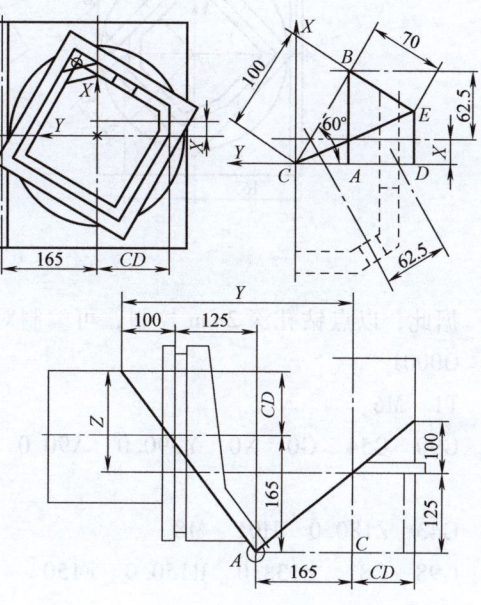

图 3-2-4　ϕ20mm 孔 X 坐标偏置计算

3）从图 3-2-1 知，在 A、C 轴为 0° 时，ϕ18mm 孔的中心点坐标为（81.25，-81.25，184.69）。从图 3-2-2 知，工件坐标系的零点（工作台面中心）离 A 轴的距离 $Y=165$mm，$Z=125$mm。当按工作台 C 轴顺时针旋转 45°，A 轴向上旋转 60° 后加工该孔时，其孔中心点的坐标可按图 3-2-5 所示的几何关系计算。

$$CB=\sqrt{81.25^2+81.25^2}\text{mm}=114.905\text{mm}$$

$$\angle DAE=\arctan[(165+114.905)/(125+184.69)]=42.108°$$

$$\angle D'AE=60°-42.108°=17.892°$$

$$AD=\sqrt{(165+114.905)^2+(125+184.69)^2}\text{mm}=417.438\text{mm}$$

则回转后 ϕ18mm 孔中心点 D' 的坐标值为

$$X=0\text{mm}$$

$$Y=165\text{mm}+AD\sin17.892°=293.247\text{mm}$$

$$Z=AD\cos17.892°-125\text{mm}=272.25\text{mm}$$

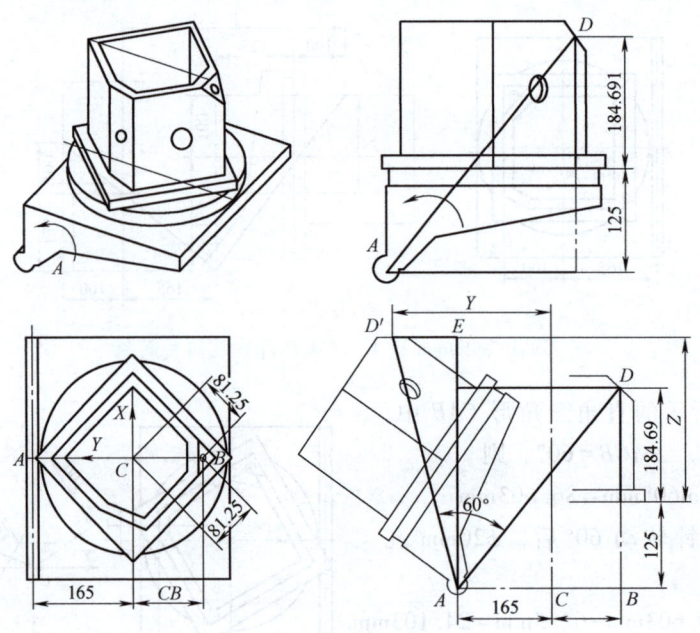

图 3-2-5 五轴加工几何关系图

据此，以点钻孔深 2mm 控制，可编制对上述三孔点中心的非 RTCP 程序如下：

O0001

T1	M6						φ16mm 中心钻

G90 G54 G0 X0 Y390.0 A90.0 C0 S1000 M3   G54 建立工件零点在工作台回转中心上

G43 Z180.0 H01 M8

G98 G81 Z138.0 R150.0 F150   点钻加工 φ50mm 孔 1

G0 C-60.0

G81 X24.1 Z148.622 R160.622   点钻加工 φ20mm 孔 2

G0 Z300.0

C45.0 A60

G98 G81 X0 Y293.247 Z270.25 R282.25 F150   点钻加工 φ18mm 孔 3

G80

G28 Z0 M9

...

上述编制的非 RTCP 五轴加工程序是人工进行 RTCP 预补偿计算所得到的程序，要求装夹后工件零点相对 A、C 轴确保其在 Y 方向 165mm、Z 方向 125mm 的轴间偏置关系，否则必须重新进行编程计算。若使用机床的 RTCP 功能，其程序编制可简化，且对工件在机床上的装夹位置无严格要求，此时，可对其 X、Y、Z 节点坐标直接按 A、C 轴 0°方位（如传统三轴位置）时计算编程。若通过 CAD 测算出三轴下各节点位置数据如图 3-2-6 所示，则对上例所述三孔做 2mm 深点钻加工，可编制其 RTCP 程序如下：

%0001

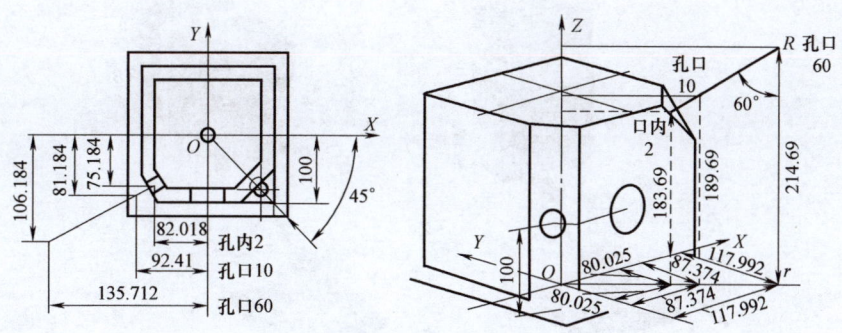

图 3-2-6　RTCP 编程时节点位置关系

T1　M6	
G0　G54　G90　X0　Y0　A0　C0　S1000　M3	
G43　H1　Z350	
G43.4　H1　M8	启用 RTCP 功能
G0　X0　Y-160　Z100　A90　C0	进给刀具长度正补偿到距孔 1 表面 60mm 处，A 轴转至 90°，加工面水平
Y-110	快进到距孔 1 表面 10mm 处
G1　Y-98　F250	工进 G1 点钻孔 2mm 深
G0　Y-160	快速退刀到距孔 1 表面 60mm 处
G0　X-135.712　Y-106.184　C-60	进给刀具长度正补偿到距孔 2 表面 60mm 处，C 轴转至 -60°
X-92.41　Y-81.184	快进至距孔 2 表面 10mm 处
G1　X-82.018　Y-75.184	G1 点钻孔 2mm 深
G0　X-135.712　Y-106.184	退刀至距孔 2 表面 60mm 处
X117.992　Y-117.992　Z214.69　A60　C45	进给到距孔 3 表面 60mm 处，A 轴转至 60°，C 轴转至 45°
X87.374　Y-87.374　Z189.69	快进至距孔 3 表面 10mm 处
G1　X80.025　Y-80.025　Z183.69	G1 点钻孔 2mm 深
G0　X117.992　Y-117.992　Z214.69	退刀至距孔 3 表面 60mm 处
G49	取消 RTCP 功能
G0　Z350	
G91　G28　Z0	
G28　A0　C0	
M5	
M30	

由此可知，RTCP 编程用节点数据较直观，与偏置距离无关，相对来说容易解读。

二、双摆头五轴加工模式的编程

如图 3-2-7 所示，若要用双摆头五轴机床加工上述箱体零件上的孔，由于工件不能做角

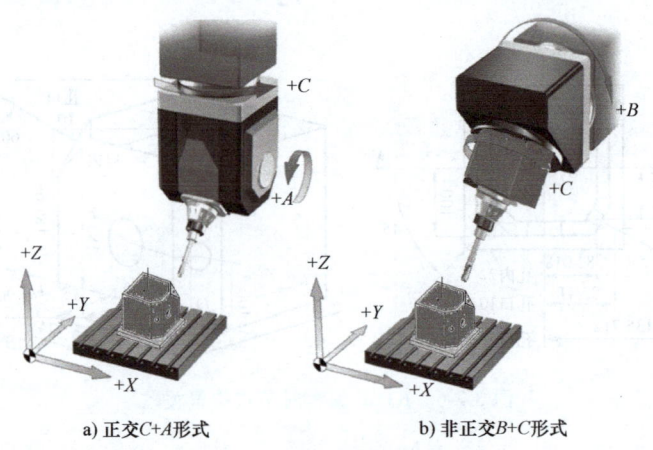

a) 正交C+A形式　　　　　　　　b) 非正交B+C形式

图 3-2-7　双摆头五轴加工

度摆转，无法实现各孔轴线与 Z 轴平行的要求，因此较难使用钻镗循环的指令来加工孔。利用主轴摆头虽然可达到刀具轴线与各孔轴向平行的方位，若此时刀轴方向与 Z、Y、X 轴平行，尚可利用 G17、G18、G19 进行平面切换后使用钻镗循环指令，其余的只能使用 G00/G01 的基本指令控制 X、Y、Z 合成运动，实现孔的加工。由于非正交五轴方式的运动计算较繁杂，在此仅以图 3-2-7a 所示的正交 C+A 形式为例介绍双摆头五轴点位加工的孔位计算与编程。

双摆头方式加工箱体的孔 1、孔 2 时，动轴 A 需摆转 90°，以使刀轴方向与孔轴线平行，此时工件在 X、Y 方向上与定轴轴线间就需要有足够的偏置距离，用于实施钻孔加工的动作。为此，装夹时宜将该箱体零件的孔 1 轴线与 X 轴平行放置，以充分利用机床工作台 X 轴行程范围较大的优势，避免 Y 方向行程范围不足而可能引发的问题。

对于双摆头五轴机床，其摆长（枢轴中心距 L）由两旋转轴的交点（即枢轴点）到刀具刀位中心点的距离决定，如图 3-2-8 所示。L 由枢轴点到主轴鼻端的距离和刀具定长两部分组成。其主轴鼻端到枢轴点的距离由机床厂家给定，通常为定值，而刀具定长为刀柄安装基准平面（与主轴鼻端平齐）到刀具刀位点的距离，随加工所用刀具的不同而变化。

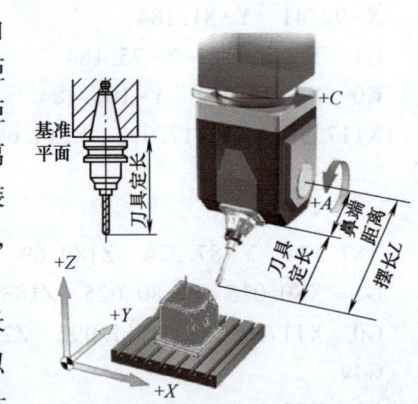

图 3-2-8　双摆头机床的摆长

若某机床鼻端距离为 120mm，所用中心钻刀具定长为 180mm，则其摆长 L 为 120mm+180mm=300mm。以箱体零件底面中心为工件零点，用此刀具做各孔点钻 2mm 深度的点中心加工，其孔位坐标关系计算如下：

1）加工 ϕ50mm 孔时，$A=90°$，$C=90°$，$Y=0$mm；X、Z 坐标值可按图 3-2-9a 所示的几何关系计算得出。$X=100$mm-2mm$+180$mm$+120$mm$=398$mm，$Z=100$mm$-L=100$mm-300mm$=-200$mm。若以距离 ϕ50mm 孔的孔口 10mm 处为工进钻孔前的初始位，则其 X0 坐标应为 $X0=100$mm$+10$mm$+180$mm$+120$mm$=410$mm。

2）加工 ϕ20mm 孔时，$A=90°$，$C=30°$，Z 坐标与加工 ϕ50mm 孔时相同，即 $Z=-200$mm，X、Y 坐标可按图 3-2-9b 所示的几何关系计算得出。

由图 3-2-1 的尺寸关系可知，在图 3-2-9b 中，$Oa=100$mm，$ad=70$mm，$cf=62.5$mm。可

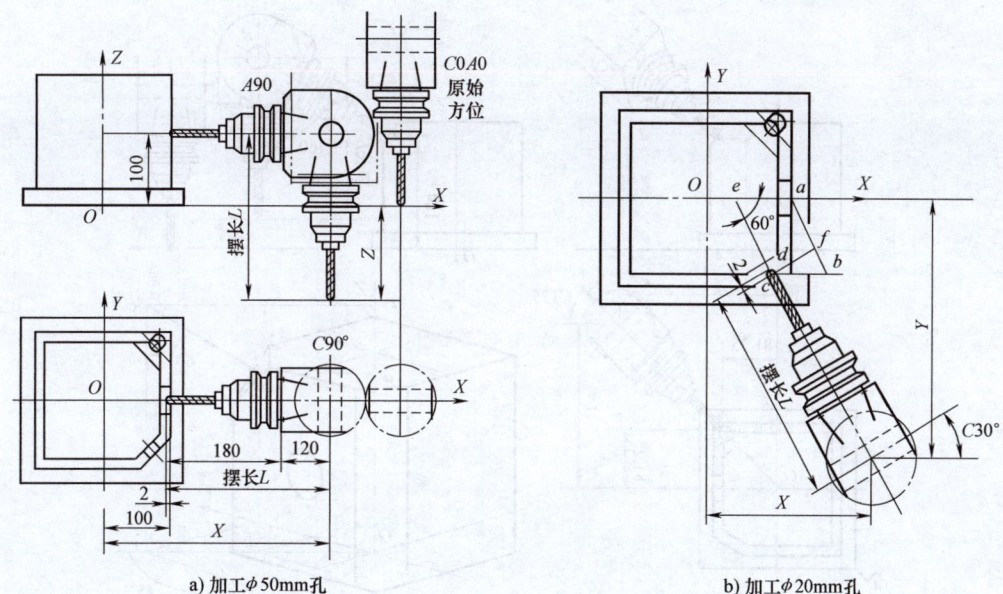

a) 加工φ50mm孔　　　　　　　　　　b) 加工φ20mm孔

图 3-2-9　加工 φ50mm、φ20mm 孔时孔位计算几何关系图

计算得出：

$$af = ad\cos30° = 60.622\text{mm}$$

$$fb = cf\tan30° = 36.084\text{mm}$$

$$ae = bc = cf / \cos30° = 72.169\text{mm}$$

$$Oe = 100\text{mm} - ae = 27.831\text{mm}，\quad ce = ab = af + fb = 60.622\text{mm} + 36.084\text{mm} = 96.706\text{mm}$$

则加工 φ20mm 孔时，$X = Oe + (ce - 2\text{mm} + L)\sin30° = 225.184\text{mm}$

$$Y = -(ce - 2\text{mm} + L)\cos30° = -341.826\text{mm}$$

若以距 φ20mm 孔的孔口 10mm 处为工进钻孔前的初始位，则其 X0、Y0 坐标计算为

$$X0 = Oe + (ce + 10\text{mm} + L)\sin30° = 231.184\text{mm}$$

$$Y0 = -(ce + 10\text{mm} + L)\cos30° = -352.218\text{mm}$$

3）加工 φ18mm 孔时，$A = 60°$，$C = 135°$，钻孔加工需要 X、Y、Z 联动进给实现，因此必须分别计算工进钻孔前后两点的 X、Y、Z 坐标，可按图 3-2-10 所示的几何关系计算。

图 3-2-10 中，孔口中心 A 点坐标为 (81.25，81.25，184.69)，$AR = L - 2\text{mm} = 298\text{mm}$，可计算得出：

$$ar = AR\sin60° = 258.0756\text{mm}$$

$$a'r' = AR\cos60° = 149\text{mm}$$

即 R 点坐标为

$$Xr = Yr = 81.25\text{mm} + ar\sin45° = 263.737\text{mm}$$

$$Zr = 184.69\text{mm} + a'r' = 333.69\text{mm}$$

则加工 φ18mm 孔时，$X = Xr = 263.737\text{mm}$，$Y = Yr = 263.737\text{mm}$，$Z = Zr - L = 33.69\text{mm}$。

若以距 φ18mm 孔的孔口 10mm 处为工进钻孔前的初始位，则其 X0、Y0、Z0 坐标的计算为

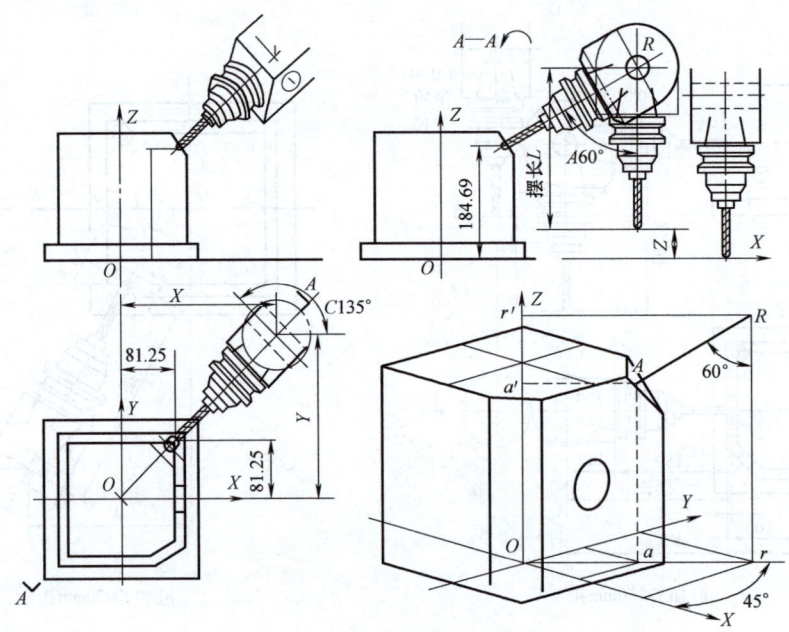

图 3-2-10　加工 ϕ18mm 孔时孔位计算几何关系图

$X0 = Y0 = 81.25\text{mm} + (AR + 12\text{mm})\sin60°\sin45° = 271.086\text{mm}$

$Z0 = 184.69\text{mm} + (AR + 12\text{mm})\cos60° - L = 39.69\text{mm}$

根据以上孔位数据的计算结果，可编制对上述三孔点中心的非 RTCP 程序如下：

O0002

T1 M6	ϕ16mm 中心钻
G90　G54　G0　X410.0　Y0　A90.0　C90.0　S1000　M3	
	定位到钻 ϕ50mm 孔的初始位置
G0　Z-200.0　M8	下刀到刀轴平齐 ϕ50mm 孔中心的 Z 高度
G19　G81　X398.0　R410.0　F150	钻削循环点 ϕ50mm 孔中心
G80	退出钻削循环模态
G17　G0　X450.0	远离孔位
C30.0	刀轴摆转
X231.184　Y-352.218	定位到钻 ϕ20mm 孔的初始位置
G1　X225.184　Y-341.826　F150	点钻 ϕ20mm 孔中心
G0　X231.184　Y-352.218	退出到孔口外 10mm 处
Z220.0	提刀到安全转换高度
X271.086　Y271.086　A60.0　C135.0	X、Y、A、C 定位到钻 ϕ18mm 孔的初始方位
Z39.69	Z 定位到钻 ϕ18mm 孔的初始位置
G1　X263.737　Y263.737　Z33.69　F150	点钻 ϕ18mm 孔中心
G0　X271.086　Y271.086　Z39.69	退出到孔口外 10mm 处
Z220.0	提刀到安全转换高度
G91　G28　Z0　M9	各轴回零

G28　A0　C0

...

若使用机床的RTCP功能，其程序编制同前述双摆台示例一样，对其X、Y、Z轴坐标直接按A、C轴零度方位时传统三轴位置计算编程。由于相对于前述双摆台模式工件在装夹方向上做了90°摆转，在CAD中其三轴各节点位置数据应按图3-2-11所示进行测算。同样的钻孔加工控制，可编制其RTCP程序如下：

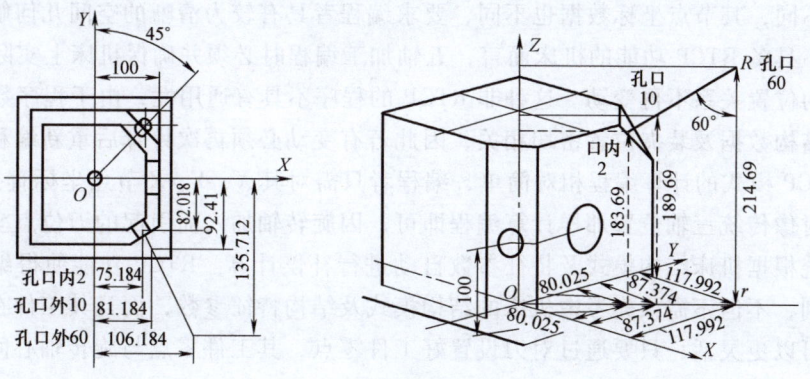

图3-2-11　RTCP编程时节点位置关系

%0001

T1　M6

G0　G54　G90　X0　Y0　A0　C0　S1000　M3

G43　H1　Z350

G43.4　H1　M8　　　　　　　　　　启用RTCP功能

G0　X160　Y0　Z100　A90　C90　　　进给到距孔1表面60mm处，A、C轴均转至90°

X110　　　　　　　　　　　　　　快进到距孔1表面10mm处

G1　X98　F250　　　　　　　　　　工进G1点钻孔2mm深

G0　X160　　　　　　　　　　　　快速退刀到距孔1表面60mm处

G0　X106.184　Y−135.712　C30　　进给到距孔2表面60mm处，C轴转至30°

X81.184　Y−92.41　　　　　　　　快进至距孔2表面10mm处

G1　X75.184　Y−82.018　　　　　　G1点钻孔2mm深

G0　X106.184　Y−135.712　　　　　退刀至距孔2表面60mm处

X117.992　Y117.992　Z214.69　A60　C135

　　　　　　　　　　　　　　　　进给到距孔3表面60mm处，A轴转至60°，C轴转至135°

X87.374　Y87.374　Z189.69　　　　快进至距孔3表面10mm处

G1　X80.025　Y80.025　Z183.69　　G1点钻孔2mm深

G0　X117.992　Y117.992　Z214.69　退刀至距孔3表面60mm处

G49　　　　　　　　　　　　　　取消RTCP功能

G0　Z350

```
G91   G28   Z0
G28   A0   C0
M5
M30
```

根据以上两种不同五轴机床结构模式及相应 RTCP 功能和非 RTCP 功能的计算编程，不难看出，非 RTCP 编程模式需要进行比较复杂的几何计算，而且随机床结构模式及其结构特征参数的不同，其节点坐标数据也不同，要求编程者具有较为清晰的空间几何解析能力。另外，对于不具备 RTCP 功能的机床而言，五轴加工编程时必须并确保机床上实际工件零点与编程零点的位置关系不再变动。这种非 RTCP 的程序不具有通用性，由于程序数据与机床结构模式、结构数据及装夹位置密切相关，因此若有变动必须再次计算后重新编程。

而 RTCP 模式的计算编程相对简单，编程者只需对其 X、Y、Z 节点坐标直接按 A、C 轴零度方位时像传统三轴位置那样计算编程即可，因旋转轴加入而引起的刀位点坐标数据的变化将由系统根据机床结构模式及特征参数自动进行补偿计算。RTCP 功能使得编程像三轴加工一样便利，不但不需预先考虑机床的结构模式及结构特征参数，而且其工件在机床上的安装位置也可以更灵活，只要通过对刀设置好工件零点，其工件零点与旋转轴心间的偏置关系即可由系统自动实现计算处理。

单元三　学习五轴加工的 CAM 刀路设计

【单元学习任务】

1. 进行五轴钻孔点位加工的 CAM 刀路设计。
2. 进行五轴线廓加工的 CAM 刀路设计。
3. 进行五轴曲面加工的 CAM 刀路设计。
4. 初步了解使用 CAM 进行五轴加工刀路设计的基本方法。

【单元学习目标】

1. 会使用 CAM 进行五轴钻孔点位加工的刀路设计。
2. 会使用 CAM 进行五轴线廓加工的刀路设计。
3. 能使用 CAM 进行简单五轴曲面加工的刀路设计。

【单元学习知识基础】

本单元以 MasterCAM 软件应用为例对五轴加工的 CAM 刀路设计进行介绍。

一、五轴钻孔点位加工的刀路设计

针对图 3-2-1 所示的箱体零件的工程图样，可先在 MasterCAM 中构建如图 3-3-1 所示的模型，当要进行五轴钻孔刀路设计时，需按孔位绘制出一段孔位轴线（如定长 20mm 的线），选择孔位点时按图 3-3-2 所示选用"点/直线"图素型式，点选轴线内侧端点，以便于系统自动按直线确定各孔加工的刀具轴线方向。若仅做各孔钻深 2mm 的点中心加工刀路，孔口表面及钻深数据可用增量控制（如孔口增量 20mm，钻深增量 18mm），为确保孔位转换时的安全避让，建议在不超出机床行程范围的情况下启用并设置安全下刀高度，或在杂项变量的 mr1 项中设置旋转轴切换前沿刀轴退刀的安全距离。设置完成后即可得到如图 3-3-3 所示的五轴钻孔刀路。

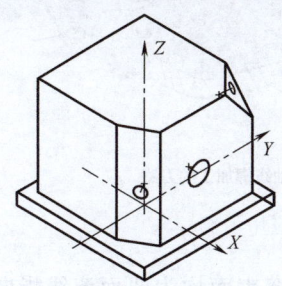

图 3-3-1 模型构建

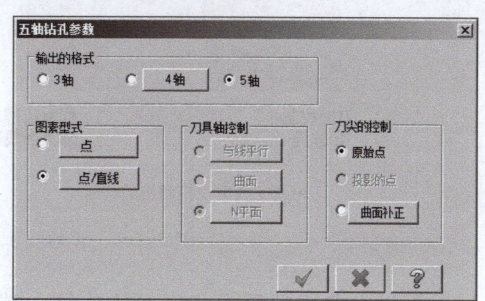

图 3-3-2 五轴钻孔刀轴控制方式的选择

二、五轴线廓加工的刀路设计

对空间曲线做 3D 铣削加工时，通常其刀轴方向已由刀具平面决定，而做五轴空间线廓加工时，仅指定要加工的线廓是不够的，必须给定用以确定刀轴方向的参考特征，该特征可以是直线（刀轴法向矢量）、参考曲面或平面（刀轴始终垂直的面）、串

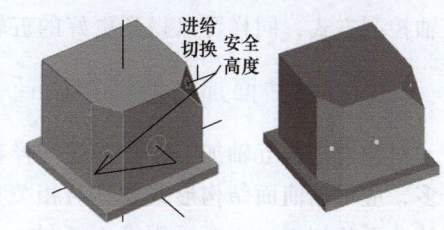

图 3-3-3 五轴钻孔刀路

连线（刀具轴心经过的轨迹线）及点（刀轴经过的限定点）等，如图 3-3-4 所示。

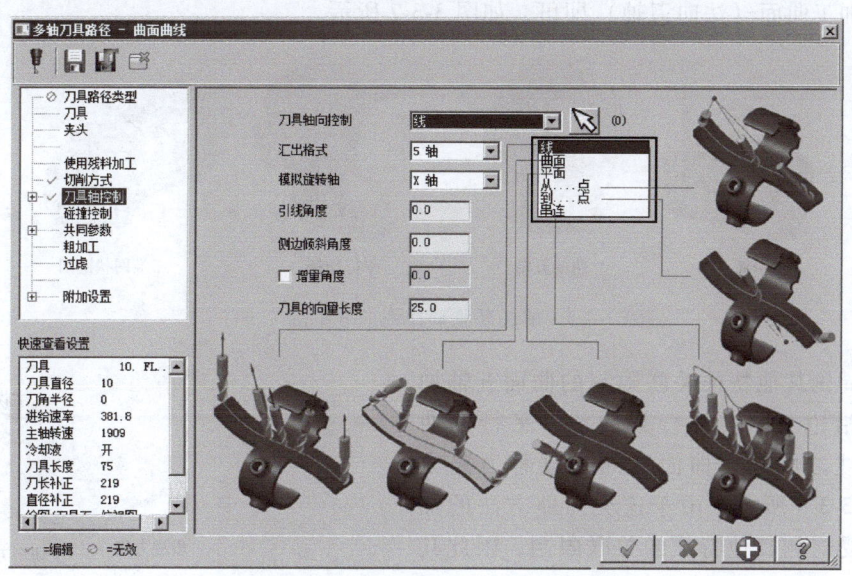

图 3-3-4 五轴线廓加工的刀轴控制方式

为了进行图 3-3-5a 所示曲面侧壁表面的加工，可分别构建其顶面和底面的曲线边廓，在以底面边廓为加工曲线做五轴线廓加工时，必须先将顶面边廓线向外做一个刀具半径的补正，然后以补正曲线作为刀轴控制的串连线，由此即可得到图 3-3-5b 所示的刀路。

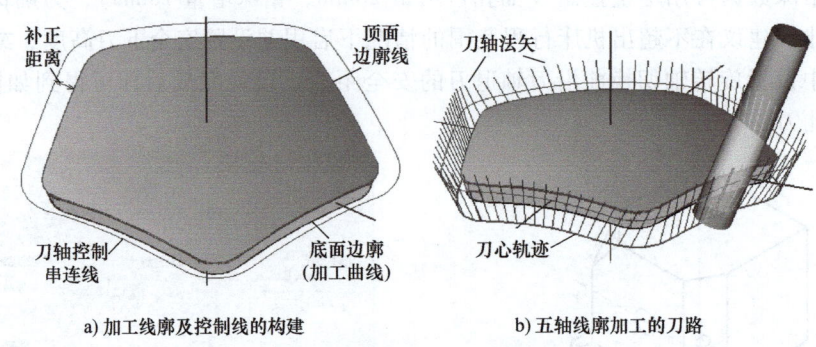

a) 加工线廓及控制线的构建　　　　　　　　b) 五轴线廓加工的刀路

图 3-3-5　五轴线廓加工刀轴控制的应用示例

由于以上曲面的顶面和底面均为同一球心的球面，侧壁表面均为曲面流线指向球心的扇面，所以对以上五轴线廓加工也可选择球心作为刀轴控制指向的点，即选择"到…点"的刀轴控制方式，同样可以得到更好的五轴线廓加工刀路。

三、五轴曲面加工的刀路设计

对曲面进行五轴加工，其关键同样在于刀具轴线的控制设定。五轴曲面加工的刀路方式很多，应根据曲面结构形式及其与相关参考特征间的关系选用。对与周侧无其他特征关联限制的曲面的加工，主要可用沿面五轴、曲面五轴及平行切削等刀路方法，如图 3-3-6 所示。此类五轴加工方法的刀路定义因关联限制较少，只需要选择加工曲面后设置走刀控制的流线方向（包括内外刀补面方位、主切削方向及步进走刀方向、起始方位等），其刀轴控制直接选择参照加工曲面（法向刀轴）即可，如图 3-3-7 所示。

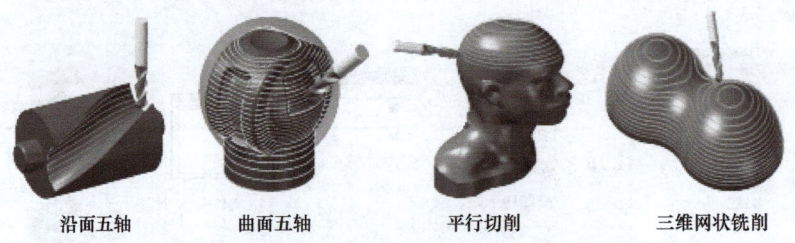

沿面五轴　　　　曲面五轴　　　　平行切削　　　　三维网状铣削

图 3-3-6　非关联限制曲面的五轴加工方法

对受周侧其他特征关联限制的曲面五轴加工，可有沿边五轴、平行到曲线、平行到曲面、两曲线之间及两曲面之间等多种刀路方法，如图 3-3-8 所示。由于这类刀路方法的加工曲面均受周侧其他特征的关联限制，因此其加工曲面、限制边界及刀轴控制等的选取应视选用的刀路方法而不同，错误的选择将导致错误的刀路结果。

例如，对图 3-3-9 所示的叶轮槽的加工，既可选用两曲面之间，也可选用两曲线之间，

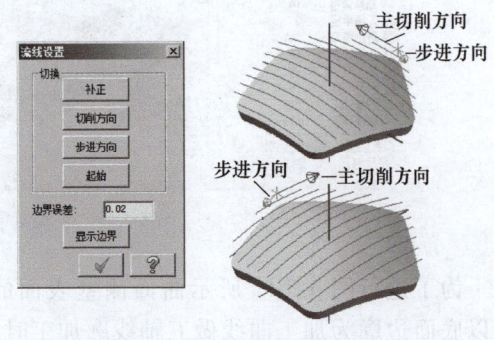

图 3-3-7　五轴走刀的流线控制

还可选用平行到曲面的刀路方法。选用两曲面或两曲线之间的刀路方法时，其主要加工面是槽底面，考虑到其可能会与两侧曲面之间发生干涉，需要构建一刀轴控制的串连线并选择"串连"刀轴控制以限制刀轴摆转的角度；或分析刀轴与底部曲面法向垂直时与侧壁曲面间的角度差，在选择"曲面"刀轴控制时以设定刀轴相对侧边的限制角度。使用串连线刀轴控制的两曲面或两曲线间加工的刀路如图 3-3-10 所示，但该方法很难实现对两侧曲面的精确加工。

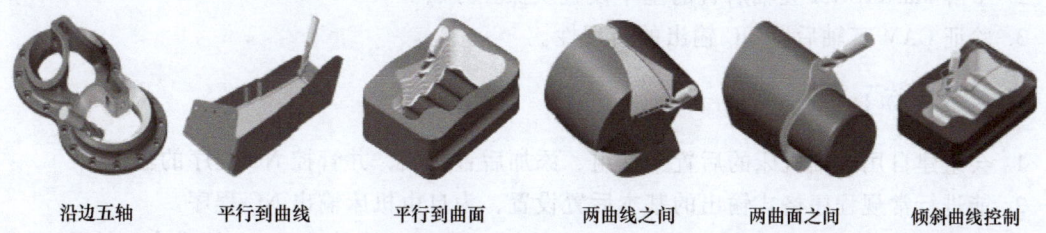

沿边五轴　　　平行到曲线　　　平行到曲面　　　两曲线之间　　　两曲面之间　　　倾斜曲线控制

图 3-3-8　有关联限制曲面的五轴加工方法

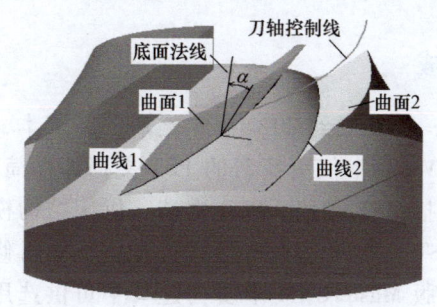

图 3-3-9　叶轮槽的关联特征

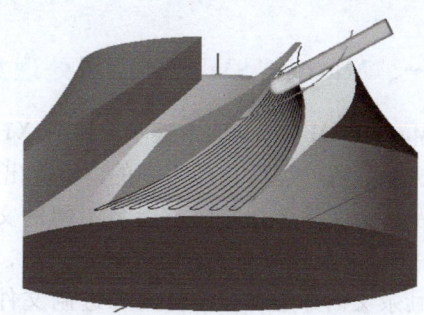

图 3-3-10　两曲面间的五轴刀路

　　叶轮槽的加工尚需使用平行到曲面的刀路方法分别以曲面 1、曲面 2 为主要加工面，以槽底曲面为平行边界做后续加工。通常情况下平行到曲面加工产生的刀路如图 3-3-11a 所示。这是以刀具底刃垂直于加工表面的刀路形式，势必会造成刀杆与其他表面间的干涉和过切，为此，可设置刀轴在切削方向相对于侧边的倾斜角度为 90°，通过刀轴控制的设定，使刀具轴线与加工表面平行，从而获得刀具侧刃紧贴槽侧表面实施加工的刀路形式，其刀路结果如图 3-3-11b 所示。

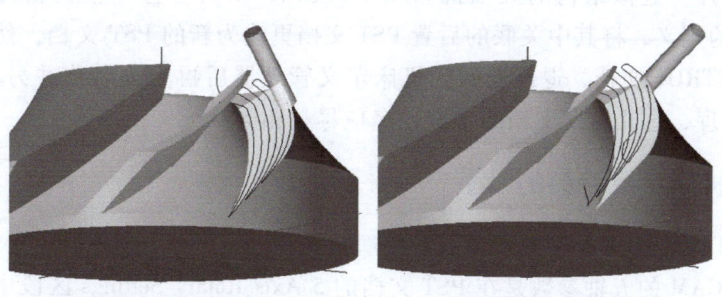

a) 刀轴侧倾0°时的五轴刀路　　　　　b) 刀轴侧倾90°时的五轴刀路

图 3-3-11　平行到曲面的五轴加工刀路

单元四 学习多轴加工的 CAM 后置设置

【单元学习任务】

1. 了解五轴机床 CAM 后置处理构建及管控的基本方法。
2. 了解 MasterCAM 五轴后置的基本设置及操控方法。
3. 验证 CAM 五轴后置 NC 输出的合理性。

【单元学习目标】

1. 会组建自用五轴机床的后置文件组、添加后置文档，并管控 NC 程序的输出。
2. 能进行常规程序格式输出的基本后置设置，为自由机床输出 NC 程序。
3. 会结合前述单元手工编程及 CAM 刀路设计的练习，简单进行 NC 输出合理性验证。

【单元学习知识基础】

一、MasterCAM 五轴后置处理文档的组成

MasterCAM 自 V9 版本逐步升级到 X1~X9 版本，再发展到 20××版本之后的新版本，要改换机床后置处理而获得所需的 NC 输出，不再如 V9 版本仅更换新的 PST 文档那样简单，它涉及多个文件名相同而扩展名不同的文件组，包括 PST 文档、PSB 文档、机床结构模型 MMD 文档以及控制系统 CONTROL 文档，其中除 PST 文档可用文本形式打开进行编辑修改外，其余文档都是不可编辑的二进制文件。若在新版 MasterCAM 中要构建一个可供选用的五轴机床后置处理系统，可有以下两种方法：

1）由 V9 版本升级到新版本。先选择 V9 版本下已有近似结构的五轴后置处理文档并复制更改名称，然后在 Xn 版下按<ALT+C>运行外部程序，选择并执行 CHOOKS 下的 Update-Post. DLL 应用程序，在升级对话框中选用已更名的 V9 版本后置处理文档。这样，在升级的同时系统将生成同名的新 MMD 文档和 CONTROL 文档。

2）由已有近似结构五轴后置文档更改名称并另存。先将 Xn 版 MILL/posts 文件夹下已有近似结构的五轴后置 PST、PSB 文档复制更改为新的主文件名，在 Xn 版主菜单下的机床定义管理器中打开一近似结构的五轴机床 MMD 文档，从其中打开相关联的机床控制系统 CONTROL 文档的定义，将其中关联的后置 PST 文档更改为新的 PST 文档，然后更改名称并另存为新的 CONTROL 文档，退出返回到机床定义管理器后再更改名称并另存为新的 MMD 文档，为便于管理，这几个新文档的主文件名应尽量相同。

二、五轴机床特征参数的设置

1. 后置 PST 文档中主要参数设置及含义解析

新版 MasterCAM 的五轴参数是在 PST 文档的 5 Axis Rotary Settings 区段中设置的，主要包括第一/第二旋转轴代码及正方向、摆头/摆台五轴结构模式、摆台模式的轴线间偏置距离、摆头模式的摆长及旋转轴角度极限等参数设置。以 Generic Fanuc 5X Mill. pst 后置处理

文档为例，对双摆台/摆头 AC 五轴结构模式、影响 NC 程序输出的设置情况进行解析说明，主要修改项见表 3-4-1，其余设置项不变，适合使用 HNC-8 系统的各型 AC 双摆台五轴加工机床。

表 3-4-1　后置 PST 文档中主要参数设置及含义解析

代码项参考设置（AC）	含义解析	核查说明
str_pri_axis "C" str_sec_axis "A" str_dum_axis "B"	设置第一、第二旋转轴输出的前导字符	第一旋转轴应为 C 轴 第二旋转轴应为 A 轴
mtype ： 0	五轴结构模式 0:双摆台 1:摆头+摆台 2:双摆头	五轴联动非 RTCP 输出时应设置为"0" 五轴联动 RTCP 输出时应设置为"2"
rotaxis1 $ = vecy rotdir1 $ = -vecx rotaxis2 $ = vecz rotdir2 $ = -vecy result = updgbl(rotaxis1 $, "vecy") result = updgbl(rotdir1 $, -"vecx") result = updgbl(rotaxis2 $, "vecz") result = updgbl(rotdir2 $, -"vecy")	旋转轴零度方位及正旋向的设置 rotaxis n $ 轴 n 的零度方位 rotdir n $ 轴 n 的正角度指向	第一轴 C 轴以 +Y 方向为零位，朝 −X 方向为正旋向 第二轴 A 轴以 +Z 方向为零位，朝 −Y 方向为正旋向
use_tlength:0 toollength:0 shift_z_pvt:0	use_tlength： 0:使用摆长变量 1:Mastercam OAL 数据 2:计算前提示输入 toollength（摆长）:摆长值 shift_z_pvt（Z 偏置） 0:按枢轴点 1:按摆长补（枢轴点至摆长） 2:按鼻端补（刀尖编程）	使用摆头结构模式时，use_tlength 设置为"0"，由 toollength 给定摆长值，由 shift_z_pvt 决定 Z 方向刀位点计算到什么位置
shft_misc_r :1 saxisx:0 saxisy:0 saxisz:0	摆台模式轴间偏置距离的数据导入方式 0:只能在 PST 文档内设置 saxisx、saxisy、saxisz 轴间偏移值	1:允许在杂项实变量中设置轴间偏移。非 RTCP 时按实测值设 Y_f、Z_f，RTCP 时不需设置
top_type:3	刀轴平面设置 1:$A+C$ 2:$B+C$ 3:$C+A$ 4:$C+B$	按"1"或"3"设置
pri_limlo $:−360 或 −9999 pri_limhi $:360 或 9999 sec_limlo $:−120 sec_limhi $:42	第一、第二旋转轴绝对输出时角度极限的设置	C 轴角度不限制 A 轴角度按机床实测极限核查

（续）

代码项参考设置（AC）	含义解析	核查说明
pri_intlo $:-720 或-9999 pri_inthi $:720 或 9999 sec_intlo $:-162 sec_inthi $:162	第一、第二旋转轴增量输出时角度极限的设置	C 轴角度不限制 A 轴角度按机床实测极限核查
use_clamp:1	锁轴 M 代码输出 0:不输出 1:输出	按 JT-GL8-V 机床所用 M 指令核查相关变量设置 spunlock:"M42"　C 轴释放 splock:"M43"　C 轴锁 ssunlock:"M40"　A 轴释放 sslock:"M41"　A 轴锁 使用的 M 指令代码随机床而变化

2. 杂项变量控制的五轴后置设置

对某一机床而言，其五轴结构模式及布局是既定不变的，但多轴加工时考虑到工件装夹对刀的便利，其工件零点的设定将会随着加工对象的不同而改变，例如双摆台五轴模式中各轴线之间的偏移值数据等。为避免频繁地修改 PST 文档，有必要将轴间偏移值等数据安排在前台来快捷修改。为此，需将上述后置处理文档中 shft_misc_r 项设置为 "1"，以允许通过杂项变量的设置随时修改各轴的偏移值。

在 MasterCAM 中选定上述定制好的五轴后置处理文档组后，即可在刀路设计的参数中设置用于五轴加工的杂项变量。如图 3-4-1 所示，根据双摆台的 AC 或 BC 结构布局及其分别设置其中杂项实变量 mr7～mr9 的值。其中，实变量 mr7、mr8 为 BC、AC 结构时第二回转轴与第一回转轴在 X、Y 方向轴线间的偏置距离，实变量 mr9 为工件 Z0 平面到第二回转轴线间的 Z 方向偏置距离。同时，五轴加工程序输出的结果在很大程度上也受到杂项整变量中某些控制状态的影响。

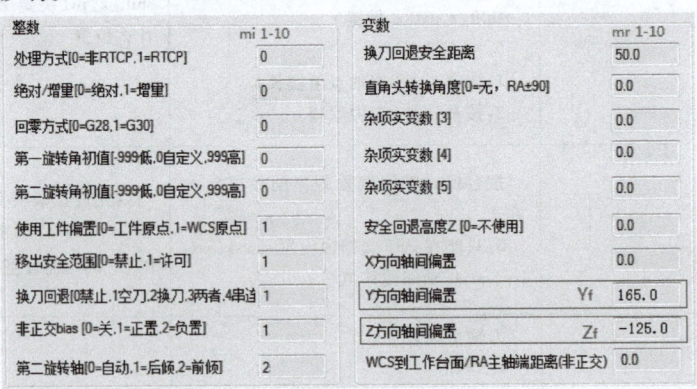

图 3-4-1　杂项变量中五轴后置设置

三、后置输出五轴 NC 程序的基本辨识

对后置处理进行修改后，对于生成的五轴刀路程序，对其正确性有必要进行初步的辨识和判断。在此可以参照单元二介绍的五轴点位钻孔手工编程示例，先对图 3-2-1 所示的零件建模并设计五轴钻孔加工的刀路，在熟知相应五轴模式下孔位坐标手工算法的基础上，对修

改后输出的程序中关键坐标数据进行对比，即可初步判定，可不需要借助多么复杂的多轴仿真软件来验证。

1. 双摆台 *AC* 结构模式的程序识读

双摆台 *AC* 结构模式下五轴后置参数的设置及含义解析见表 3-4-2。若按点钻深度为 −2mm、提刀 *R* 面高于孔口表面 10mm 设计五轴钻孔加工的刀路，则可得到如下非 RTCP 模式的 NC 程序。

表 3-4-2　双摆台 *A+C* 五轴主要参数设置及含义解析

主要设置	str_pri_axis "C" str_sec_axis "A"	mtype:0	rotaxis1 $ =vecy, rotdir2 $ =−vecx rotaxis2 $ =vecz, rotdir2 $ =−vecy	shft_misc_r:0 saxisy:165 saxisz:−125	top_type:1
含义说明	设置第一、第二旋转轴输出的前导字符为 C、A	五轴结构模式 0:双摆台 1:摆头+摆台 2:双摆头	第一轴 C 轴以 +Y 方向为零位，−X 方向为正旋向；第二轴 A 轴以 +Z 方向为零位，−Y 方向为正旋向	轴偏置数据由 PST 当设置 Y 偏置设置为"165"，Z 偏置设置为"−125"	刀轴平面 1:A+C　2:B+C 3:C+A　4:C+B

```
O0001
N110 G0 G17 G40 G80 G90 G94 G98          初始化模态
N112 T1 M6                               换刀
N114 G0 G54 G90 X0. Y390. C0. A90. S1000 M3    定位到钻 φ50mm 孔中心的初始位置
N116 G43 H1 Z190. M8                     下刀到距孔口 50mm 的 Z 高度
N118 G81 G98 Z138. R150. F150.           点钻 φ50mm 孔，Z 深 140mm−2mm、R 高 140mm+10mm
N120 X24.103 Z148.622 C−60. R160.622     点钻 φ20mm 孔，Z 深 150.622mm−2mm、R 高 150.622mm+10mm
N122 G80                                 退出钻镗循环
N124 Z250.622                            提刀到距 φ20mm 孔口 50mm 的 Z 高 150.622mm+50mm
N126 Z322.25                             提刀到距 φ18mm 孔口 50mm 的 Z 高度:272.25mm+50mm
N128 X0. Y293.247                        进给到 φ18mm 孔中心处
N130 C45. A60.                           摆转工件至 φ18mm 孔正对钻头的位置
N132 G81 G98 Z270.25 R282.25 F150.       点钻 φ18mm 孔，深 272.25mm−2mm、R 高 272.25mm+10mm
N134 G80                                 退出钻镗循环
N136 M9
N138 M5
N140 G0 G28 G91 Z0.
N142 G28 C0. A0.
N144 M30
```

对该程序识读解析，并与单元二中手工节点计算的结果进行比较，不难看出，自动编程的 NC 程序中各孔中心的五轴坐标与手工节点计算结果完全一致。更改钻孔深度时，其孔位的 X、Y 坐标不变，仅 Z 深度变化，更改偏置距离时将会引起 X、Y、Z 数据的变化，但 A、C 角度不变，更改 A、C 零位及旋向时各轴数据都会产生变化。由此可初步判定以上双摆台五轴后置处理参数的定制修改是合理可行的。

2. 双摆头 AC 结构模式的程序识读

双摆头 AC 结构模式五轴后置参数的设置及含义解析见表 3-4-3。参照以上刀路设计，则可自动编制得到如下非 RTCP 模式的 NC 程序：

表 3-4-3　双摆头 $C+A$ 五轴主要参数设置及含义解析

主要设置	str_pri_axis "C" str_sec_axis "A"	mtype：2	rotaxis1 $ =vecy, rotdir2 $ =−vecx rotaxis2 $ =vecz, rotdir2 $ =−vecy	top_type：3	tooll−ength：300 shift_z_pvt：1
含义解析	设置第一、第二旋转轴输出的前导字符为 C、A	五轴结构模式为 2：双摆头	第一轴 C 轴以 +Y 方向为零位，朝 −X 方向为正；第二轴 A 轴以 +Z 方向为零位，朝 −Y 方向为正	刀轴平面为 3：C+A	摆长：300 Z 偏置为 1：按摆长补

```
O0001
N110 G0 G17 G40 G80 G90 G94 G98                        初始化模态
N112 T1 M6                                             选用 T1 刀具
N114 G0 G54 G90 X410. Y0. C90. A90. S1000 M3           定位到距 φ50mm 孔口 10mm 的 X、Y、
                                                        C、A 起始钻孔位置
N116 G43 H1 Z−200. M8                                  下刀到 φ50mm 孔的 Z 高度
N118 G19 G81 G99 X398. R410. F50.                      切换到 G19 面做 φ50mm 孔的钻孔
                                                        循环，钻深−2mm
N122 G80                                              退出钻孔循环模态
N124 G17 X231.184 Y−352.218 C30.                       定位到距 φ20mm 孔口 10mm 的 X、Y、C
                                                        起始钻孔位置，A 保持不变
N126 G1 X225.184 Y−341.826                             工进钻孔到 φ20mm 孔深−2mm 的
                                                        X、Y 终止位置
N128 G0 X231.184 Y−352.218                             快速退回到 φ20mm 孔的 X、Y 起
                                                        始位置
N130 X256.184 Y−395.52                                 沿 φ20mm 孔轴线快退一个安全长度
                                                        距离
N132 X271.086 Y271.086 Z39.69 C135. A60.               定位到距 φ18mm 孔口 10mm 的 X、Y、Z、
                                                        C、A 起始钻孔位置
N134 G1 X263.737 Y263.737 Z33.69                       工进钻孔到 φ18mm 孔深−2mm 的 X、Y、Z
                                                        终止位置
N136 G0 X271.086 Y271.086 Z39.69 M9                    快退回到 φ18mm 孔的 X、Y、Z 起始位置
N140 M5                                               关停主轴
N142 G0 G28 G91 Z0.                                   各轴回零
```

N144 G0 G28 X0. Y0.

N146 G28 C0. A0.

N148 M30

对以上程序进行识读解析，并与单元二中介绍的节点计算结果及其手工编制的程序进行比较，不难看出，因 ϕ50mm 孔加工时刀轴与 X 轴平行，NC 程序是切换到 G19 平面后用 G81 指令钻镗循环实现的，其余两孔均是以 G00/G01 来做钻孔加工的。以上 NC 程序中，除 ϕ20mm 孔加工结束后有一个安全距离的退刀节点之前没做计算不好判断外，其余节点与手工计算的结果完全吻合。由此可以判定，以上双摆头五轴后置处理参数的修改是合理可行的。

同理，可在后置处理参数项设置中将处理方式选为 RTCP 模式（mi1＝1），同时清除各轴间偏置数据（令 mr7-9＝0），对其生成的 NC 程序与单元二中介绍的 RTCP 程序进行比对和判断。由于 RTCP 模式后置输出时需要对 PST 文档进行相关算法的处理，这将在后续案例应用的项目中进行介绍。

阅读学习材料 4

大国工匠：大道无疆

思考与练习题

1. 如何从 HNC-8 数控系统用户说明书中判定哪些 G、M 等指令功能适用于 HNC-848M 数控系统？哪些是标配功能？哪些是选配功能？

2. HNC-848M 数控系统在多轴加工方面有哪些指令功能？和三轴加工编程相比，其指令的编程规则有何不同？

3. HNC-848M 数控系统中的工作台坐标系是什么含义？基于 RTCP 功能的工作台坐标系编程是如何使用的？五轴加工的刀具长度自动补偿是如何实现的？

4. 和倾斜面坐标定向功能相关的编程指令有哪些？如何进行倾斜面特性坐标系的五轴定向加工编程？其特性坐标系该如何设置？

5. HNC-848M 数控系统在钻镗固定循环的编程规则上和 FANUC-0iM 数控系统有哪些不同？和 SIEMENS 钻镗循环功能相比，HNC-848M 数控系统增加了哪些样式钻孔和固定特征的铣削循环功能？

6. HNC-848M 数控系统钻镗循环的在机编程是如何实现的？其在机自动编制的程序是以什么形式表示的？

7. 旋转轴循环和最短路径是什么含义？该如何进行设置？其对旋转轴数据的算法及加工控制有何影响？

8. 摆头式五轴加工和摆台式五轴加工的程序算法有什么不同？要通过摆台式将侧斜面上的孔摆转至与刀具垂直的方向，通常应进行哪些几何关系的换算？

9. 若某局部结构特征在正对该面方向上为 2D 加工性质，该如何利用五轴机床实施加工？是将该面摆转至 XY 平面方向后再采用 2D 方式对刀及编程控制方便还是直接按五轴原点及坐标换算关系编程加工方便？

10. 若 JT-GL8-V 双摆台五轴机床的 A 轴是以左手螺旋确定的正负方向，则本项目第二单元中三孔加工时 A 轴应朝 −Y 方向摆转实现。试按这一实际改编其加工程序。

11. 五轴加工的程序通常都是基于 CAM 自动编制得到的，进行五轴点位加工的手工编程有何意义？

12. MasterCAM 有哪些五轴加工的刀路功能？何谓五轴加工的刀轴控制？五轴钻孔、曲线、曲面加工时通常有哪些刀轴控制方法？

13. MasterCAM 五轴加工的刀路功能中如何实现粗切加工的控制？其进退刀矢量通常应如何设置？

14. 多轴曲面精修加工时，为获得较高的表面质量和切削效率，需有意将刀轴相对曲面法向做一定的倾斜，在 MasterCAM 刀路定义时分别应如何设置？

15. MasterCAM 的五轴后置是如何实现的？和三轴后置相比，五轴后置有什么特点？机床结构类型该如何设置或选用？

16. MasterCAM 五轴加工 NC 程序输出的大致步骤如何？如何识读五轴加工的 NC 程序？

17. 在更改五轴后置设置后，你是如何初步判断由 CAM 后置所输出的五轴加工 NC 程序合理性的？是通过基于 NC 多轴仿真验证的第三方软件还是传送到机床上由机床进行仿真检查或直接试切检查？

项目四

VERICUT五轴加工仿真技术认知

单元一　构建 VERICUT 数控仿真基本环境

【单元学习任务】

1. 认知 VERICUT 数控加工仿真软件的界面、功能及基本用法。
2. 了解构建数控加工仿真环境的五个基本要素。
3. 进行数控加工仿真环境五要素的基本构建训练。

【单元学习目标】

1. 能够使用 VERICUT 调入数控加工典型示例并实施仿真运行，了解仿真环境的构成及仿真检查的功能特点。
2. 能够初步构建数控加工仿真环境，理解零件加工仿真需要准备的五要素。
3. 能够按自设零件示例选用机床及控制系统模型，进行毛坯装夹设置的调整，构建并设置加工刀具系统，通过 CAM 准备 NC 程序并正确载入，完成五要素的准备。

【单元学习知识基础】

VERICUT 是美国 CG Tech 公司开发的一款用于数控虚拟加工的软件，它可以模拟真实的机床、毛坯及其装夹结构，对 CAM 刀路数据或 NC 程序实施由两轴到多轴数控加工的仿真验证、碰撞检查及其程序优化，以消除安全隐患、替代试切，保护机床和刀具，确保工件表面质量，优化程序，提高加工效率。

一、选用加工机床模型及控制系统

VERICUT 仿真软件系统中提供大量的机床结构模型及常用的典型数控系统，而且允许用户通过二次开发构建与自用机床结构形式相适应的新机床模型，定制符合自用机床程序代码格式要求的控制系统，以便于构建与用户工作环境类似的虚拟车间。如果仅以仿真检查为目的，选用系统机床库中自带的机床模型及控制系统即可满足使用要求。

如图 4-1-1a 所示，新建一个项目后，在项目树中选择"数控机床"，则在其下方"配置 CNC 机床"处，可单击 、 图标分别进行机床模型文件及控制系统文件的选用。单击 图标后，在图 4-1-1b 所示的界面右侧选择捷径为"机床库"，然后在左侧列表中选择所

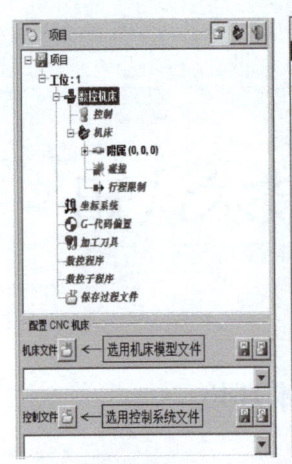
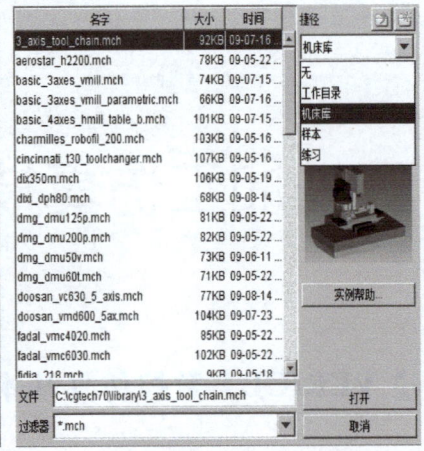
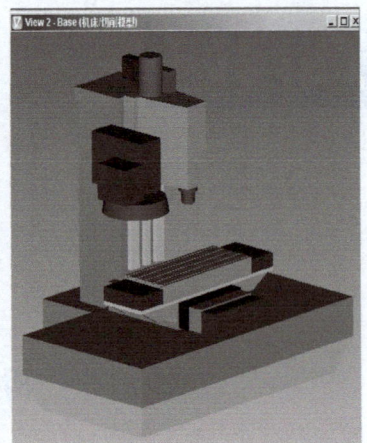

a) 新建的项目树　　　　　　b) 机床模型选用列表　　　　　　c) 选用的机床模型

图 4-1-1　仿真机床模型的选用

需机床模型 mch 文件，即可在"机床/切削模型"窗口中得到所选机床的几何模型。图 4-1-1c 所示为带斗笠式刀库的三轴数控铣床模型。选用机床模型文件时，可通过文件名标识的含义结合右侧显示的机床模型预览，找到对应结构的机床。图 4-1-2 所示为 VERICUT 机床库内部分机床结构模型。若要判断所选机床的结构模型是否符合要求，则应展开机床组件树，查看组件间的"父子"逻辑关系。常见机床类型的几种"父子"逻辑关系构成如下：

两轴车床：主轴=>附件夹具=>工件（第一家族）

　　　　　　Z 轴=>X 轴=>刀具（第二家族）

三轴床身铣床：Z 轴=>主轴=>刀具（第一家族）

　　　　　　Y 轴=>X 轴=>附件=>夹具=>工件（第二家族）

附加 A 轴的立式加工中心：Z 轴=>主轴=>刀具（第一家族）

　　　　　　Y 轴=>X 轴=>旋转 A 轴=>附件=>夹具=>工件（第二家族）

　　　　　　自动换刀装置=>刀塔=>刀链（第三家族）

转台 B 轴的卧式加工中心：Y 轴=>主轴=>刀具（第一家族）

　　　　　　Z 轴=>X 轴=>转台 B 轴=>附件=>夹具=>工件（第二家族）

　　　　　　自动换刀装置=>刀塔=>刀链（第三家族）

附加双摆台 $A+C$ 五轴加工中心：Z 轴=>主轴=>刀具（第一家族）

　　　　　　Y 轴=>X 轴=>旋转 A 轴=>旋转 C 轴=>附件=>夹具=>工件（第二家族）

　　　　　　自动换刀装置=>刀塔=>刀链（第三家族）

车削中心：C 轴=>主轴=>夹具附件=>工件（第一家族）

　　　　　　Z 轴=>X 轴=>刀塔=>刀具（第二家族）

单击 图标，可按图 4-1-3 所示在"机床库"选用列表中选择所需的控制系统 ctl 文件，使机床具有解读数控代码、实施插补运算等功能。要判断选用的控制系统是否与所需机床相符，需通过"配置"菜单项中"文字格式""字/地址""控制设定"等查看。其中，"文字格式"用以设置允许地址字的数据格式、使用宏时允许的关键字及其语法格式等；

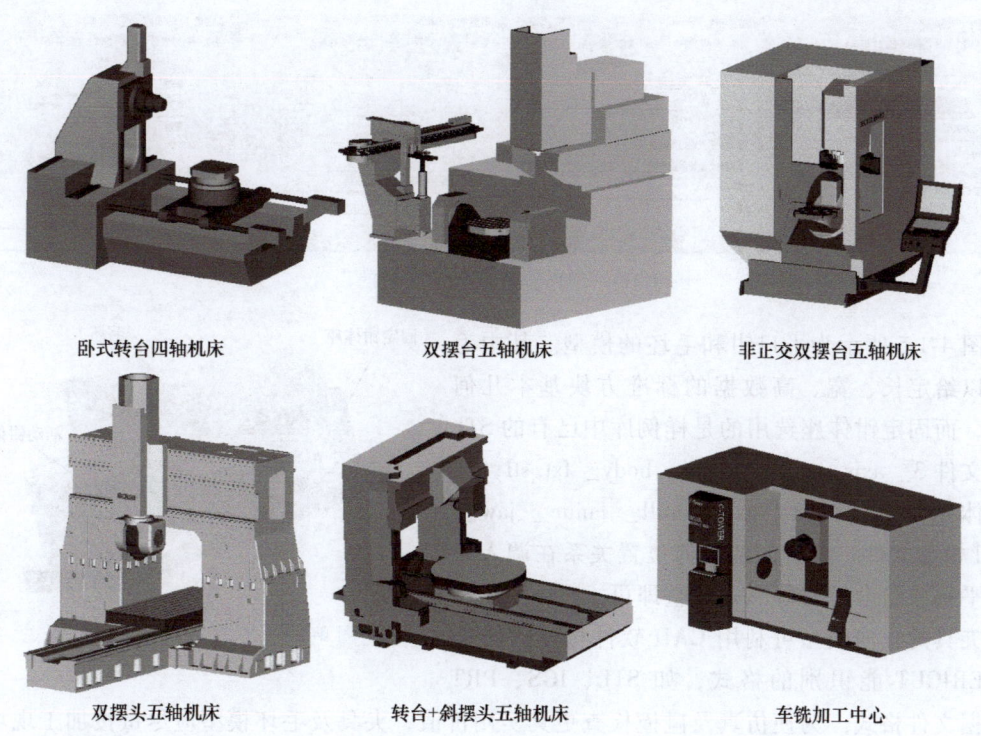

卧式转台四轴机床　　　　　双摆台五轴机床　　　　　非正交双摆台五轴机床

双摆头五轴机床　　　　　转台+斜摆头五轴机床　　　　　车铣加工中心

图 4-1-2　VERICUT 机床库内部分机床结构模型

"字/地址"用以设置激活允许使用的 G、M 等指令代码、钻镗循环代码，各地址字在不同代码中的功用限制等；"控制设定"用以设置控制系统类型、默认运动控制状态、插补及钻镗循环指令格式、旋转轴指令格式、刀补及默认坐标系等。对于需要在标准系统基础上实施功能扩展或非标系统的机床，可通过"高级选项"进行特殊控制功能的二次开发设置。

二、添加夹具和毛坯附属组件

在选好机床与系统后，就需要针对加工要求准备工装夹具和毛坯等附属组件。按照机床组件的逻辑关系，在前述机床项目树第二家族的末端单击右键选择"添加"→"附件"，再在附件下分别添加"夹具""毛坯"的组件，然后分别对"夹具""毛坯"单击右键选择"添加模型"并进一步选择是以基本几何实体（方块、柱体、锥体）搭建，还是通过调用及绘制二维线架后采用旋转、扫描方式构建成形实体，抑或是通过调用已构建好的模型文件的形式获取夹具及毛坯

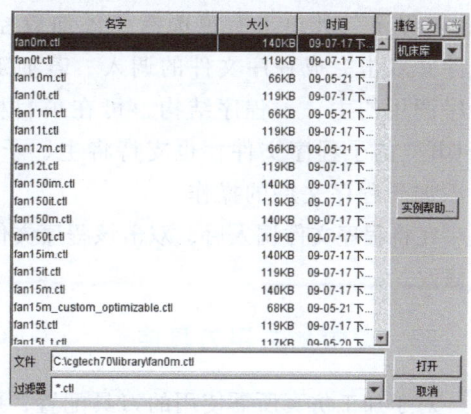

图 4-1-3　机床控制系统的选用

的实物模型。无论采用哪种方式，对夹具和毛坯间的几何位置关系，都可在调入后通过项目树窗口下方的选项卡选择移动、旋转及组合等形式进行调整，并可分别设置各模型颜色的继承属性、是否显示以及实体、线架或透明等显示属性。属性调整选项卡如图 4-1-4 所示。

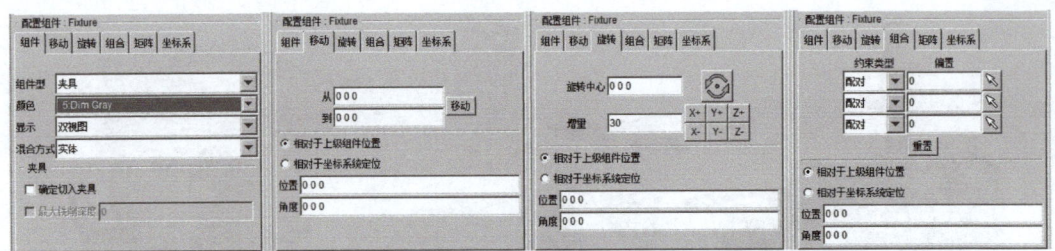

图 4-1-4　组件位置及显示属性的设置

图 4-1-5 所示为平口钳和毛坯的模型。其中毛坯是以给定长、宽、高数据的标准方块基本几何模型，而固定钳体座选用的是样例库中已有的 STL 模型文件 3_axis_mill_fanuc_body_fxt.stl，活动钳体则是选用的 3_axis_mill_fanuc_jaw_fxt.stl 模型文件，三者间的几何位置关系在调入后通过平移或组合配对等形式调整即可。

夹具的几何模型可利用 CAD 软件构建后转换成 VERICUT 能识别的格式，如 STL、IGS、PRT

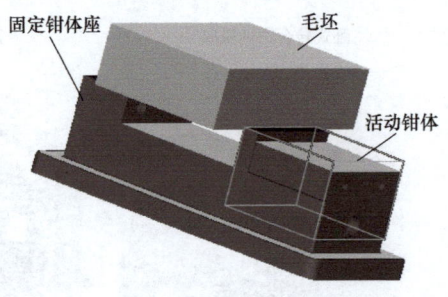

图 4-1-5　平口钳和毛坯的模型

等数据文件格式。为使仿真及碰撞检查更具实用价值，夹具及毛坯模型应尽量按加工现场的实际尺寸结构和组合位置关系构建，其内部结构虽可适当进行简化处理，但外部所有可能对加工造成干涉的部件必须进行真实表达。

三、调入加工刀路或加工程序

VERICUT 能进行基于 CAM 软件输出的 G 代码程序（后置 NC 程序）和部分 CAM 软件输出的刀路文件（前置数据，如 APT、UG 的 CLS 等）的仿真检查。在项目树内的"数控程序"处单击右键选择"添加数控程序文件"，即可到指定的文件夹中选用所需文件并双击完成程序文件的调入，若加工程序是由内含如 M98　P×××××等指令实施子程序调用的主、子程序结构，可在项目树内的"数控子程序"处单击右键添加后缀为"SUB"的子程序文件，也支持将主、子程序存放在同一文件内的格式输出，如此可省去添加子程序文件的操作。

在将程序文件调入后，双击该程序文件即可显示程序文件的内容，编辑后应保存，以确认修改。

四、配置加工用刀具库

对于加工仿真所需使用的刀具配置，可在项目树中的"加工刀具"处单击右键选择打开已有的刀具库 TLS 文件，或选择"刀具管理器"以创建、编辑修改各刀具数据，也可通过所支持的专用 CAM 接口模块调用其在 CAM 软件中进行刀路设计时所定义的刀具数据。"刀具管理器"界面如图 4-1-6 所示，双击"刀具"或"刀柄"处可进入刀具、刀柄的结构类型选用及尺寸数据编辑对话框（图 4-1-7）对刀具和刀柄进行设置，编辑设置后依次单击"修改""关闭"进行确认。

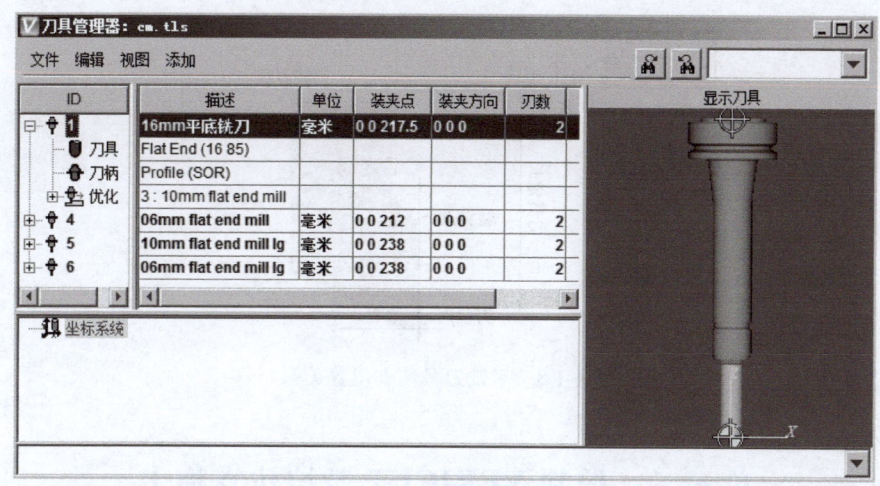

图 4-1-6 "刀具管理器"界面

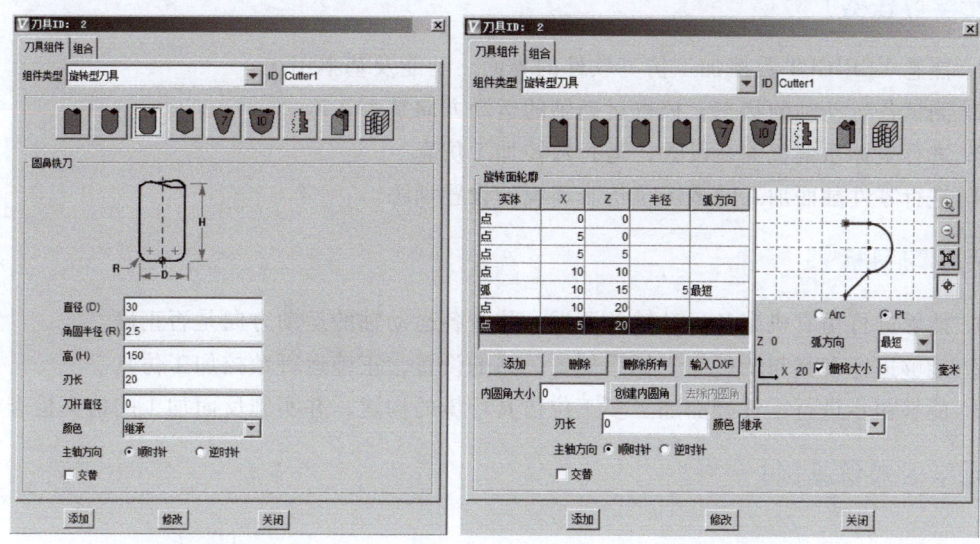

a) 标准结构刀具的设置   b) 成形刀具的构建

图 4-1-7 刀具数据的设置

  所添加刀具号的 ID 标识应与加工程序相适应。对铣削刀具而言，其装夹点的数据是刀具定长，按刀位点到主轴锥孔口部（主轴下端面）与刀柄接合处的 Z 方向距离设置；对车削刀具而言，其装夹点的数据按刀位点到刀盘上对刀基准点之间在 X、Z 方向的有向距离进行设置，如图 4-1-8 所示。

  以上为 VERICUT 数控加工仿真环境构建所必需的五个重要仿真元素，即机床、系统、刀具、程序以及附件（夹具与毛坯）。由于不构建夹具而将毛坯虚位放置时也可像 CAM 内置的仿真模块那样实施虚拟加工，因此，系统通常将工件和毛坯合并成附属组件作为一个仿真要素进行设置和管理。

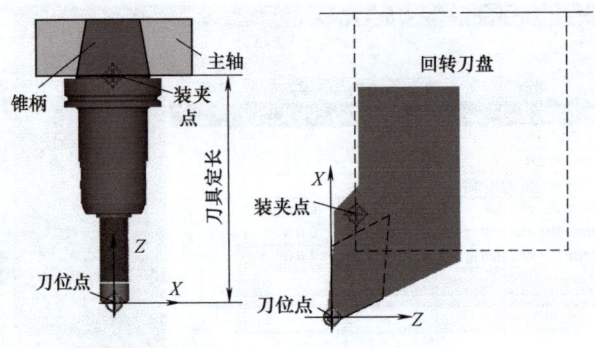

图 4-1-8 车铣刀具装夹位置关系

单元二 控制 VERICUT 数控仿真加工

【单元学习任务】

1. 熟悉 VERICUT 数控加工仿真软件的界面、功能及基本用法。
2. 测试各运动轴的状态，核查运动轴的运动方向是否正确。
3. 进行坐标系偏置关系设置，运行数控加工仿真。
4. 进行零件翻面加工的多工位仿真环境的设置训练。

【单元学习目标】

1. 能够进行仿真机床各运动轴的测试，核查各运动轴的运动方向是否正确。
2. 能够进行刀具与工件间坐标系偏置关系的设置，正确运行数控加工仿真。
3. 能够初步进行零件翻面加工多工位仿真环境的构建，并实施反面加工的仿真检查。

【单元学习知识基础】

一、对刀及坐标系偏置关系的设置

构建并设置好 VERICUT 仿真系统的环境后，需要通过对刀构建工件、刀具及机床之间的坐标位置关系，这样才可以实施数控加工仿真。

对于 VERICUT 而言，在搭建系统组件、添加夹具及毛坯、配置刀具库的过程中，各组件间的相互坐标位置关系实际上就已经确立了，进行加工仿真前唯一需要明确的是程序运行时选择哪个点为参照的程序零点来实施运动。由于工件毛坯上各特征点相对于机床坐标系已有明确的位置坐标关系，因此，VERICUT 中的对刀并不需要像实际机床上加工那样进行碰边、找中等操作，只需要告知系统以工件毛坯上哪个特征点为程序零点即可。

VERICUT 中的对刀可通过选择项目树中的"G 代码偏置"，在下部配置区的偏置名处选择"程序零点"后单击右侧"添加"按钮，选择从"组件"→"Tool"（刀具）的零点，到"坐标原点"→"Program_ zero"（程序零点），然后单击 按钮，在毛坯上选择其拟作为程序零点的特征点即可，如图 4-2-1 所示。

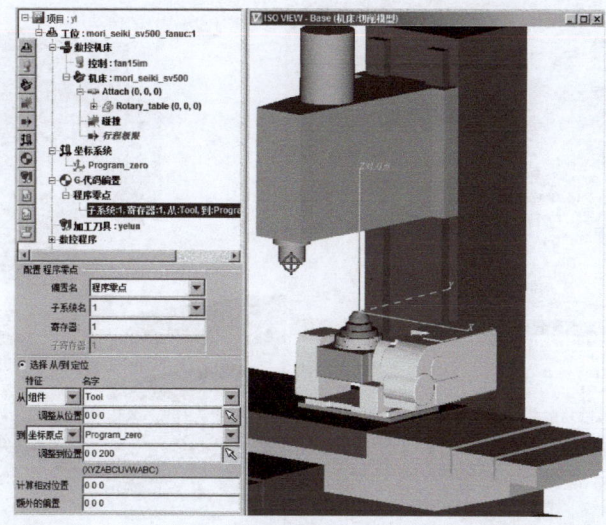

图 4-2-1　坐标系偏置关系的设置

二、MDI 运动测试

在 VERICUT 仿真环境及坐标系关系构建完成后，同样可在加工仿真前以 MDI 控制方式实施机床各可动组件间的运动关系及控制指令功能的预检查测试。

选择"项目"菜单中的"手动数据输入"项或单击工具条中的 ⬚ 按钮，可打开图 4-2-2 所示的对话框，在其中"手动进给运动"处，可选择运动轴，设定运动步距，然后单击 ⬚ ⬚ 按钮，检查各运动轴是否能按正确的方向运动；在下面"单行程序"的文本框内输入程序指令后单击 ⬚ 按钮，可执行单行程序指令功能；从程序文件中复制部分程序，然后单击编辑菜单中的"粘贴"，则程序内容将出现在程序列表区，单击 ⬚ 按钮，可顺次执行单行程序指令，单击 ⬚ 按钮，可连续执行多行程序指令。由此，可进行仿真前期或对程序执行期间有问题程序行的逐次检查。

三、仿真加工过程监控

1. 启动加工仿真

在所有工作准备完成后，可在图形显示区右下方 ⬚⬚⬚⬚⬚ 按钮区单击 ⬚ 或 ⬚ 按钮，以单步或连续方式启动加工仿真，则图形显示区将进行机床加工过程的模拟仿真。随时单击 ⬚ 按钮可暂停仿真，单击 ⬚ 按钮可倒回到程序头再次开始，但已切削过的模型不会恢复，只有单击 ⬚ 按钮才可重置模型以重新进行模拟仿真。仿真速度可通过左侧调节杆调节，中间各指示灯用于显示仿真进程中的一些功能状态。

2. 加工仿真的信息监控

对加工仿真过程中的各种状态信息，可通过"信息"菜单中的"状态""图表"等查看。如图 4-2-3 所示，仿真状态可以显示程序执行过程中当前的刀路方案、机床及刀具位

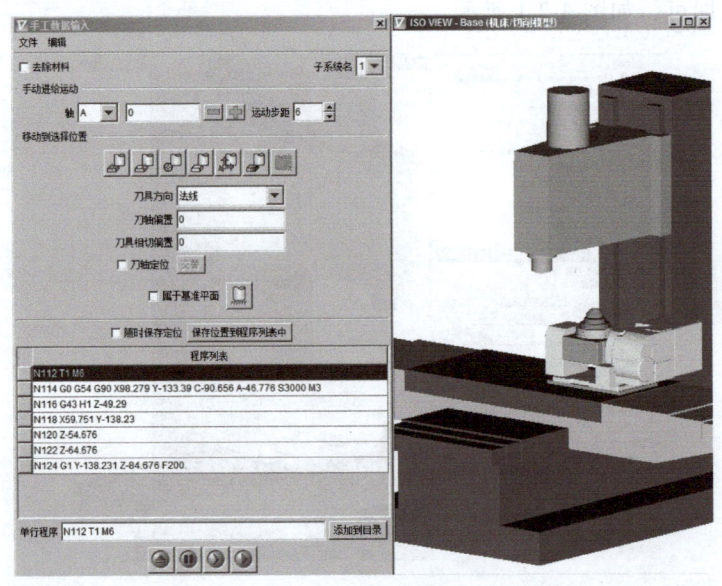

图 4-2-2 MDI 运动测试

置、切削参数以及错误警告等文字表达的各类数据信息。单击窗口右上部的⬚按钮切换到配置模式，可勾选要显示的数据项目。仿真图表是用于显示刀具及反映切削状况的曲线图，包括优化前后背吃刀量、宽度、材料去除率、进给速度以及主轴转速等的变化状况。

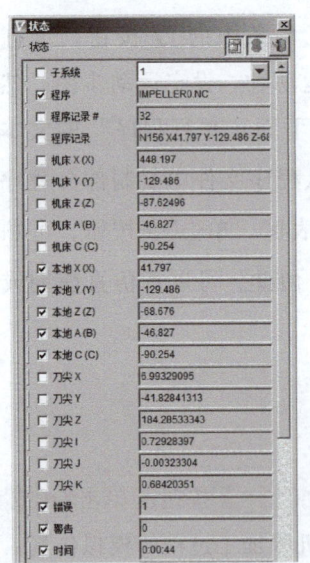

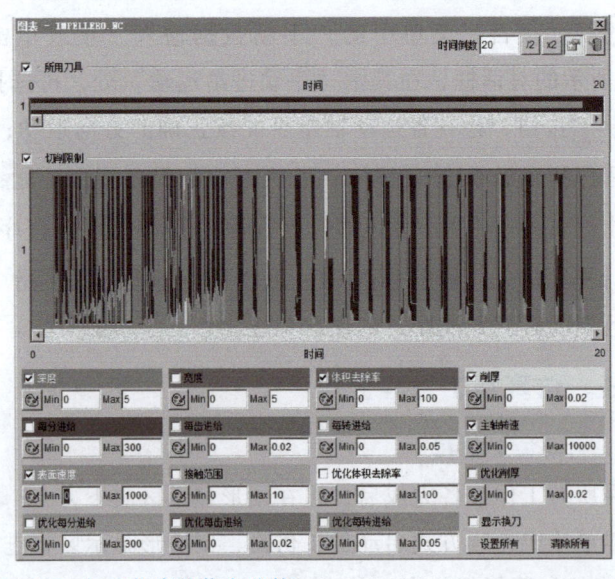

图 4-2-3 加工仿真的信息监控

通过"信息"菜单中的"数控程序"启用程序显示窗后，可预览和复查程序轨迹，如图 4-2-4 所示。单击⬚按钮并确认启动程序轨迹预览，系统自动运行整个程序，然后显示出全部程序轨迹线。在允许鼠标跟踪的模式下，可直接用鼠标拾取以确定要开始跟踪的起始轨迹段（行），再单击控制条中的⬤按钮，可逐一显示后续程序行对应的轨迹；基于模型切削的程序轨迹复查则需要先单击控制条中的 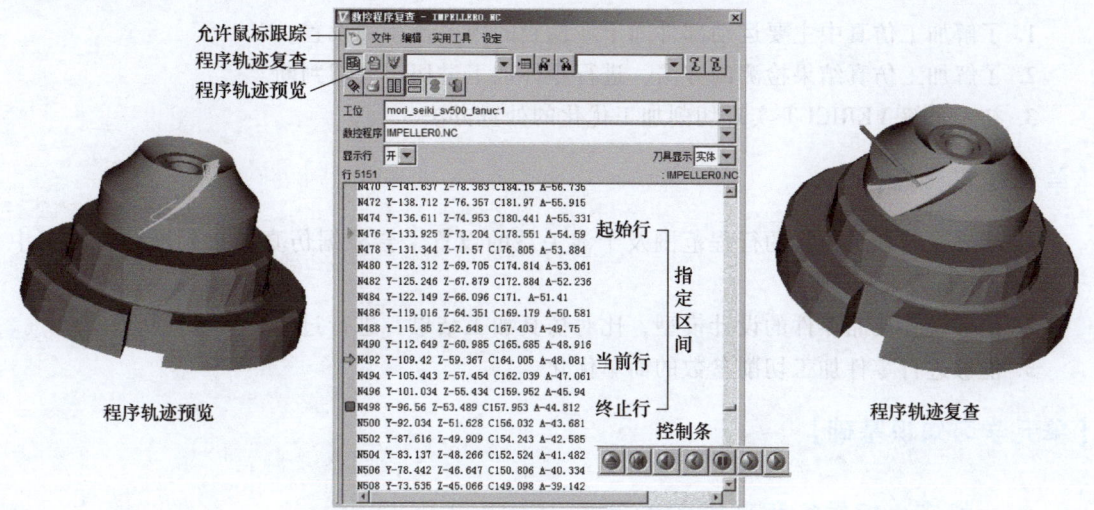 按钮启动实体模型的切削仿真，然后才可以用鼠标拾取已切削的模型区，以确定要开始跟踪复查的起始轨迹段（行），再单击控制条中的 按钮可逐一显示后续程序行对应的模型切削轨迹。除可直接用鼠标单击确定起始轨迹段外，还可在程序窗内指定的程序行单击右键设定跟踪的起始行和终止行，以确定轨迹跟踪的区间。

图 4-2-4 程序轨迹预览和复查

四、多工位加工仿真的设置

在一个零件的一个工序加工仿真完成后，需要翻面或掉头继续进行下一工序的加工仿真时，就需要进行多工位加工仿真的操作与设置。

通过选择"项目"菜单下的"增加新工位"，或在工位处使用"复制""粘贴"的操作方法，均可在当前工位之后添加一个新的工位，新工位将自动沿用当前工位所设置的仿真环境。在此基础上可修改新工位的机床、系统、夹具附件、程序文件及刀具库配置等仿真环境，以适应新工位仿真加工的要求。如果多个工位中的后续工位沿用早前某工位的机床环境，采用选择性的"复制"和"粘贴"的操作要比"增加新工位"的方法更便利。

在多工位加工仿真中，如果某工位需要沿用前一工位已加工过的毛坯经翻面或掉头操作后作为本工位毛坯使用，应先右击控制条中的 按钮，选择仿真到"各工位结束处"暂停的设置，然后单击控制条中的 按钮进行前一工位的加工仿真。结束时，在其毛坯模型项目树处会新出现一个"🔩加工毛坯"的项目。使用"复制""粘贴"操作或者单击"增加新工位"的方法创建一个后续工位，选择该新建工位为现用工位，并根据需要重新设置机床、系统、刀具库及夹具附件等，然后单击控制条中的 按钮，则"🔩加工毛坯"项目将转移至新工位的毛坯组件下。对该加工毛坯按新工位装夹要求实施毛坯与夹具间的翻转、移动等调整操作，完成后单击"保留毛坯的转变"按钮，即可实现前一工位加工结果到后一工位间毛坯的转换，重新设置工作坐标系后即完成该工位仿真环境的设置。对后续其他工位重复此操作，即可实现多工位接续加工仿真的设置。

单元三　检查碰撞与优化切削

【单元学习任务】

1. 了解加工仿真中主要运动部件间干涉检查的内容及相关设置。
2. 了解加工仿真结果检测的方法，进行零件加工过切、欠切判断。
3. 初步了解 VERICUT 实现切削加工优化的处置方法。

【单元学习目标】

1. 能够进行加工仿真的行程范围及干涉关系的设置，会根据仿真结果判断分析加工中干涉出现的位置及原因。
2. 能够设置成品零件的设计模型，比对仿真加工结果，进行过切、欠切判断。
3. 能够进行零件加工切削参数的简单优化。

【单元学习知识基础】

一、机床坐标轴行程范围的设置

VERICUT 中对机床坐标各轴正负行程范围的设定是以机床基点为原点来计量的。由于大多数机床模型在构建时都以主轴正对于工作台面中心的 X、Y 处且 Z 轴位于换刀高度处为机床基点位置，与实际机床中将各轴正向极限设为机床参考零点的状况有所不同，因此，若某轴正常行程范围为 L，则不可能像实际机床系统参数中那样将行程极限设为：最小 $-(L+5\sim10\mathrm{mm})$，最大 $+5\sim10\mathrm{mm}$，而应该以正负均分地设置 X、Y 行程极限为：最小 $-(L/2+5\sim10\mathrm{mm})$，最大 $L/2+(5\sim10\mathrm{mm})$；对于 Z 轴而言，若从换刀高度提刀到第二参考点的 Z 方向距离为 H，则可按最小极限 $-(L+5\sim10\mathrm{mm})$，最大极限 $H+5\sim10\mathrm{mm}$ 设置。

在 VERICUT 中，可在单击菜单"配置"→"机床设定"后，选择"行程极限"选项卡（图 4-3-1），在其列表框中对应位置设置其最小和最大坐标数据，由此实施机床行程极限的设置。设置好后单击"确定"按钮，再次进入时会在机床模型中显示所设置的运动范围。若勾选"超程错误日志"并去除"允许运动超出行程"的选中状态，即启动了行程极限检查功能。在手动和自动运行过程中若机床各轴运动超出了行程范围，则机床模型会出现红色（颜色可设定）警示，同时在底部日志查看区显示出超程出错的信息。若仅希望检查程序加工仿真的效果，可勾选"允许运动超出行程"，则程序运行时将忽略超程问题。

二、碰撞过切的检测

在 VERICUT 中，可在单击菜单"配置"→"机床设定"后，选择"碰撞检测"选项卡（图 4-3-2a），勾选"碰撞检测"，同时还可设置碰撞检测的安全间隙。当加工仿真运动时，被检测组件间的间隙小于设定间隙，即产生警示信息。例如，在对图 4-3-2b 所示的工件进行加工仿真时，工件下底面紧贴卡爪放置，中间的圆柱通孔加工时由于下方为卡爪空位，因

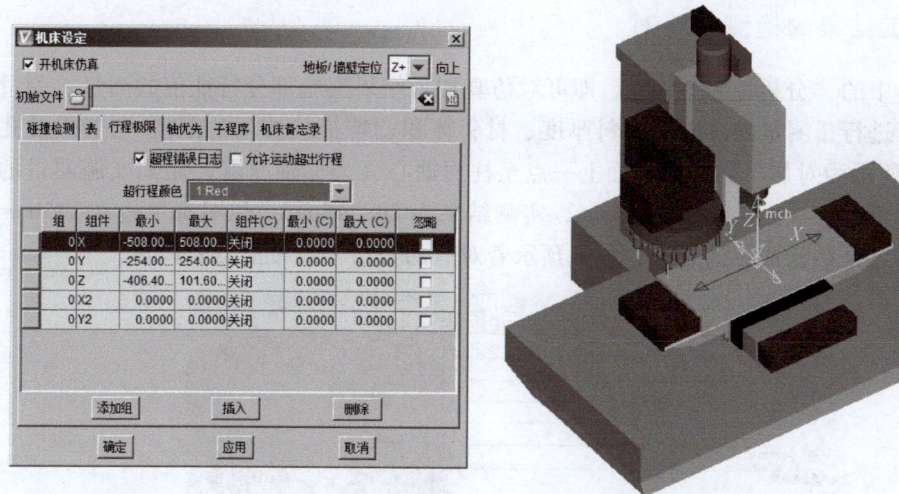

图 4-3-1　机床行程极限的设置

此并没有出现碰撞报警。当加工环槽中几处腰形通槽至槽底处时，刀具将碰撞到卡爪表面，此时即产生碰撞警示信息。碰撞过切检查可用于检查刀具与夹具及除毛坯外其他所有组件间的接触，即使是进给切削的接触也会产生警示，对刀具与毛坯工件间非进给切削运动状态下的接触、刀具非工作刃部与工件间的接触、机床组件间因移动而出现的小于允许间隙的距离，或者搁置在台面上的残留工具随着台面一起运动过程中出现的与机床其他组件间的接触等，都会出现警示。

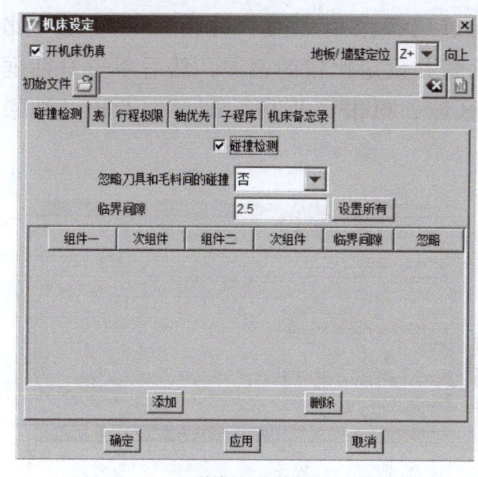

a) 碰撞检测的设置

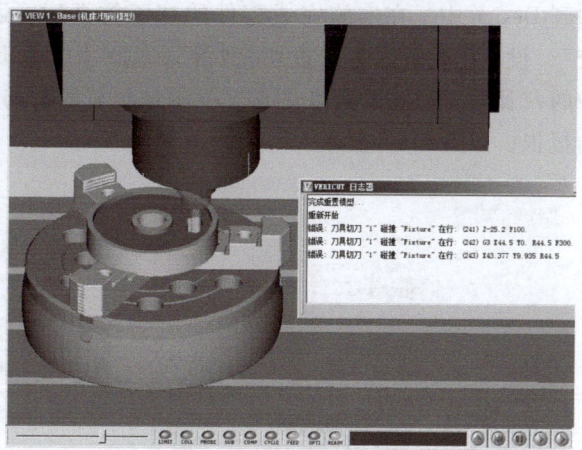

b) 碰撞过切检测的警示信息

图 4-3-2　碰撞过切检测的设置

出现碰撞过切的警示后，开启"数控程序复查"功能，配合零件模型视图的显示，直接单击警示区中碰撞过切提示的信息行，可快速定位到产生碰撞过切的程序行。通过限定前后相关程序检查的区段，查看对应的刀路轨迹，可辅助分析出现碰撞过切的原因，从而找到解决问题的处置对策。

三、加工结果的检测与比对

选择菜单中的"分析"→"测量"，即可对仿真加工结果实施部分特征值的测量。测量应在零件视图下进行，测量内容包括材料厚度、材料体积、特征位置间的距离/角度以及孔深等。图 4-3-3 所示为对加工后某圆柱面上一点至柱面轴心（坐标轴原点）距离实施测量的结果。按图样要求，该柱面半径应为 20mm，实测结果为 20.245mm，说明有单边 0.245mm 的欠切量，如果已是精修加工的设计，那么预示着对应的刀路参数可能需要调整。

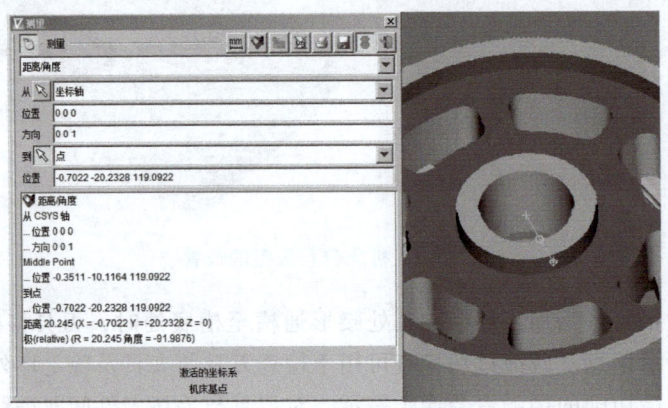

图 4-3-3　加工结果的检测

在零件最终实体模型构建完成后，可通过 CAM 软件转换生成零件的 STL 结构模型文档，然后在 VERICUT 的毛坯组件 Stock 下添加一个设计组件 Design，并将零件的 STL 模型添加到 Design 中。在实施完成零件的加工仿真后，通过选择菜单中的"分析"→"自动—比较"，设置比较方式为"过切+残留"，两者均进行比较并设定比较的偏差，然后单击对话框中的"比较"按钮即可在图形区显示过切与残留的区域，单击"报告"即可查看比对结果的报告，如图 4-3-4 所示。

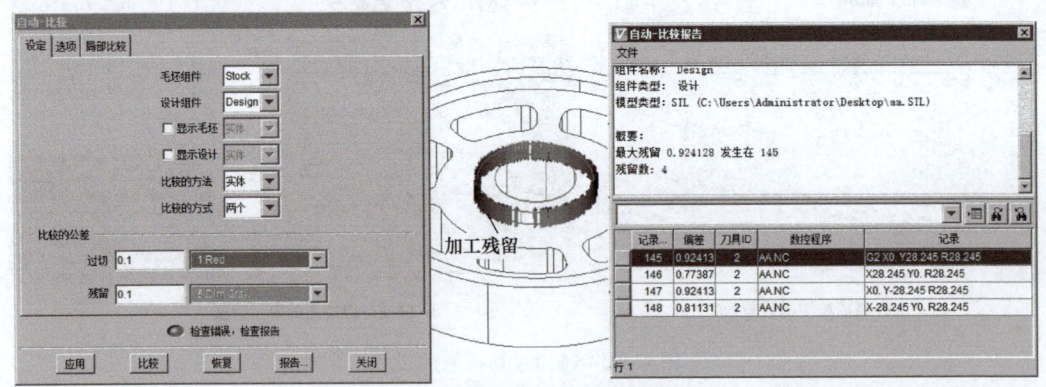

图 4-3-4　加工结果与设计模型的比对

四、切削优化的设置

要对已有刀路及 NC 程序通过仿真进行切削加工的优化，需要先对刀具系统中程序加工所用刀具进行优化方案的添加和设置后，方可实施。

　　打开"刀具管理器"界面，选择加工所用刀具后单击右键，添加一个新的刀具优化，在弹出的图4-3-5a所示的设置中选择一种优化计算的方法，比如选择材料"体积去除"的优化方法并锁定一个固定的主轴转速，确认添加并保存刀具的改变，然后通过菜单中的"优化"→"控制"，开启优化控制功能（图4-3-5b），再启动加工仿真的模拟过程，仿真结束后即显示优化计算的结果，包括优化节省的时间、每加工100件优化后节省的成本等信息，如图4-3-5c所示。

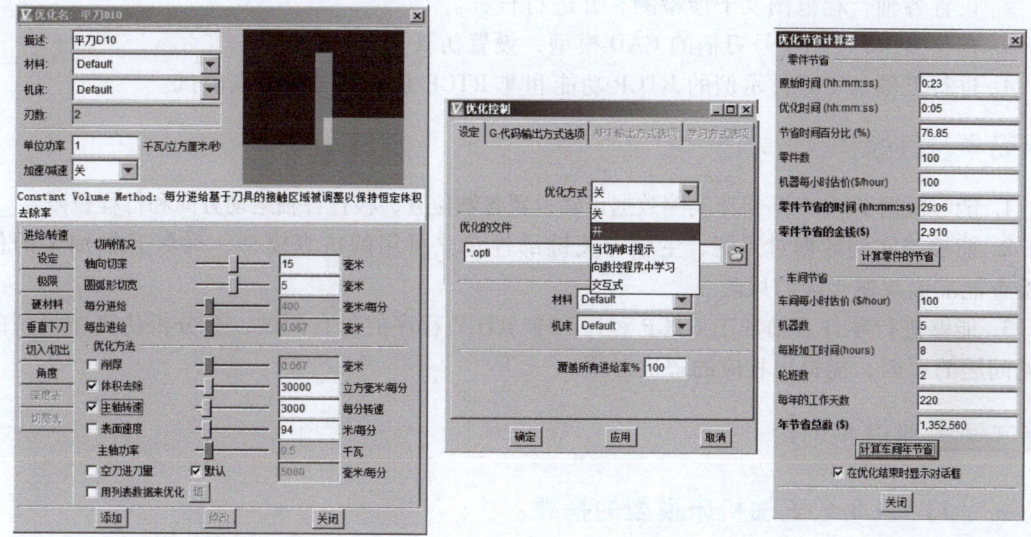

a) 刀具优化的设置　　　　　　　b) 优化控制的开启　　　　　　　c) 优化率的计算

图4-3-5　切削优化的设置

　　优化处理完成后，系统将自动产生一个后缀为opti的优化程序文档，通过菜单中的"优化"→"比较文件"，可进行优化前后NC程序文档的比对，如图4-3-6所示。从程序比对中可方便地查看系统优化处理的结果。

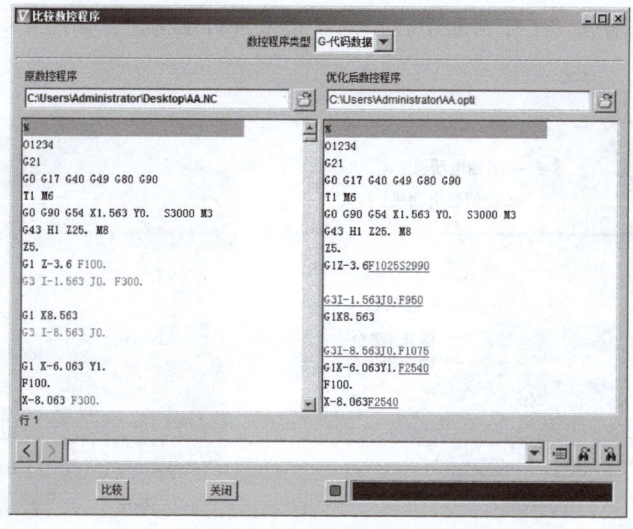

图4-3-6　优化前后NC程序文档的比对

单元四　VERICUT 五轴加工仿真的应用案例

【单元学习任务】

1. 分析 JT-GL8-V 五轴机床的结构模型，进行五轴机床仿真环境的搭建练习。
2. 设置各轴行程范围及干涉检测，并进行核查。
3. 构建 BT40 常用型号刀柄的 CAD 模型，设置仿真用刀具系统。
4. 进行五轴加工零件示例的 RTCP 功能和非 RTCP 功能加工的仿真测试。

【单元学习目标】

1. 能够根据 JT-GL8-V 机床实测数据正确设置各轴位置，核查各轴运动方向和行程极限。
2. 能够按实测数据对刀柄、主轴等关键部件建立可用的仿真模型，确保五轴加工的仿真检查能准确规避干涉的风险。
3. 能够进行零件五轴加工 RTCP 程序和非 RTCP 程序的仿真调试，会分析仿真中出现的常见问题的原因，能提出相应的解决对策。

【单元学习知识基础】

一、JT-GL8-V 五轴机床模型的搭建

1. 机床结构部件的模型构建

JT-GL8-V 五轴机床内部的主体结构如图 4-4-1 所示。可用 CAD 先后构建出机床基座、立柱、横梁等固定框架部件的 3D 模型，并分别以 STL 数据格式保存。再构建出竖直放置的 X 轴拖板、Z 轴拖板（含主轴），水平放置的 Y 轴拖板、AC 轴伺服电动机部件与摇篮座、摇篮 A 摆台、C 轴转台等活动部件的 3D 模型，分别保存为 STL 数据文档。为减少后续在 VERICUT 中进行模型装配搭建时各部件位置调整的工作量，在对固定框架部件进行建模时，各部件的位置可按其相对于机床基点（工作台面中心）的关系来进行预构建，如图 4-4-2 所示。

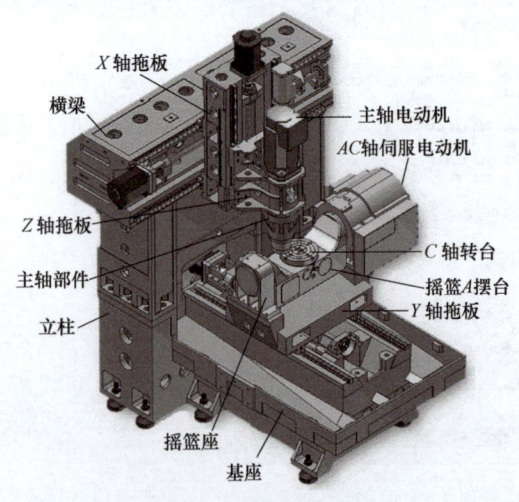

图 4-4-1　JT-GL8-V 五轴机床内部的主体结构

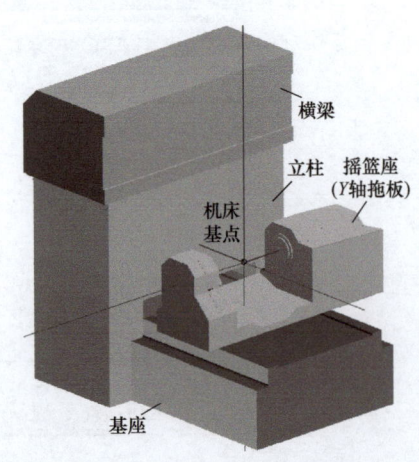

图 4-4-2　按相对位置关系对固定部件进行建模

由于 VERICUT 仿真并不会针对机床结构部件进行机构受力分析的仿真检查，因此对部件模型的构建可适当进行结构简化，对于固定框架类机床部件，可不需要做内部细节结构的建模，能大致体现其尺寸大小和结构外观特征即可。VERICUT 中部件间运动关系的实现仅需进行逻辑关系的设置，不需要按机械传动关系构建即可实施动作仿真，因此，可不用进行驱动电动机、丝杠和丝杠螺母传动副等模型的构建。但对于与工件加工密切相关的工作部件，如主轴头、摇篮 A 摆台和 C 轴转台、夹具附件和坯件、刀具等必须按机床现场的实际工作环境如实构建，包括结构形状、位置尺寸关系等，否则，将无法准确检查出其可能引发的干涉碰撞。

2. JT-GL8-V 五轴机床模型的搭建

在各机床部件模型构建完成后，即可在 VERICUT 中进行该机床总体结构模型的搭建。按图 4-4-3 左侧所示的树枝结构，在基体"Base"（基体）中逐次添加已按相对位置关系构建好的基座、横梁、立柱的 STL 模型文件，以形成机床的固定框架结构，然后在基体树干搭建第一家族的运动分支，即以 X 轴 => Z 轴 => 主轴 => 刀具的"父子"关系，先添加 X 线性轴，载入 X 拖板的 STL 模型文件，在 X 树枝上添加 Z 线性轴，载入 Z 拖板的 STL 模型文件，在 Z 树枝上再添加刀具主轴的模型文件。接着，在基体树干上搭建第二家族的运动分支，即以 Y 轴 => A 轴 => C 轴 => 附件的"父子"关系，先添加 Y 线性轴，载入 Y 拖板的 STL 模型文件，在 Y 树枝上添加 A 旋转轴，载入 A 摆台的 STL 模型文件，在 A 树枝上再添加 C 旋转轴并载入 C 转台的模型文件，其 A、C 两轴轴线的位置关系在此暂按标准设计的 Y、Z 偏置矢量均为零值进行布局（为获得更真实的模拟效果，A、C 轴间关系应根据实际机床标定的 Y、Z 方向偏置矢量进行微调），即 C 轴转台的上表面中心为 A、C 两轴的交点。搭建后的机床结构模型如图 4-4-3 右侧所示。

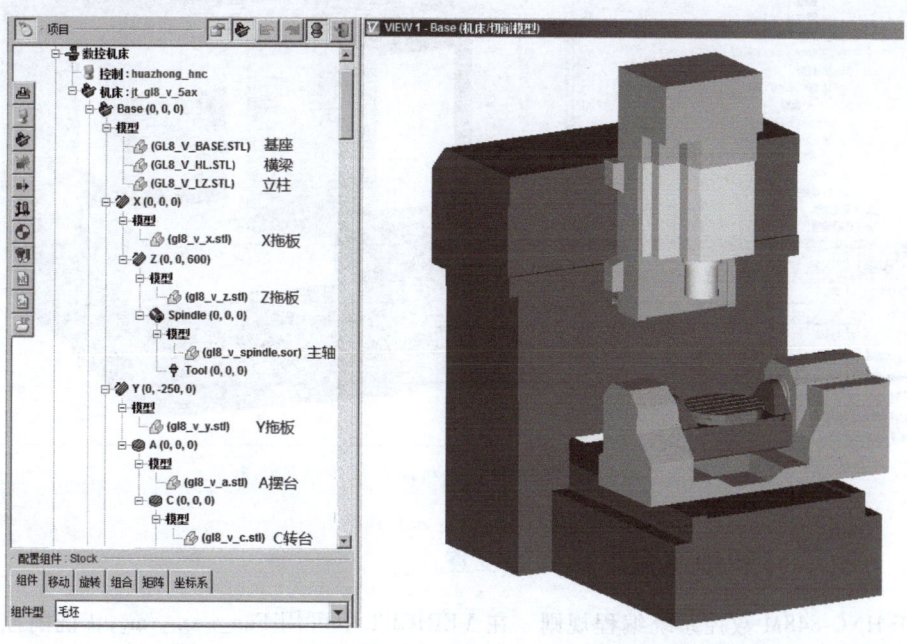

图 4-4-3　基于结构树的 JT-GL8-V 五轴机床模型的搭建

3. 机床护罩及特征标识的辅助构建

要构建与 JT-GL8-V 五轴机床相一致的虚拟机床模型，除了上述机床内部组件模型的构建外，还需就机床外罩、防护门、微标（Logo）及数控操作面板挂件等代表机床特征标识的固定组件进行辅助构建。对于机床外罩和防护门，可在简易测绘后用 CAD 建模以供调用，而 Logo 及数控操作面板挂件则可在 CAD 中先对像素图片进行矢量化处理，然后拉伸成实体再保存为 STL 数据模型供调用。由于在 VERICUT 中的颜色属性是对某一 STL 模型整体赋予的，因此，对 Logo 及面板挂件中具有不同颜色特征显示的部分，应各自独立地构建 STL 模型。图 4-4-4 所示为对 JT-GL8-V 五轴机床各不同颜色特征的 Logo 分别构建 STL 模型的过程。

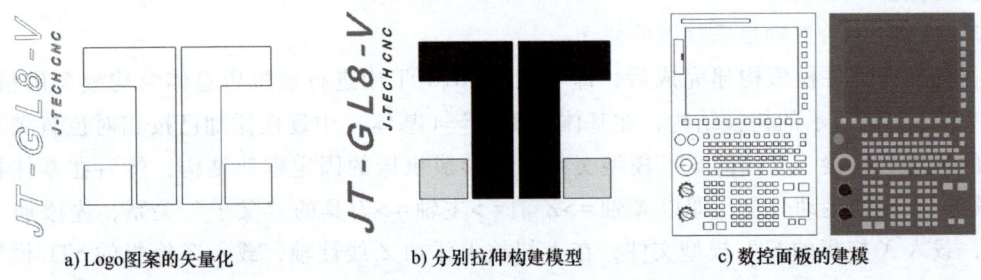

　　a）Logo图案的矢量化　　　　　b）分别拉伸构建模型　　　　c）数控面板的建模

图 4-4-4　机床特征标识图案的特色建模

图 4-4-5 所示为在 VERICUT 中全部搭建完成后的 JT-GL8-V 五轴机床的整体结构模型。

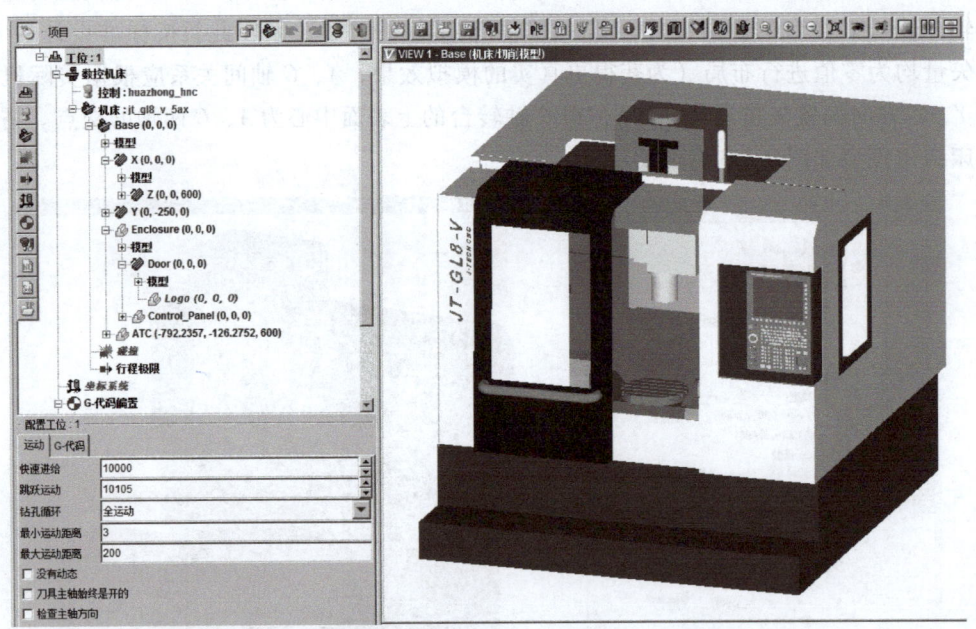

图 4-4-5　JT-GL8-V 五轴机床的整体结构模型

二、HNC-848M 数控系统环境的设置

基于 HNC-848M 数控系统编程规则，在 VERICUT 中可用 Fan_ xx_ m.ctl 铣削控制系统为蓝本，在其基础上进行如下主要内容的系统控制功能的添加和删减，最后另存为 HNC-848.CTL 控制文档。

单击 VERICUT 主菜单"配置"→"字/地址"功能项，可在弹出的对话框中如图 4-4-6 所示进行基于 HNC-848M 系统的 G 代码控制功能设置，主要包括：在特殊代码指定中添加允许"%"作为程序号地址；在指令代码声明中添加该系统支持的 G 代码功能及宏调用关系，删去系统不支持的 G 代码功能；在宏变量注册中为 I、J 变量添加其对 G76/G87 钻镗循环支持的注册许可，为 K 变量添加其对 G73/G83 钻镗循环支持的注册许可，删除 Q 变量对 G76/G87 钻镗循环的注册支持等。若未进行这些变量注册的设置，当执行程序语法检查或运行加工仿真时，将会在信息区显示"××代码不支持"的信息警示。

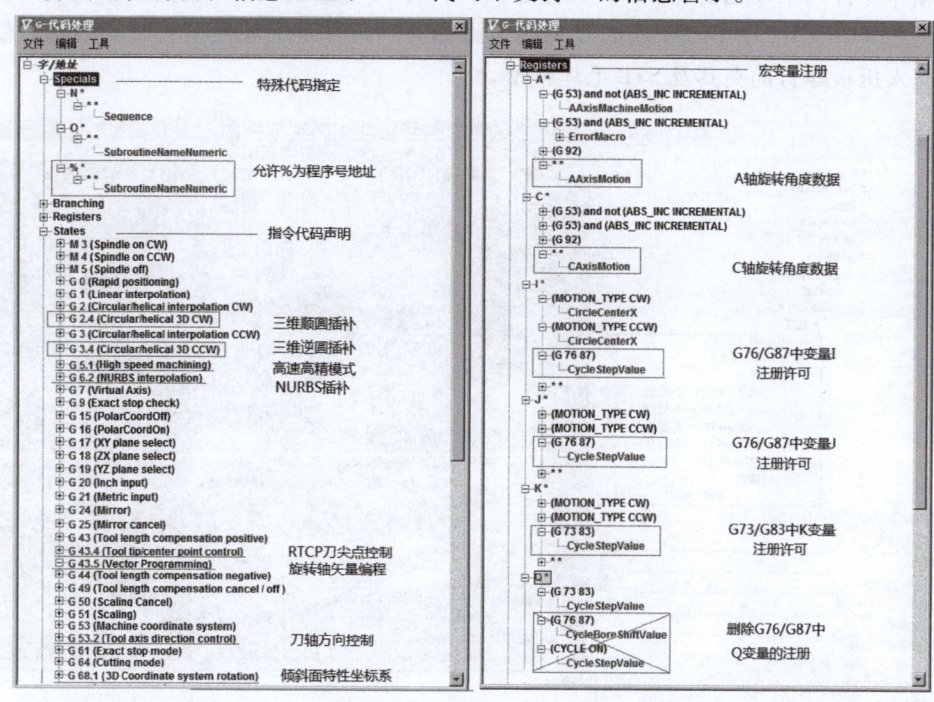

图 4-4-6　HNC-848M 数控系统的功能设定

由于 HNC-848M 数控系统既可用 G80 指令取消固定循环，也可由 01 组的 G 代码取消固定循环，因此，在单击主菜单"配置"→"控制设定"弹出的图 4-4-7 所示的对话框中，可设定允许 01 组 G 功能取消钻镗固定循环。这样在几个钻镗循环之间可直接用 G0 指令实施孔间定位移动，而不需先用 G80 指令取消固定循环。如果此处设定为"否"，那么，当运行按 HNC-848M 数控系统编程规则编制的程序，在孔间没用 G80 指令取消循环而直接使用了 G0 指令的坐标移动时，就会出现信息警示。

三、五轴加工仿真的案例应用测试

1. 程序、附件毛坯及刀具的载入

在以上构建完成的 JT-GL8-V 五轴机床仿真环

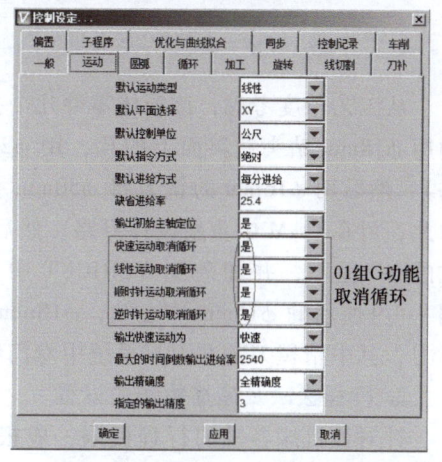

图 4-4-7　01 组取消固定循环的设定

境中，针对图3-2-1所示五轴钻镗加工的案例进行仿真加工的应用测试。

由于该机床模型以 C 轴转台的上表面中心为 A、C 两轴的交点，其 A、C 两轴在 Y 方向的偏置为0mm，若以转台上表面中心为工件编程零点，其 A、C 两轴的 Z 方向偏置也为0mm，因此，项目三第二单元中按 Y 偏置165mm，Z 偏置-125mm 进行手工编制的非 RTCP 示例程序并不适用该机床，需要在 CAM 中均按 0mm 偏置设置后重新生成非 RTCP 模式的程序文件供调用，但项目三第二单元中给出的 RTCP 模式程序可直接载入供 RTCP 功能测试使用。该箱体零件的毛坯也需由 CAM 软件建模，再存为 STL 模型文件后供调用。如图 4-4-8 所示，可在 VERICUT 中第二家族的 C 树枝上添加夹具附件及毛坯模型的枝状结构，然后分别添加载入压板螺钉的夹具及 STL 毛坯模型。

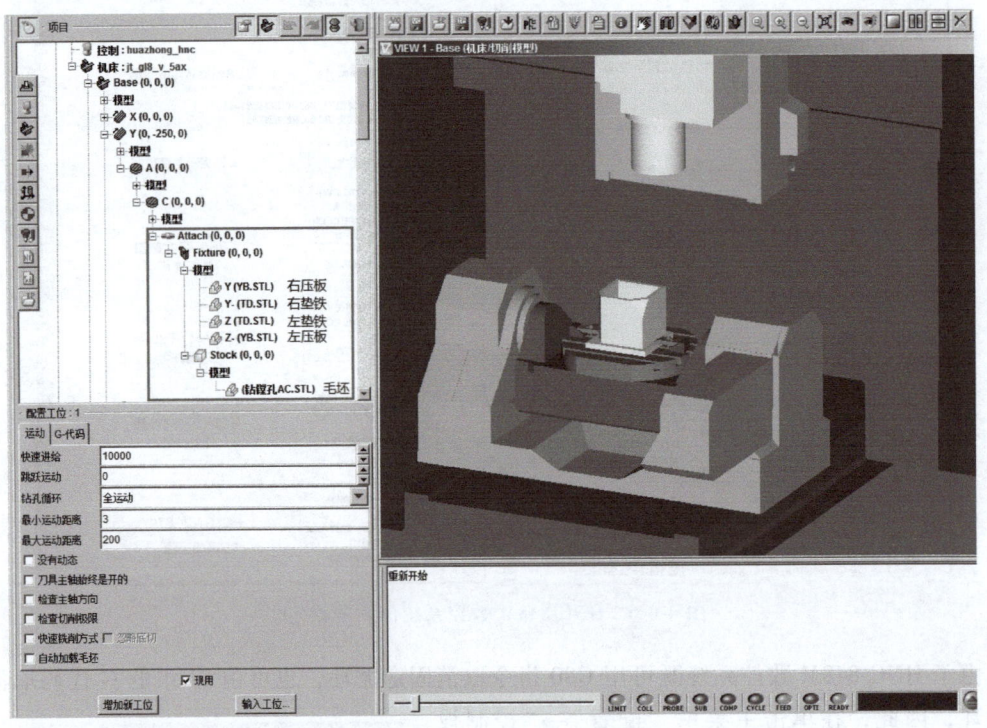

图 4-4-8　立式 AC 转台机床添加夹具及 STL 毛坯模型转台五轴加工仿真的范例

从工艺角度考虑，该箱体零件几个孔的钻镗加工需先用 φ16mm 中心钻点中心孔，再分别用 φ18mm 钻头钻斜面上的孔，用 φ20mm 的钻头钻两侧壁表面的孔（含 φ50mm 孔的预钻），然后用 φ16mm 的铣刀将 φ50mm 孔预铣到 φ49.7mm，最后再用 φ50mm 镗刀精镗孔。为此，可在 CAM 中重新设计刀路，然后分别得到多把刀具加工的 RTCP 及非 RTCP 两种模式的 NC 程序，并加载到 VERICUT 中。根据这一工艺安排，在 VERICUT 中需分别构建图 4-4-9 所示的 φ16mm 中心钻，φ18mm、φ20mm 的钻头，φ16mm 的立铣刀和 φ50mm 的精镗刀，其中精镗刀需在刀具系统中专门绘制，且各刀号 IP 标识应和程序一致。

2. 行程极限及碰撞检测的设置

针对该机床各轴的行程极限，应根据其各轴的行程范围进行设置，如图 4-4-10 所示。例如，其 A 轴的旋转极限应按-120°~+42°设置，C 轴旋转极限按-360°~+360°设置。

在启用行程极限检查的基础上，对五轴加工过程中可能的运动碰撞可按图 4-4-11 所示，

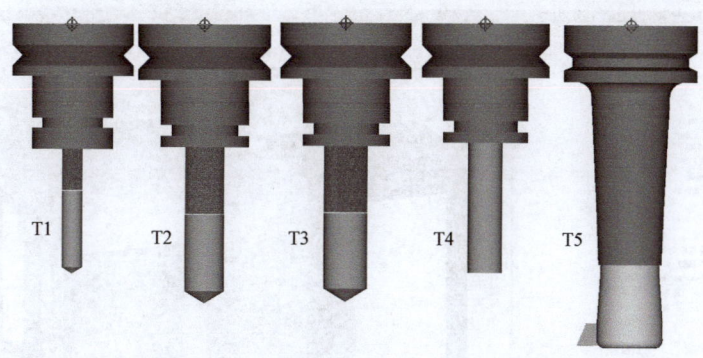

图 4-4-9　钻镗孔加工用刀具的构建

仅就主轴组件（含刀具）与 Y 轴组件（含 A 轴组件、C 轴组件、夹具组件），夹具组件（含工件）与 Y 轴（仅含摇篮座，不含 A、C 轴组件），夹具组件（含工件）与机床护罩结构件之间实施干涉检测，当运动中这些部件间的临界间隙小于设定值时，将会在信息区显示警示信息。

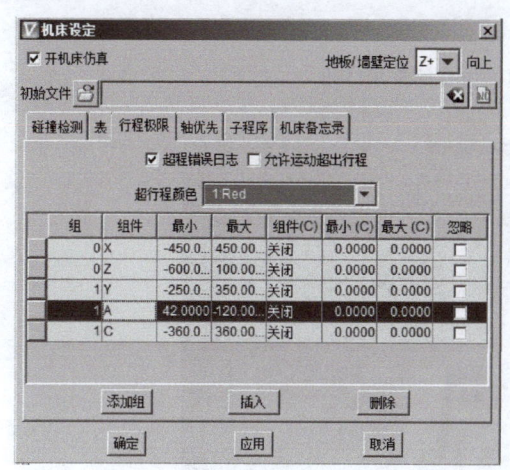

图 4-4-10　JT-GL8-V 五轴机床行程极限的设置

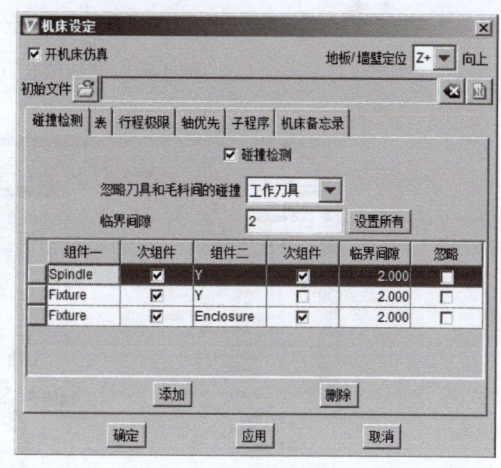

图 4-4-11　机床部件间碰撞检测关系的设置

3. 对刀设定及五轴钻镗孔加工的仿真检查

该钻镗加工的程序零点位置在 C 转盘的回转中心，即毛坯安装底面的中心处，可通过工作偏置设置由组件 Tool 到该毛坯底面中心构建程序零点，由此即可完成 VERICUT 的对刀设定，其刀具长度补偿关系由系统根据刀具系统中的定义而自动提取各刀具长度数据。

通过单击仿真演示工具条的 ⊙ 按钮并用右键设置仿真为换刀暂停，可连续查看每把刀具的切削结果。图 4-4-12 所示为仿真的演示结果。若以单步方式逐次单击 ⊙ 按钮可查看进给仿真的每步动作，当刀路设计的提刀高度不够时，可查看到用红色显示的刀具的干涉现象；当后置产生的程序出错或夹具布局不合理时，同样可检查出其可能的干涉现象，并能从报警显示区查询定位到干涉出现的程序行。例如，图 4-4-12 所示的警示信息中显示主轴与 C 轴转台间多次出现碰撞，经细致分析可知是由于 A 轴转至 $90°$ 时，其孔位中心到转台底面的距离偏小所致，因此应在工件底部加装垫块以增大该距离。图 4-4-13 所示为使用 $\phi16\text{mm}$ 的

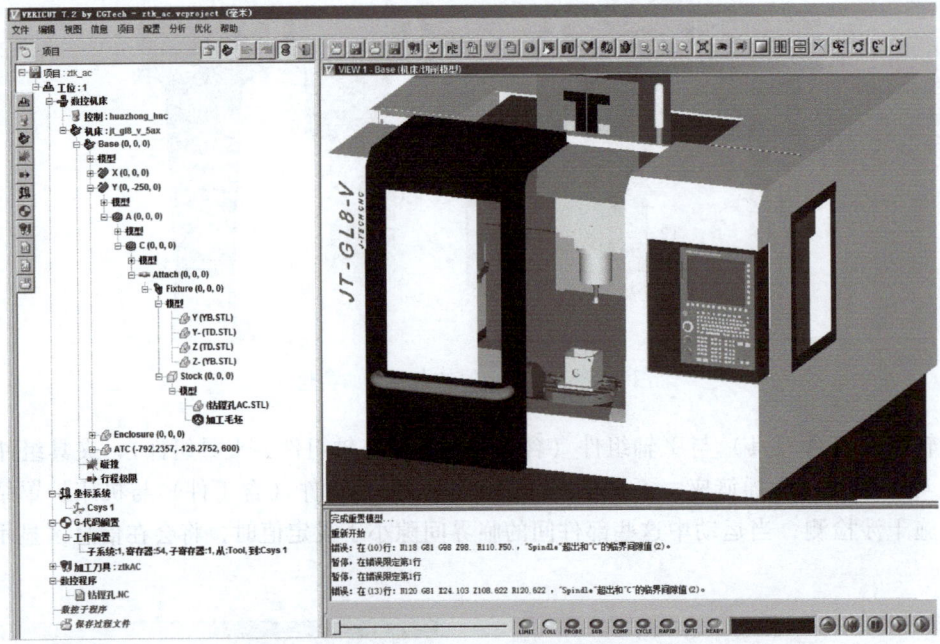

图 4-4-12　钻镗孔五轴加工仿真的演示结果

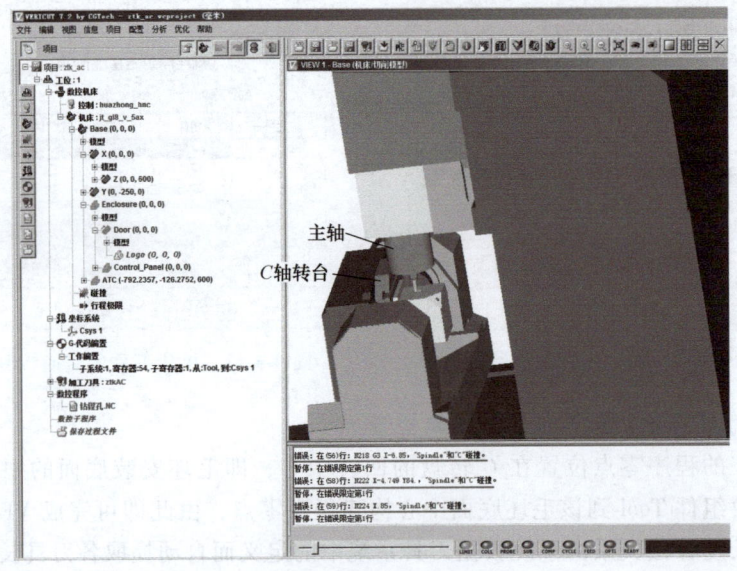

图 4-4-13　钻镗孔五轴加工仿真的干涉

立铣刀做扩孔铣削加工实施 Y 负方向移动时，刀柄长度偏短导致的主轴头与 A 摆台转到 90°后的 C 轴转台出现的干涉现象。此干涉碰撞即使加装垫块也未必能排除，应将此刀具的刀柄换用加长型刀柄才能解决。

4. RTCP 功能的仿真测试

和在实际机床上加工一样，使用非 RTCP 模式程序做仿真检查时，要求工件安装后其工件零点必须在与设计思路相一致的位置上，任何方向距离上的偏装都会导致其加工结果不正确。RTCP 模式的程序与机床结构无关，程序中的 X、Y、Z 坐标数据未经偏置关系换算，是相对于工件零点的原始数据，其补偿计算由机床系统根据其标定的轴间偏置矢量、工件零点相对于 A、C 轴中心的偏置矢量等数据关系实时进行。因此，即使安装时工件零点在机床上与 A、C 轴中心间存在偏离，通过对刀找正后系统也能自动确定其偏置矢量关系，这比使用非 RTCP 模式程序要方便灵活得多。

在 VERICUT 中实施基于 RTCP 程序的仿真测试时，可随意调整工件在工作台上的坐标位置，使用含启用 RTCP 功能指令（如 G43.4 指令）的同一程序，对工件处于不同装夹位置时进行加工仿真的测试，以查看 RTCP 功能效果。在进行对刀偏置的设定时，若选用工作偏置方式，寄存器号设为 "54"，而选用程序零点方式时寄存器应设为 "1"，且在机床旋转轴控制设定中应启用 RTCP 相关功能设置。图 4-4-14 所示是基于 RPCP 工件偏装的设置及其仿真测试。

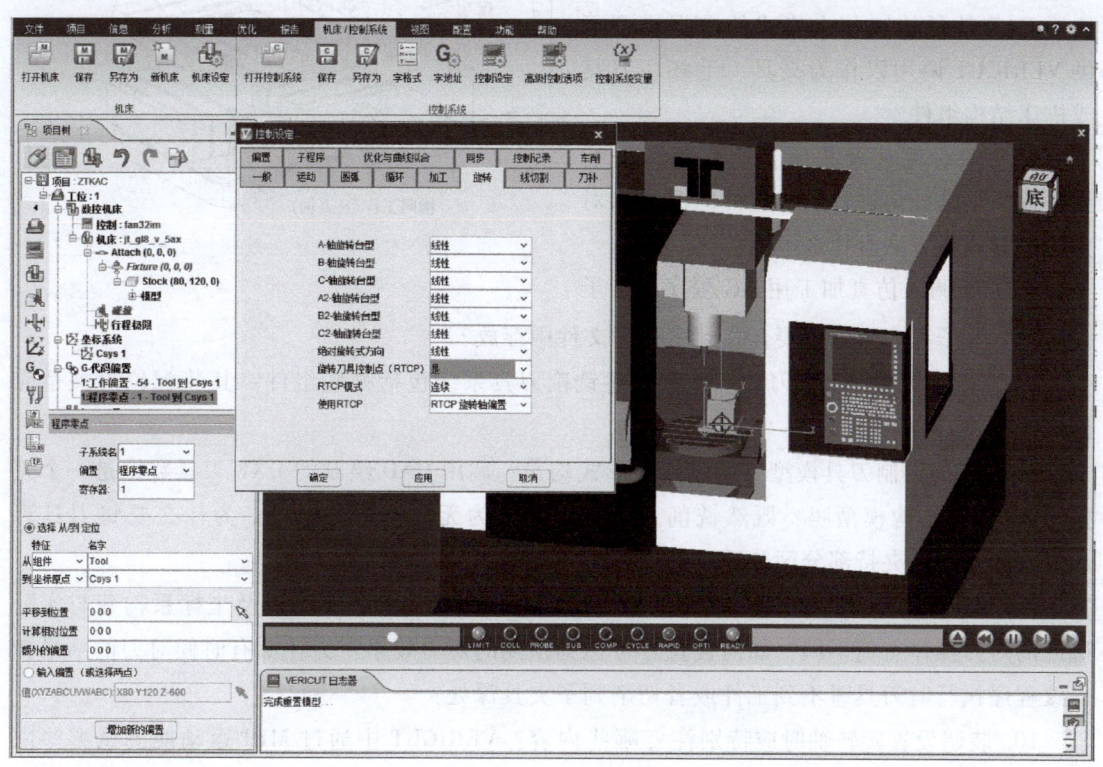

图 4-4-14　基于 RPCP 工件偏装的设置及其仿真测试

思考与练习题

1. 使用 VERICUT 软件需要进行哪些仿真环境要素的构建？做什么性质的虚拟加工可直接选用类似的机床模型，而不需要严格按自用机床尺寸结构重构机床结构模型？

2. 采用题图 4-1 所示转台 B 轴结构的卧式四轴加工中心，其机床结构模型需分几个组件树枝，应按什么样的"父子"逻辑关系搭建？

3. VERICUT 可基于 CAM 编制的 NC 程序实施仿真，其所适用机床数控系统的编程规则是由什么文件决定的？在 VERICUT 中大致是如何修订或追加编程规则的？

4. 如何构建夹具和毛坯附属组件模型？使用 CAD 软件构建什么格式的数据模型可供 VERICUT 调用以作为夹具、毛坯、刀具或机床结构组件？

5. 夹具、毛坯及机床各组件间的安装和位置调整是如何进行的？组件间配对和对齐的位置调整方法有什么不同？

6. 如何调入仿真加工用 NC 程序？带子程序的，其子程序是否需要合并到主程序文件中存放？

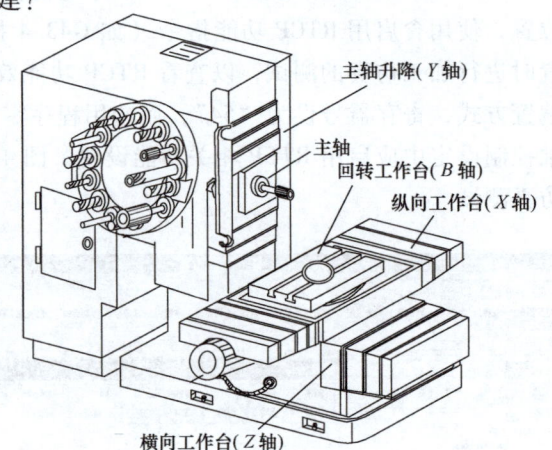

主轴升降（Y 轴）
主轴
回转工作台（B 轴）
纵向工作台（X 轴）
横向工作台（Z 轴）

题图 4-1 四轴转台卧式加工中心

7. 应如何构建加工用刀具模型？构建铣削刀具系统包括哪些组件？其装配位置关系应如何控制？

8. 非标的定制刀具模型可通过什么形式构建？调用 CAD 绘制的 DXF 刀具数据是一个完整的 3D 刀具结构模型吗？既然铣削刀具显示的仅为无刃效果的圆杆，为什么要将刀具刃部、杆部及刀具夹持部分区分开来？

9. VERICUT 各组件间均是按相对坐标位置关系而构建的，其对刀及坐标系构建与实际机床的对刀操作有何不同？如何设置才可达到预期的对刀效果？为什么有时候对刀的结果会导致程序执行时刀具碰不到工件或者切削到了夹具深处？

10. 装调设置旋转轴时应特别注意哪些内容？VERICUT 中通过 MDI 运动能测试哪些内容？旋转轴摆转时若出现工件、夹具座体等的偏心运动，可能是哪些设置出现了错误？

11. 多工位仿真是什么概念？如何进行多工位加工仿真环境的构建？工位间半成品毛坯如何转换？

12. VERICUT 能进行哪些项目内容的仿真检查？如何进行加工轨迹的检查和分析？多轴加工的碰撞检查包括哪些内容？VERICUT 和 CAM 软件中机床仿真的碰撞检查有何异同之处？

13. VERICUT 的加工结果检测和比对能反映哪些问题？其用于比对的数据模型是什么？过欠切量如何分析？

14. VERICUT 的切削优化指的是什么？能优化哪些内容？要实现切削优化，需要用户进行什么内容的设置？主要提供哪些经验数据？

15. 说出使用带附加 A 轴的立式加工中心实施四轴加工仿真的大致过程。

16. 说出使用数控双轴转台 3+2 机床结构模式的加工中心实施叶轮零件加工仿真的大致过程。若已有机床双轴转台模型为 $B+C$ 的结构，如何修改使之成为 $A+C$ 的结构模式？

17. 如何借助 CAM 制作一个机床的 Logo 并将其添置到 VERICUT 的机床外罩上，以实现自用机床外观的构建？

18. VERICUT 提供有哪些 CAM 软件之间的接口？如何实现 CAM 与 VERICUT 的数据对接？

项目五

托盘零件五轴定向加工的案例应用

单元一　托盘零件加工工艺分析与设计

【单元学习任务】

1. 识读托盘零件图样。
2. 分析零件加工工艺，确定加工工艺方案。
3. 编制托盘零件加工工艺卡和工序卡。

【单元学习目标】

1. 能够正确理解零件图样各结构特征并选择合适的加工方法。
2. 能够针对零件结构设计多种加工工艺方案并进行比较。
3. 能够根据五轴加工手段进行托盘零件加工工艺文件的编制。

【单元学习知识基础】

一、托盘零件的图样及工艺分析

图 5-1-1 所示为托盘零件图样，采用 $\phi 85\text{mm} \times 75\text{mm}$ 圆棒料，可先车削至 $\phi 80\text{mm} \times 70\text{mm}$ 的外圆面；内腔所有回转表面既可通过车削加工实现，亦可随各面加工时采用镗铣加工方法实现；其他非回转特征表面及槽孔均需要在加工中心上采用钻铣加工实现。该零件若无顶部右前侧 60° 的倾斜表面，只需要采用立式附加四轴机床即可实现各表面特征结构的加工，但两端腔内结构特征需通过立置安装实现加工；由于具有顶部倾斜表面的加工内容，建议使用五轴倾斜摆角的姿态实现。

零件底端和前侧表面上分别有 $50\text{mm} \times 50\text{mm}$、$20\text{mm} \times 20\text{mm}$ 的方槽，其内圆角为 $R5\text{mm}$，需要使用不大于 $\phi 10\text{mm}$ 的铣刀加工；几个表面共有 6 个 M4 的螺孔，需先用 $\phi 3.3\text{mm}$ 的钻头加工出底孔后再用 M4 的丝锥攻螺纹加工。六个表面均可使用盘铣刀或 $\phi 16 \sim \phi 20\text{mm}$ 的面铣刀加工，应根据机床允许使用的最大刀具尺寸的限制进行选择。

二、托盘零件的加工工艺方案

基于以上分析，初步确立该托盘零件加工采用如下工艺方案：

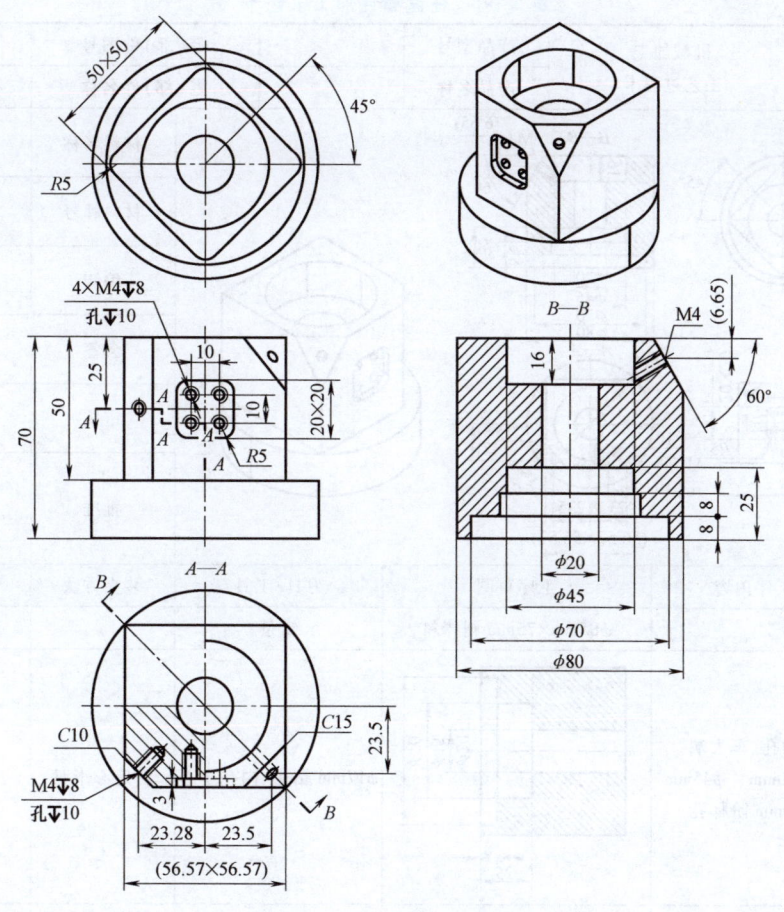

图 5-1-1 托盘零件图样

1）车床：钻孔 $\phi17mm$，车削 $\phi20mm$ 通孔以及 $\phi70mm$、$\phi45mm$ 的台阶孔一端，调头车削另一端 $\phi45mm$ 内孔、车削 $\phi80mm×70mm$ 的外圆面。

2）四轴加工中心：立置安装，先铣削一端 $\phi45mm$ 内孔（已车削时省略），翻面再铣削 50mm×50mm 的方形槽（或同时铣镗 $\phi70mm$、$\phi45mm$ 孔）；附加四轴平置安装，A 轴定向铣削五个侧表面及钻铣表面槽孔；定制夹具铣削顶部 60°倾斜表面及 M4 螺孔。

3）五轴加工中心：第一次安装，铣削 50mm×50mm 的方形槽（或同时铣镗 $\phi70mm$、$\phi45mm$ 孔）；翻面第二次安装，铣另一端 $\phi45mm$ 内孔（已车削时省略）、先后摆角铣六个侧表面及钻铣表面槽孔。

对以上铣削加工方案中的 2）、3）进行比较，方案 2）需要 3~4 次安装，还需要定制夹具以实现倾斜面的加工，方案 3）只需 1~2 次安装即可，但两个方案都要考虑铣削 50mm×50mm 的方形内槽后，再实施外侧表面定向铣削时相对角度方位的找正问题，应该预先在外表面上铣削出方便找正的特征。

本项目案例拟采用 AC 双摆台五轴机床（参考型号 GS-200），通过手工编制程序的方式进行零件编程加工的训练，因而，使用外圆及所有内回转表面均预车削到尺寸的半成品坯料。该托盘零件加工工艺卡见表 5-1-1，其侧面槽孔加工工序卡见表 5-1-2。

表 5-1-1 托盘零件加工工艺卡

××厂	机械加工 工艺过程卡	产品型号		零(部)件图号		
		产品名称		零(部)件名称		托盘

			材料名称	铝
			材料牌号	2A12
			编制	
			会签	
			审核	
			批准	

工序	工序内容	工序草图	刀具/工具	装夹方法	设备
1	备料	φ85mm×75mm 圆棒料	锯条		锯床
2	钻预孔、车大端 φ20mm、φ45mm 和 φ70mm 阶梯孔		φ17mm 钻头、内孔车刀	自定心卡盘	数控车床
3	调头，车外圆 φ80mm、内孔 φ45mm		外圆车刀 内孔车刀	自定心卡盘	数控车床
4	铣方形槽端		φ10mm 铣刀	自定心卡盘	数控铣床(五轴 加工中心)
5	翻面装夹，侧面槽 孔加工(五轴定向)		φ16mm 面铣刀 φ10mm 铣刀 φ3.3mm 钻头 M4 丝锥	拉杆螺钉 或 自定心卡盘	五轴加工中心
6	检验				

表 5-1-2 托盘零件侧面槽孔加工工序卡

产品名称	数控加工工序卡		零(部)件图号	工序名称		工序号
托盘				侧面槽孔加工		
材料名称	材料牌号					
铝	2A12					
机床名称	机床型号					
双摆台五轴	GS-200					
夹具名称	夹具编号					
拉杆螺钉						

工步	工作内容	刀具	主轴转速/ (r/min)	每层切削深度/ mm	进给速度/ (mm/min)
1	铣六表面(五轴定向)	φ16mm 面铣刀	5000	6	400
2	铣前侧面方槽(五轴定向)	φ10mm 铣刀	6000	−3	500
3	钻螺纹底孔	φ3.3mm 钻头	8000	−10	150
4	攻螺纹	M4 丝锥	500	−8	350

单元二 托盘零件五轴定向加工的手工编程

【单元学习任务】

1. 基于 CAD 模型的特性坐标系构建的特征点的数据采集。
2. 分析特性坐标系欧拉角的变换关系。
3. 编制 RTCP 定向加工面及槽孔加工的程序。

【单元学习目标】

1. 能够理解欧拉变换形成各加工面特性坐标系的角度变换关系，正确设置各加工面 G68.2 数据。

2. 能够正确提取各加工面构建特性坐标系的特征点数据，用于 G68.1 Qn 的设置。

3. 能够根据特性坐标系原点规划各加工面加工的走刀路线，手工编制定向加工面加工的程序。

【单元学习知识基础】

本项目托盘零件的五轴加工将充分利用 HNC-848M 系统的五轴指令功能，采用手工编程方式编制其加工程序。

一、各加工面的倾斜面特性坐标系的构建及编程

对托盘零件图样中六个侧表面的铣削加工，可使用倾斜面指令先构建出特性坐标系，然

后在该坐标系中进行编程。特性坐标系方向的设置应确保+Z 方向垂直加工面朝外，且 A 轴摆角后 X 轴正方向能与机床相一致，以使 G68.2 格式下的欧拉角变换最简单，随意设定方向既不利于程序识读，也会增加系统转换计算的难度。以下特性坐标系的构建是结合指令格式为 G68.1 Qn 的确立原则进行的，可供参考。

　　参照 GS-200 AC 双摆台五轴机床的结构特点，以工件中有 20mm×20mm 方槽的前侧表面面向操作者，作为 C 轴零角度方位装夹调整，该机床 A 轴摆角范围是−30°～ +110°，本项目零件的定向加工是朝后摆转 90° 后切削的。若对刀设定的工件坐标系原点在工件上表面中心，则各侧表面特性坐标系可按如下方法构建（其特征点坐标可通过 CAD 建模后查取）：如图 5-2-1a 所示，前侧表面可在 G68.1 中用 Q1 指定，特性坐标系零点 P1 取前侧面槽孔中心处，它在工件坐标系中的坐标为 （0，−28.284，−25），特性坐标系 X 轴正方向取其与方槽的交点 P2 为 （10，−28.284，−25），特性坐标系 XY 平面一、二象限点取右上螺孔中心点 P3 为 （5，−28.284，−20）。

　　右侧表面用 Q2 指定，如图 5-2-1b 所示，其特性坐标系零点 P1 在工件坐标系中的坐标为 （28.284，−28.284，−50），特性坐标系 X 轴正方向取该面另一顶点 P2 为 （28.284，28.284，−50），特性坐标系 XY 平面一、二象限点取该面中心点 P3 为 （28.284，0，−25）。

　　后侧表面用 Q3 指定，如图 5-2-1c 所示，其特性坐标系零点 P1 在工件坐标系中的坐标为 （28.284，28.284，−50），特性坐标系 X 轴正方向取另一角点 P2 为 （−28.284，28.284，−50），特性坐标系 XY 平面一、二象限点取该面中心点 P3 为 （0，28.284，−25）。

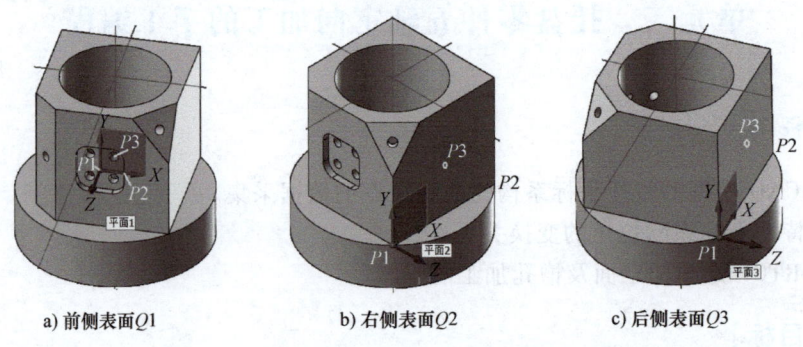

a) 前侧表面Q1　　　　　b) 右侧表面Q2　　　　　c) 后侧表面Q3

图 5-2-1　托盘各侧表面的特性坐标系构建关系一

　　如图 5-2-2a 所示，左侧表面用 Q4 指定，特性坐标系零点 P1 在工件坐标系中的坐标为 （−28.284，28.284，−50），特性坐标系 X 轴正方向取该边中点 P2 为 （−28.284，0，−50），特性坐标系 XY 平面一、二象限点取该面中心点 P3 为 （−28.284，0，−25）。

　　如图 5-2-2b 所示，左前侧斜表面用 Q5 指定，特性坐标系零点 P1 取该面孔中心处，它在工件坐标系中的坐标为 （−23.284，−23.284，−25），特性坐标系 X 轴正方向取其与前侧表面的交点 P2 为 （−18.284，−28.284，−25），特性坐标系 XY 平面一、二象限点取上侧角点 P3 为 （−18.284，−28.284，0）。

　　如图 5-2-2c 所示，右前侧顶部斜面用 Q6 指定，特性坐标系零点 P1 取该面孔中心处，它在工件坐标系中的坐标为 （23.5，−23.5，−6.65），特性坐标系 X 轴正方向取其与右侧表面的交点 P2 为 （28.284，−18.717，−6.65），特性坐标系 XY 平面一、二象限点取上边线与右侧表面的交点 P3 为 （28.284，−13.288，0）。

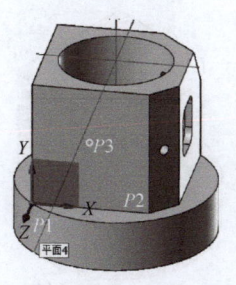
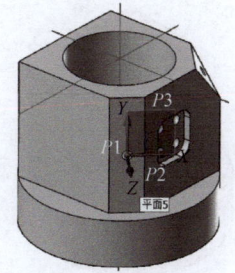
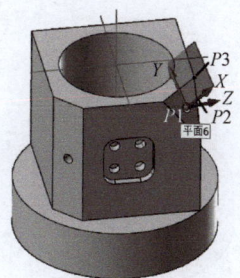

a) 左侧表面Q4　　　　b) 左前侧斜表面Q5　　　　c) 右前侧顶部斜面Q6

图 5-2-2　托盘各侧表面的特性坐标系构建关系二

使用 G68.1 编程处理方式时，以上特性坐标系 Q1～Q6 应在系统的 CNC 界面中进行预设置；使用 G68.2 编程处理方式时，应按此设置确定欧拉角变换关系。

二、基于欧拉角的五轴定向多面加工编程

1. 六侧表面 G68.2 欧拉角变换关系的确定

使用 G68.2 指令格式编程时，需先理顺各加工面的进动、盘转及旋转变换的欧拉角关系。图 5-2-3 所示为前侧表面特性坐标系的欧拉变换关系，先将工件原点平移至 P1（0，-28.284，-25）处后，绕 Z 轴做 0° 的进动变换得到 X1、Y1、Z1，再将 X1、Y1、Z1 绕 X1 做 90° 的盘转变换得到 X2、Y2、Z2。由于 X2、Y2、Z2 已符合特性坐标系方位要求，则绕 Z2 的旋转变换角为 0°。为此，该特性坐标系变换可编程为 G68.2 X0 Y-28.284 Z-25 I0 J90 K0。

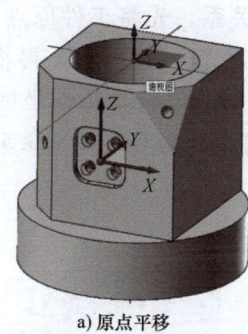
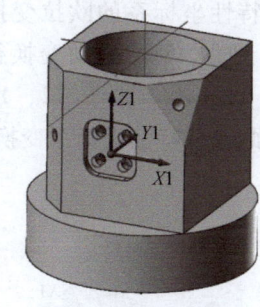
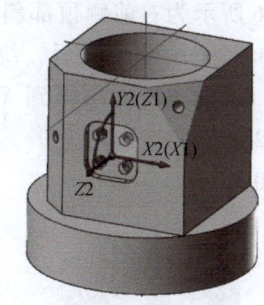

a) 原点平移　　　　　b) 进动角0°变换　　　　　c) 盘转角90°（完成）

图 5-2-3　前侧表面特性坐标系的欧拉变换关系

图 5-2-4 所示为右侧表面特性坐标系的欧拉变换关系，先将工件原点平移至 P1（28.284，-28.284，-50）处后，绕 Z 轴做 90° 的进动变换得到 X1、Y1、Z1，再将 X1、Y1、Z1 绕 X1 做 90° 的盘转变换得到 X2、Y2、Z2。由于 X2、Y2、Z2 已符合特性坐标系方位要求，则绕 Z2 的旋转变换角为 0°。为此，该特性坐标系变换可编程为 G68.2 X28.284 Y-28.284 Z-50 I90 J90 K0。

图 5-2-5 所示为左前侧斜表面特性坐标系的欧拉变换关系，先将工件原点平移至 P1（-23.284，-23.284，-25）处后，绕 Z 轴做 -45° 的进动变换得到 X1、Y1、Z1，再将 X1、Y1、Z1 绕 X1 做 90° 的盘转变换得到 X2、Y2、Z2。由于 X2、Y2、Z2 已符合特性坐标系方位要求，则绕 Z2 的旋转变换角为 0°。为此，该特性坐标系变换可编程为 G68.2 X-23.284

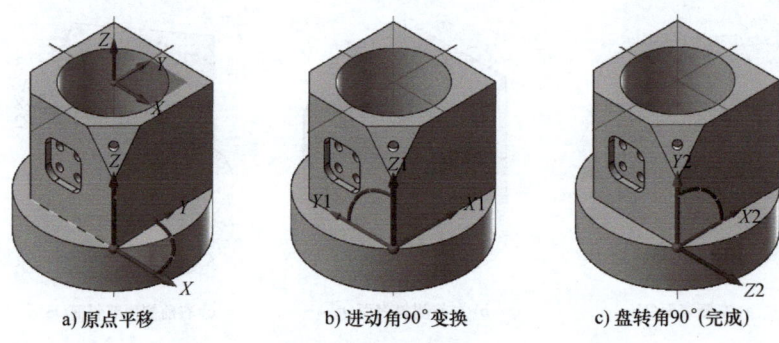

a) 原点平移　　　　　　b) 进动角90°变换　　　　　　c) 盘转角90°(完成)

图 5-2-4　右侧表面特性坐标系的欧拉变换关系

Y-23. 284 Z-25 I-45 J90 K0。

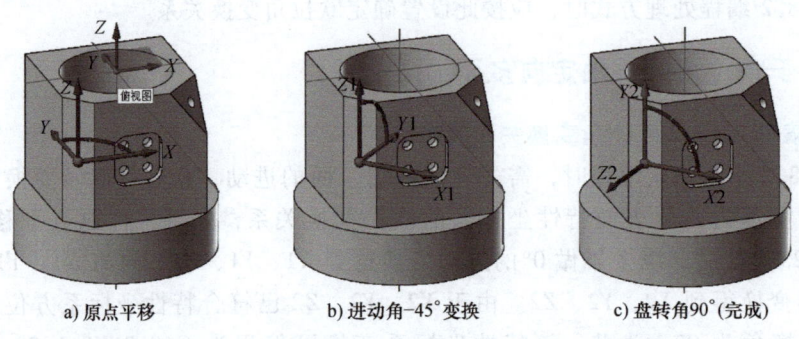

a) 原点平移　　　　　　b) 进动角-45°变换　　　　　　c) 盘转角90°(完成)

图 5-2-5　左前侧斜表面特性坐标系的欧拉变换关系

图 5-2-6 所示为右前侧顶部斜面特性坐标系的欧拉变换关系，先将工件原点平移至 $P1$（23.5，−23.5，−6.65）处后，绕 Z 轴做 45°的进动变换得到 $X1$、$Y1$、$Z1$，再将 $X1$、$Y1$、$Z1$ 绕 $X1$ 做 60°的盘转变换得到 $X2$、$Y2$、$Z2$。由于 $X2$、$Y2$、$Z2$ 已符合特性坐标系方位要求，则绕 $Z2$ 的旋转变换角为 0°。为此，该特性坐标系变换可编程为 G68. 2 X23. 5 Y-23. 5 Z-6. 65 I45 J60 K0。

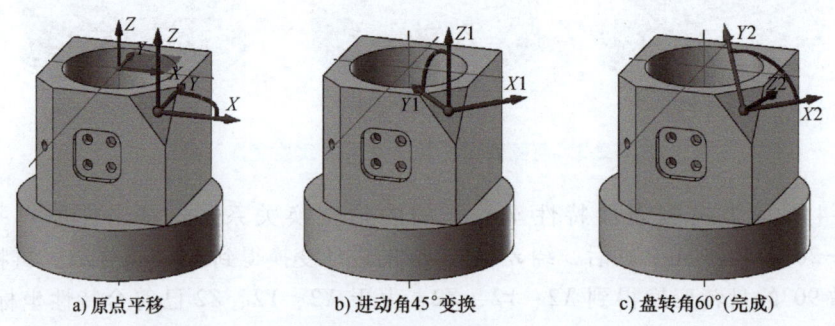

a) 原点平移　　　　　　b) 进动角45°变换　　　　　　c) 盘转角60°(完成)

图 5-2-6　右前侧顶部斜面特性坐标系的欧拉变换关系

同理可得，后侧表面特性坐标系变换编程为：G68. 2 X28. 284 Y28. 284 Z-50 I180 J90 K0，左侧表面特性坐标系变换编程为 G68. 2 X-28. 284 Y28. 284 Z-50 I-90 J90 K0。

2. 六侧表面定向铣削加工的编程

（1）四侧表面铣削加工子程序　该托盘零件前、后、左、右四个侧表面可使用同样的刀路设计，图 5-2-7 所示为前侧表面铣削加工的节点位置关系，由于各侧表面编程原点位置不同，为简化编程，可按增量方式编写以下面铣加工的子程序。可编程如下：

O111	
G90 G1 Z6.5 F200	刀具进给下刀到距表面 6.5mm 处
M98 P222	调用面铣加工子程序
G90 G1 Z0. F200	下刀到加工表面
M98 P222	调用面铣加工子程序
G91 Y36.	
G90 G0 Z30.	提刀到距表面 30mm 处
M99	
O222	（下述注释以图 5-2-7 所示的前侧表面坐标位置为例）
G91 G1 X80. F400	工进第一行切削（$Y = 19$mm）
Y-12.	下移到第二行，行距 12mm
X-80.	第二行切削（$Y = 7$mm）
Y-12.	下移到第三行，行距 12mm
X80.	第三行切削（$Y = 7$mm）
Y-12.	下移到第四行，行距 12mm
X-80.	第四行切削（$Y = 7$mm）
M99	

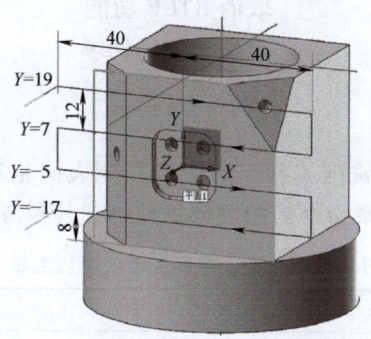

图 5-2-7　前侧表面铣削加工的节点位置关系

（2）前侧表面铣削编程　可编程如下：

O0001	
N1 T1 M6	
N2 G0 G54 G90 C0 A90 S5000 M3	
N3 G43.4 H1	指定旋转轴角度编程方式，并启用 RTCP 功能
N4 G68.2 X0. Y-28.284 Z-25. I0. J90. K0.	
	选择并启用特性坐标系
N5 G53.2	启用刀轴方向控制
N6 G0 X-40. Y19.	移到毛坯外起刀点处
N7 Z30.	刀具下移到安全高度处

N8 M98 P111　　　　　　　调用面铣加工子程序

N9 G69　　　　　　　　　　取消并停用所选特性坐标系

N10 G49　　　　　　　　　取消 RTCP 功能

N11 G91 G28 Z0.　　　　　刀具 Z 方向回零

N12 G90 G0 C0. A0.

M30

（3）右侧表面铣削编程　相比于前侧表面，程序中的右侧表面预摆角方位、特性坐标系构建、下刀起始位置需要改变。可编程如下：

O0002

N1 T1 M6

N2 G0 G54 G90 C90 A90 S5000 M3

N3 G43.4 H1　　　　　　　指定旋转轴角度编程方式,并启用 RTCP 功能

N4 G68.2 X28.284 Y-28.284 Z-50 I90 J90 K0

　　　　　　　　　　　　　选择并启用特性坐标系

N5 G53.2　　　　　　　　启用刀轴方向控制

N6 G0 X-11.716. Y44.　　移到毛坯外起刀点处

N7 Z30.　　　　　　　　　刀具下移到安全高度处

N8 M98 P111　　　　　　　调用面铣加工子程序

N9 G69　　　　　　　　　　取消并停用所选特性坐标系

N10 G49　　　　　　　　　取消 RTCP 功能

N11 G91 G28 Z0.　　　　　刀具 Z 方向回零

N12 G90 G0 C0. A0.

M30

（4）后侧表面、左侧表面铣削编程　后侧和左侧表面相对于右侧表面的编程，只需要改变角度摆转方位及特性坐标系指令的相关数据即可。其参考程序见表 5-2-1。

表 5-2-1　后侧表面、左侧表面铣削加工参考程序

后侧表面参考程序	左侧表面参考程序
O0003	O0004
N1 T1 M6	N1 T1 M6
N2 G0 G54 G90 C180 A90 S5000 M3	N2 G0 G54 G90 C-90 A90 S5000 M3
N3 G43.4 H1	N3 G43.4 H1
N4 G68.2 X28.284 Y28.284 Z-50 I180 J90 K0	N4 G68.2 X-28.284 Y28.284 Z-50 I-90 J90 K0
N5 G53.2	N5 G53.2
N6 G0 X-11.716. Y44	N6 G0 X-11.716. Y44.
N7 Z30	N7 Z30.
N8 M98 P111	N8 M98 P111
N9 G69	N9 G69
N10 G49	N10 G49
N11 G91 G28 Z0	N11 G91 G28 Z0.
N12 G90 G0 C0. A0	N12 G90 G0 C0. A0.
M30	M30

（5）左前侧斜表面、右前侧顶部斜面铣削编程　左前侧斜表面、右前侧顶部斜面的铣削加工可参照图 5-2-8 所示的走刀路线编程。其参考程序见表 5-2-2。

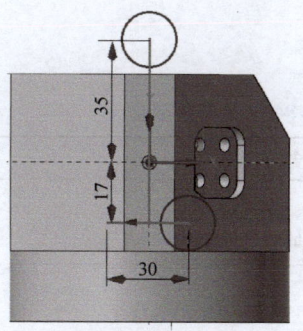 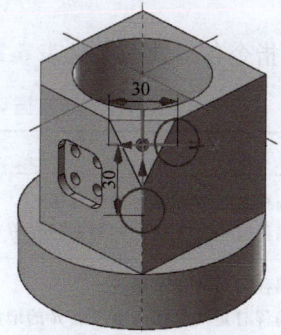

a) 左前侧斜表面走刀路线　　　　b) 右前侧顶部斜面走刀路线

图 5-2-8　倾斜表面铣削走刀路线

表 5-2-2　左前侧斜表面、右前侧顶部斜面铣削加工参考程序

左前侧斜表面参考程序	右前侧顶部斜面参考程序
O0005	O0006
T1 M6	T1 M6
G0 G54 G90 C-45 A90 S5000 M3	G0 G54 G90 C45 A60 S5000 M3
G43.4 H1	G43.4 H1
G68.2 X-23.284 Y-23.284 Z-25 I-45 J90 K0	G68.2 X23.5 Y-23.5 Z-6.65 I45 J60 K0
G53.2	G53.2
G0 X0 Y45	G0 X0　Y-30
Z30	Z30
G1 Z0 F200	G1 Z0　F200
Y-17 F400	Y0　F400
X15	X15
X-15	X-15
G0 Z30	G0 Z30
G69	G69
G49	G49
G91 G28 Z0	G91 G28 Z0
G90 G0 C0　A0	G90 G0 C0 A0
M30	M30

三、槽、孔加工固定循环的简化编程

前侧表面的方形槽、槽内孔系以及另外两个倾斜面上的螺孔加工均可先用 G68.2 转换至前述倾斜面特性坐标系，然后在该坐标系中进行 2D 加工的编程。

1. 方形槽加工的编程

前侧表面直壁方形槽的加工，可在倾斜面特性坐标系中使用系统提供的一些特殊形状结构固定循环指令功能进行简化编程。HNC-848 系统的 G184 指令功能可用于如图 5-2-9 所示的带圆弧拐角的矩形凹槽粗加工和精加工。

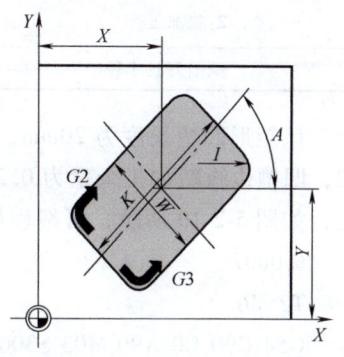

图 5-2-9　固定循环 G184 图样

指令格式：

（G98/G99）G184 R_ Z_ K_ W_ X_ Y_ I_ A_ F_ Q_ E_ O_ H_ U_ P_ C_ D_ V_

固定循环 G184 指令各参数含义见表 5-2-3。

表 5-2-3　固定循环 G184 指令各参数含义

参数	含　义
R	绝对坐标编程时是参考点 R 的坐标值 增量坐标编程时是参考点 R 相对初始点 B 的增量值
Z	绝对坐标编程时是槽底坐标值 增量坐标编程时是槽底相对参考点 R 的增量值
K	槽长
W	槽宽
X	槽中心位置,绝对坐标编程时是当前平面第一轴的坐标,增量坐标编程时是相对于起点的增量值坐标
Y	槽中心位置,绝对坐标编程时是当前平面第二轴的坐标,增量坐标编程时是相对于起点的增量值坐标
I	矩形槽拐角圆弧半径(可省略或指定为 0mm,I=W/2)
A	矩形槽长边与平面内第一轴正方向夹角(可省略,A=0°)
F	粗加工时的铣削速度
Q	粗加工时的每次进给深度(可省略,Q=槽深度−槽底精加工余量)
E	槽边缘的精加工余量(可省略,E=0mm)
O	槽底部精加工余量(可省略,O=0mm)
H	精加工时的进给深度(可省略,槽底和槽壁一次完成精加工)
U	精加工进给速度(可省略,U 取 F)
P	精加工主轴转速(可省略,P=进入循环前主轴转速或默认转速)
C	加工槽的铣削方向(可省略,C=3) 0:同向铣削 1:逆向铣削 2:G02 方向铣削 3:G03 方向铣削
D	加工类型(可省略,D=1) 1:粗加工 2:精加工
V	铣削刀具半径

该矩形凹槽长度为 20mm，宽度为 20mm，拐角半径为 5mm，深度 3mm，凹槽与 X 轴成 0°，凹槽边缘精加工余量为 0.25mm，凹槽中心点为 X0、Y0，刀具直径 φ8mm。仅进行粗加工，如图 5-2-10 所示，可编程如下：

%0007

T2 M6　　　　　　　　　　　　　选用 φ8mm 铣刀

G54 G90 C0 A90 M03 S3000

G43.4 H2　　　　　　　　　　　启用 RTCP 功能

G68. 2 X0. Y-28. 284 Z-25 I0 J90 K0　　变换特性坐标系

G53. 2　　　　　　　　　　　　　　　启用刀轴方向控制

G00 X0 Y0 Z20　　　　　　　　　　　移到凹槽中心初始

　　　　　　　　　　　　　　　　　　点处

G98 G184 R5 Z-3 K20 W20 X0 Y0 I5 F500 E0. 25 V4

G00 Z50 M5　　　　　　　　　　　　快速提刀到 Z50 处

G69　　　　　　　　　　　　　　　　取消并停用所选特

　　　　　　　　　　　　　　　　　　性坐标系

G49　　　　　　　　　　　　　　　　取消 RTCP 功能

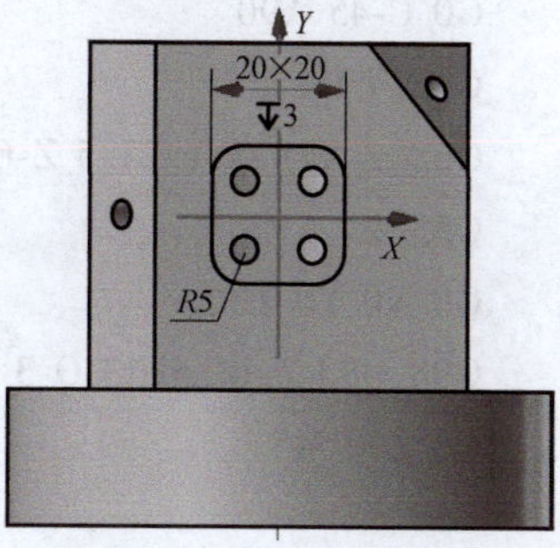

图 5-2-10　前侧方形槽加工

G91 G28 Z0　　　　　　　　　　　　Z 轴回零

G90 G0 A0 C0　　　　　　　　　　　AC 摆台回零

M30

2. 孔系加工的编程

各侧表面孔系的加工均应先使用 φ3.3mm 的钻头钻螺纹底孔，然后再使用 M4 的丝锥攻螺纹，两者程序基本一样，在此仅编写底孔加工的程序，可编程如下：

%0008

T3 M6　　　　　　　　　　　　　　选用 φ3.3mm 钻头

G54 G90 C0 A90 M3 S3000

G43. 4 H3　　　　　　　　　　　　启用 RTCP 功能

G68. 2 X0 Y-28. 284 Z-25. I0. J90. K0.　前侧表面孔系

G53. 2　　　　　　　　　　　　　　启用刀轴方向控制

G0 X10 Y10 Z20 M8　　　　　　　　移到第一孔中心点处

G98 G83 Z-13 R3 Q-3 K2 F150

Y-10　　　　　　　　　　　　　　　孔 2

X-10　　　　　　　　　　　　　　　孔 3

Y10　　　　　　　　　　　　　　　孔 4

G0 Z60　　　　　　　　　　　　　　快速提刀到 Z60 处

G69　　　　　　　　　　　　　　　取消并停用所选特性坐标系

G49　　　　　　　　　　　　　　　取消 RTCP 功能

G0 C-45 A90

G43. 4 H3

G68. 2 X-23. 284 Y-23. 284 Z-25 I-45 J90 K0

G53. 2

G0 X0 Y0 Z20

G98 G83 Z-10 R3 Q-3 K2 F150

G0 Z60

G69

G0 A0 C0

G49

```
G0 C-45 A90
G43.4 H3
G68.2 X23.5 Y-23.5 Z-6.65 I45 J60 K0
G53.2
G0 X0 Y0 Z20
G98 G83 Z-13.5 R3 Q-3 K2 F120
G0 Z30 M5
G69
G0 A0 C0 M9
G49
M30
```

单元三　托盘零件五轴定向加工的仿真调试

【单元学习任务】

1. 分析 GS-200 *AC* 双摆台五轴机床的结构模型，设置并核查各轴行程范围。
2. 分析仿真中系统控制文件的指令格式设置，按 HNC-8 系统要求进行调整。
3. 使用 CAD 构建 BT30 常用型号刀柄的 DXF 数据，设置仿真用刀具系统。
4. 进行托盘零件五轴定向加工程序的仿真调试。

【单元学习目标】

1. 能够根据 GS-200 五轴机床实测数据正确设置各轴位置，核查各轴运动方向和行程极限。

2. 会按实测数据对刀柄、主轴等关键部件建立可用的仿真模型，确保五轴加工的仿真检查能准确规避干涉的风险。

3. 能够简单进行系统控制文件的设置修改，解除仿真时常见的警示信息。

4. 能够正确进行托盘零件五轴定向加工程序的仿真调试，会分析仿真中出现的常见问题（如因程序编制、工件位置和刀具尺寸等产生干涉及超程现象）原因，并能提出相应的解决对策。

【单元学习知识基础】

一、GS-200 *AC* 双摆台机床的结构与仿真环境设置

1. GS-200 五轴联动加工中心的结构及技术参数

图 5-3-1 所示为 GS-200 五轴联动加工中心的外形结构及五轴位置关系图。该机床是基于高速钻攻中心的结构设计，采用 *AC* 双摆台结构、夹臂式刀具库容量 16 把，主轴锥孔可配装 BT30 规格刀柄，配置华中 HNC-848D 高端数控系统，支持 RTCP 程序控制和高速、高精加工功能。GS-200 高速五轴立式加工中心既可以进行铣削加工，也可以钻、镗、扩和铰孔

加工，可实现五轴联动的功能，适用于机械、汽车、轻工、电子和纺织等行业的各种中小型复杂零件的加工。GS-200 五轴联动加工中心的主要规格及技术参数见表 5-3-1。

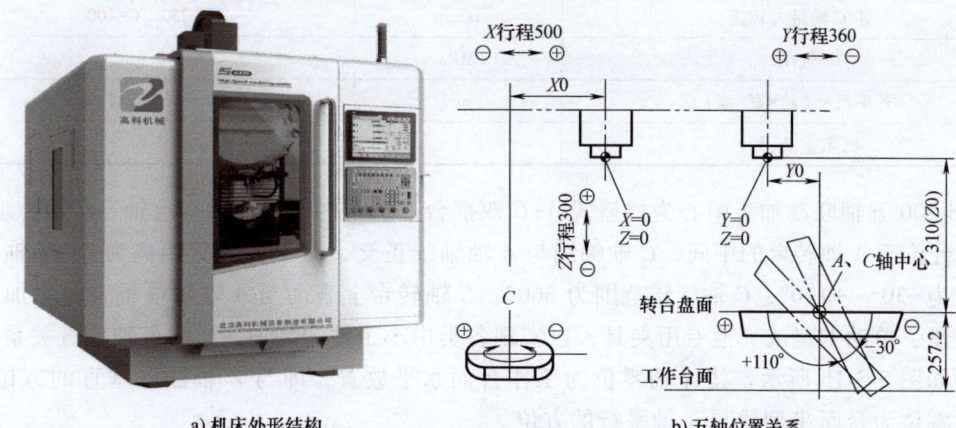

a) 机床外形结构　　　　　　　　　　　　b) 五轴位置关系

图 5-3-1　GS-200 五轴联动加工中心外形结构及各轴位置关系图

表 5-3-1　GS-200 五轴联动加工中心的主要规格及技术参数

项目	单位	规格与参数
最大工件直径	mm	$\phi250$
工作台主轴台面直径	mm	$\phi200$
工作行程 X、Y、Z	mm	500、360、300
主轴锥孔		BT30　7∶24
工作台 T 形槽（宽）	mm	12H7
主轴鼻端到旋转台 0° 盘面距离	mm	90~310
刀具库形式		夹臂式刀具库 BT30
刀具库容量	把	16
电源要求		380V\50Hz
主轴电动机功率	kW	3.7
主轴电动机转速（50~200Hz）	r/min	20000
A 轴可倾斜角度	（°）	−30~+110
C 轴回转角度	（°）	360（任意）
线性轴进给速度	mm/min	1~16000
线性轴快移速度	m/min	48/48/48
邻刀具库换刀时间	s	2.5
最大刀径（满刀/空邻刀）	mm	$\phi80/\phi130$
定位精度 X、Y、Z	mm	0.03
重复定位精度 X、Y、Z	mm	0.016
C 轴最小分辨率	（°）	0.001
A/C 轴定位精度	s	A:30″　C:20″
重复定位精度	s	8″

（续）

项目	单位	规格与参数
A/C 轴最大转速	r/min	A：250 C：400
气压	MPa	0.6
外形尺寸（长×宽×高）	mm	2000×2150×2400
机床重量（约）	t	3.6

GS-200 五轴联动加工中心为摇篮式 $A+C$ 双摆台五轴结构，其 A 轴为定轴、C 轴为动轴。C 轴转台位于 A 轴转台的中间，C 轴轴线与 A 轴轴线正交，即 Y 向偏置距离为 0，A 轴可倾斜角度为 $-30°\sim+110°$，C 轴旋转范围为 $360°$。C 轴转台上表面与 A 轴轴线重合，可加装自定心卡盘、单动卡盘或其他专用夹具，以实现各类中小工件的装夹。机床各轴位置关系及行程范围如图 5-3-1b 所示。其 A 轴零位为工作台面水平放置，即与 Z 轴法向垂直的方位；C 轴绝对零位为台面 T 型槽与 X 轴平行的方位。

2. GS-200 五轴机床的 VERICUT 仿真环境设置

图 5-3-2a 所示为在 VERICUT 中构建的 GS-200 五轴机床的仿真模型，其主要工作部件均是在 CAD 中按与实际尺寸 1∶1 关系建模后，转换为相应模型并存为 mch 机床结构模型文件的，各轴运动关系与实际机床一致。图 5-3-2b 所示为按 GS-200 五轴机床的实际行程范围通过"机床设定"→"行程极限"进行的相关设置。

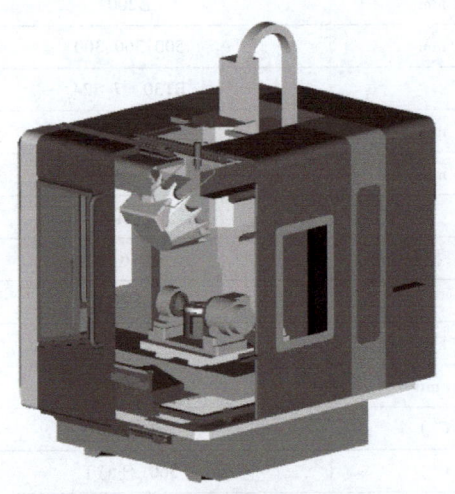

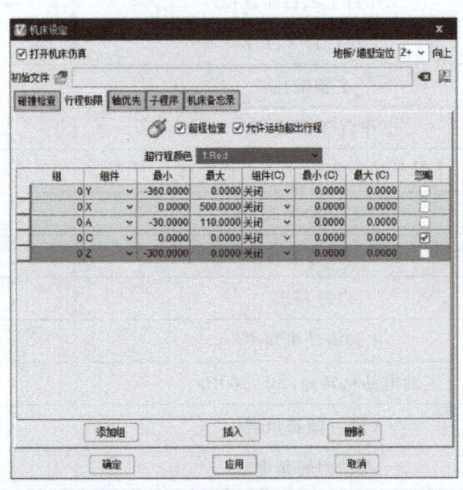

a) 机床仿真模型   b) 各轴行程极限设置

图 5-3-2 GS-200 五轴机床仿真模型及行程极限设置

关于对控制系统文件 HNC-848.ctl 中的"字地址"及"控制设定"的配置修改，请参考项目四单元四的相关内容，亦可直接载入使用已定制好的控制文件。

为更准确地获得仿真检查的信息，刀柄结构及几何参数应参照 BT30 规格型号的实际尺寸进行建模，如图 5-3-3 所示。

常用标准系列的规格尺寸见表 5-3-2，可通过 CAD 构建各规格刀柄的模型并保存为 DXF 文档后在 VERICUT 刀具系统中调用。

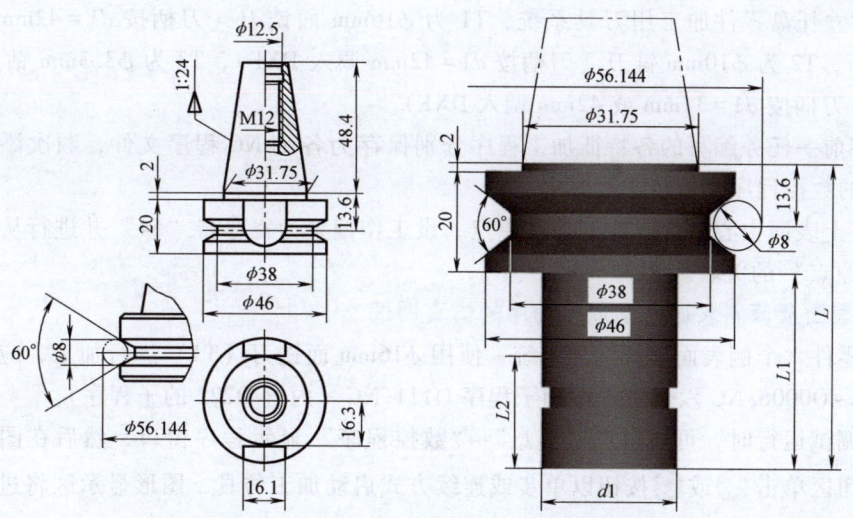

图 5-3-3　BT30 刀柄建模的结构尺寸数据

表 5-3-2　BT30 刀柄常用标准系列的规格尺寸　　　　　（单位：mm）

可夹持刀径尺寸范围	d1	L	ER（筒夹）	L2（夹持深度）
φ0.5~φ10	28	70	16	29~58
		100		
		120		
φ1.0~φ13	34	70	20	32~68
		100		
		135		
φ1.0~φ16	42	70	25	35~73
		135		
φ2.0~φ20	50	70	32	41~78
		100		
φ3.0~φ26	63	80	40	50~93

　　为使行程范围的检查反映机床实际，应按实际机床对刀找正后工件零点处各轴的机床坐标调整移动仿真环境中 X、Y、Z 各部件，使之与实际机床位置关系相一致，并检查确保机床参考点位置与实际机床一致。

二、托盘零件五轴定向加工的程序调试与仿真检查

1. 仿真调试的"5+1"要素准备

在上述 GS-200 五轴机床仿真下进行"5+1"仿真要素的设置。

1）确保机床模型为 GS-200 五轴机床。

2）确保控制系统为 HNC-848。

3）按照实际加工的装夹要求构建自定心卡盘夹具或定制夹具的模型，同时构建载入预车加工后的半成品毛坯模型。

4）建立托盘零件加工用刀具系统，T1 为 ϕ16mm 面铣刀（刀柄按 $d1 = 42$mm 或 50mm 调入 DXF），T2 为 ϕ10mm 铣刀（刀柄按 $d1 = 42$mm 调入 DXF），T3 为 ϕ3.3mm 钻头、T4 为 M4 丝锥（刀柄按 $d1 = 34$mm 或 42mm 调入 DXF）。

5）将前一任务编写的各特征加工程序分别保存为各个 NC 程序文件，顺次添加载入到仿真环境的数控程序及数控子程序中。

6）将上表面中心设为工件坐标系原点，设工作偏置为寄存器"54"并进行从"TOOL"到"坐标原点"的关联。

2. 侧表面及倾斜表面铣削加工程序的仿真调试

托盘零件六个侧表面的铣削加工统一使用 ϕ16mm 面铣刀（T1）进行加工，应同时载入 O0001.NC ~ O0006.NC 六个主程序和子程序 O111.NC（内含 O222 的子程序）。

程序调试运行时，可通过点"信息"→"数控程序"显示程序窗口，然后在图形显示区右下方按钮区单击 ⏭ 或 ▶ 按钮以单步或连续方式启动加工仿真，图形显示区将进行机床加工过程的模拟仿真。采用 ⏭ 单步方式时程序窗口的光标随之指示当前运行的程序行，可以方便用户对程序的解读。若同时勾选显示工件坐标系和加工坐标原点（在窗口区右键单击后在浮动菜单选择"显示所有轴"→"加工坐标原点"），则在单步仿真过程中能观察到 G43.4 指令、G68.2 指令以及 G53.2 指令执行时坐标系变换的状态，能对这些指令功能的解读给予帮助。图 5-3-4 所示为执行到 O0005.NC 加工左前侧斜表面时的仿真状态，可以看出，对执行 G43.4 指令、G68.2 指令以及 G53.2 指令功能后原始坐标系和特性坐标系具有清晰的呈现，程序仿真检查结果验证了前述程序编制的正确性。

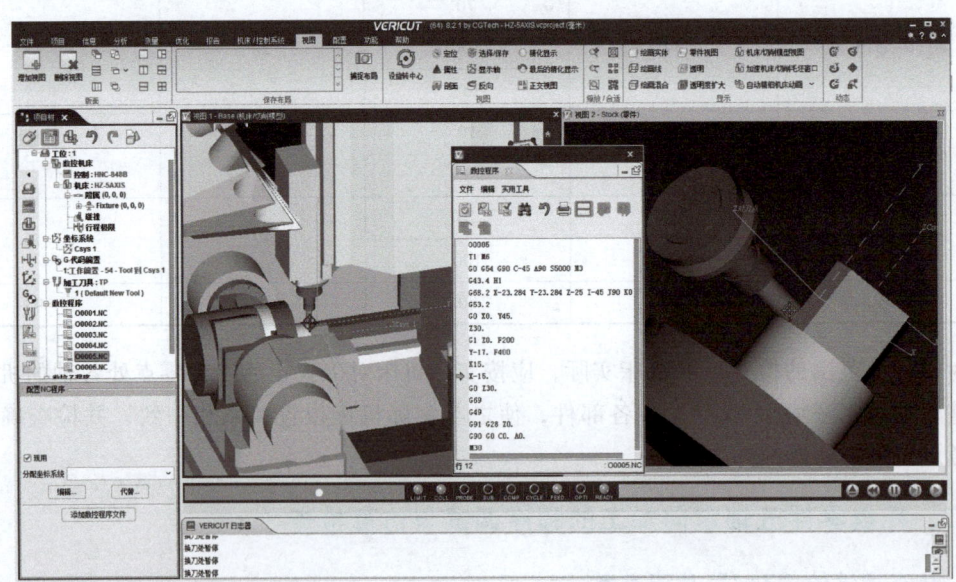

图 5-3-4　表面铣削加工程序的仿真呈现

3. 槽孔加工程序的仿真调试

托盘零件前侧表面中的方形槽使用 ϕ10mm 铣刀（T2）进行加工，应载入 O0007.NC 程序，孔系使用 ϕ3.3mm 的钻头（T3）和 M4 的丝锥（T4）加工，钻孔和攻螺纹的程序基本类同，在此仅载入 O0008.NC 的程序进行仿真。图 5-3-5 所示为槽孔加工后的仿真结果，其中方槽加工因 VERICUT 不支持 G184 指令的自定义循环，是按轮廓铣削重编程序后实施的仿真；孔加工程序仿真时虽然有了预期的结果，但警示中有超程的警示，程序尚需进一步分析调整。

图 5-3-5　槽孔加工程序的仿真呈现

三、仿真调试中出现的问题与处理策略

通过对前述手工编制的 NC 程序实施 VERICUT 加工仿真调试可以清晰地看到五轴定向加工时其 RTCP 编程指令功能的执行状态和坐标变换过程，同时也能呈现出程序编制中出现的如下问题：

1）在进行表面铣削仿真调试时，若使用多个程序文件，则每个程序头部都必须添加 T1 M6 的换刀指令；若将各程序合并在一个程序中，则只需在第一个加工面的程序头使用 T1 M6 的指令即可。

2）虽然对 HNC-848 系统而言，前述程序示例中所有 G68.2 坐标系变换的指令均可用 G68.1 Qn 来替代，但这需要在机床系统中进行 Qn 的数据预设置。VERICUT 软件要实现 G68.1Qn 这类自定义功能的仿真则需要做深层次的定制，因此仿真调试时仅限于使用 G68.2 编程的欧拉角变换处理方式。

3）因方槽切削自定义固定循环 G184 难以在 VERICUT 中仿真呈现，只能按使用刀具半径补偿功能的轮廓铣削方式重编程序，并在仿真调试的过程中进行下刀和提刀位置的调整，以确保槽形加工完整。程序修改如下：

%0007

T2 M6

G54 G90 C0 A90 M03 S3000

G43.4 H2

G68.2 X0. Y-28.284 Z-25. I0. J90. K0.

G53.2

```
G0 X-5 Y2 Z20                下刀点位置调整
G1 Z-3. F100
G41 X10. D2                  加刀补进给到右边线中点
Y5.                          进给到右上角圆弧起点
G3 X5. Y10. R5.             切右上角圆弧
G1 X-5.                      进给到左上角圆弧起点
G3 X-10. Y5. R5.            切左上角圆弧
G1 Y-5.                      进给到左下角圆弧起点
G3 X-5. Y-10. R5.          切左下角圆弧
G1 X5.                       进给到右下角圆弧起点
G3 X10. Y-5. R5.           切右下角圆弧
G1 Y2.                       进给到右边线过中点2mm处
G40 X-5 Y-5                  取消刀补进给到提刀点（调整）
G0 Z20 M5                    提刀
G69
G49
G91 G28 Z0.
G90 G0 A0 C0
M30
```

4）由如图 5-3-5 所示的警示信息可知，因孔加工后提刀高度不合适，在取消 RTCP 功能前、进行 AC 轴摆转回零时，X、Y、Z 轴需跟随移动，从而导致出现 Z 方向超出正向行程极限的警示；而由前侧孔系加工完成再到左前侧孔加工时，只有 C 轴摆转而没有 A 轴角度改变，Z 方向也基本不产生跟随移动，因此未出现超程警示。

这类因 RTCP 功能启用后，由 AC 摆角导致 X、Y、Z 轴跟随移动而超出行程极限的问题是五轴编程中经常出现的问题，主要和 RTCP 启用前以及取消 RTCP 功能前刀具所处的位置有关。对 AC 双摆台机床而言，X 轴行程较大，超程可能性相对较小，主要表现为 Y 轴和 Z 轴的超程。其解决方法可参考如下策略：

① 对于启用 RTCP 功能前，刀具所处的位置不合适导致最后 AC 轴摆角时出现超程的问题，可在 RTCP 启用之前预先安排 AC 定向摆角的运动，并使用 G43 Z_H_定位到安全起始高度后再使用 G43.4 H_启用 RTCP 功能。

② 对于取消 RTCP 功能前，刀具所处的位置不合适导致最后 AC 轴回零时出现超程的问题，可以在使用 G49 后先做 Z 方向回零，再做 AC 轴的回零。

③ 可以根据警示信息分析其超程量后，在超程量不大的情况下修改取消 RTCP 功能前刀具所处的位置。本示例中，左前侧孔加工后提刀到 60mm 高度，AC 摆角仿真提示 Z 方向超程 42.326mm，只需将提刀高度改为 16mm（小于 60mm-42.326mm=17.674mm）即可。最后一个孔加工完成后提刀高度为 30mm，仿真提示 Z 方向超程 4.856mm，将提刀高度设为 20mm 即可。

④ 使用同一刀具在各加工面做定向加工时，仅需取消变换关系再重设新的特性坐标系即可，不需要进行取消 RTCP 功能的编程，这样也能较好地解决跟随移动的超程问题。

单元四　托盘零件五轴机床加工实践

【单元学习任务】

1. 在车间现场进行加工前期毛坯和刀具装调的工艺准备。
2. 在现场机床上进行基于 RTCP 功能的对刀及数据设定。
3. 操控机床实施托盘零件各定向面的五轴加工。

【单元学习目标】

1. 会根据倾斜面定向加工的要求准备毛坯和刀具。
2. 能够按照 RTCP 程序控制加工的要求进行对刀和设置刀具长度补偿。
3. 能够熟练操控机床实施倾斜面定向零件加工。

【单元学习知识基础】

一、GS-200 五轴机床的面板及基本操作

1. 数控系统软件界面与菜单项功能

图 5-4-1 为 HNC-848D 系统软件界面显示。右上方显示的"加工""设置""程序""诊断""维护""MDI"等与操作面板选择的菜单功能项相对应，左上方显示的"自动""手动""回零""单段"等与操作面板选择的工作方式相对应，界面显示内容依不同工作方式而相应改变，底部菜单区由其下方操作面板上菜单软键对应控制，用于各项菜单功能选择。

根据不同控制功能的需要，可使主要显示区分别显示为加工位置坐标、程序文字内容、系统参数设置及切削仿真图形等各类信息，辅助信息如当前坐标、切削速度及当前模态等将在辅助显示区域显示。采用 LED 液晶显示屏，通过合理布局设计使得界面中可同时显示大量的信息。该软件各菜单项对应的功能如下：

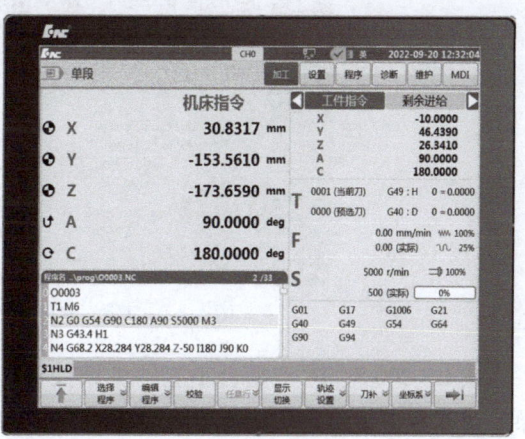

图 5-4-1　HNC-848D 系统软件界面

加工：用于自动或 MDI 加工运行时综合信息（如当前坐标或加工轨迹变化、当前运行在缓冲区的程序、模态信息）显示，以及选择或编辑加工运行的程序、切换主显示区显示内等，也可查看或设置刀补及工件坐标系等。

设置：用于设置刀补数据、刀库管理、工件坐标系原点（直接输入、提取位置坐标或通过对刀找正计算等多种方式）等。

程序：用于新建程序、复制外部程序并进行程序文件的管理等，程序编辑则需要在

"加工"菜单项下进行。

　　诊断：用于故障警示信息的诊断及其 PLC 状态的监控与调试等。

　　维护：用于设备配置、系统参数设置、系统版本信息及数据权限管理等。

　　MDI：用于手动数据录入功能操作，是即时从数控面板上输入一个或几个程序段指令并立即实施的运行方式。常用于系统部件性能检查、模态查询及即时调试等。

　　2. 操作面板及其基本操控功能

　　图 5-4-2 为使用 HNC-848D 系统的 GS-200 五轴机床的操作面板。最上一排是与系统控制软件界面菜单项所对应的菜单操作软键，第二排则分布有主菜单项目快速切换的功能键（如加工 ![MCH]、设置 ![SET]、程序 ![PRG]、诊断 ![DGN] 及维护 ![MTE] 等），还有解除报警的系统复位键 ![Reset]、超程解除操作键 ![Channel] 等，其他如 MDI 录入以及数据设置所用的地址数字键、光标控制键（上下左右、翻页等）和编辑键（插入、删除、退格及输入）等采用标准计算机键盘的布局设计，能让用户快捷方便地配合系统控制软件进行所需的相关工作；下部机械操作面板分布有工作方式选择键区（自动、MDI、手动、手轮、回零、单段、空运行、循环启动及进给保持等）、轴运动手动控制键区（主轴启停、主轴定向和点动、切削液启停、各进给轴及其方向选择等），主轴转速及进给速度的修调采用旋钮控制。

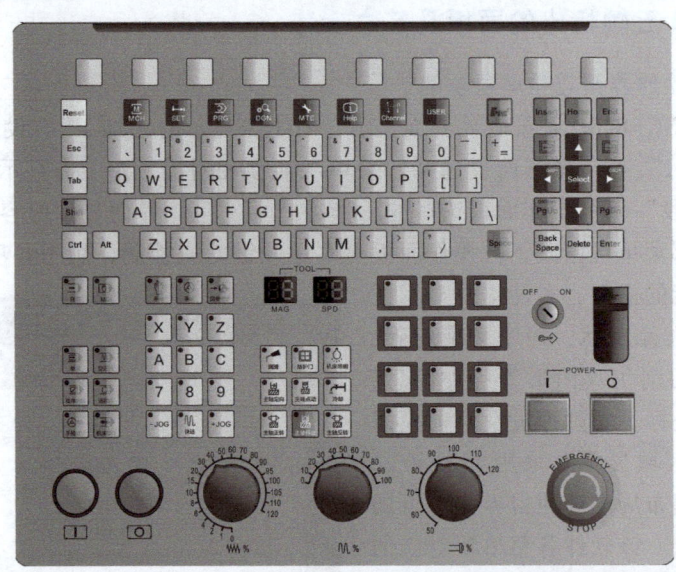

图 5-4-2　HNC-848D 系统标配的操作控制面板

　　该 GS-200 型 *AC* 双摆台小五轴机床操作面板的操控功能与项目二单元三中介绍的面板操控功能基本相同，只是各功能键在结构布局上的位置有所变化，具体各操作按键的功能可参阅项目二单元三中的说明，在此仅就其不同之处稍作说明，其余不再赘述。

　　和项目二中 JT-GL8-V 的 HNC-848B/C 标准面板不同，HNC-848D 标配面板取消了按键式增量及快进倍率四档修调的操控处理方式，改用旋钮式快移速度倍率修调的操控处理方法，其修调档位更紧密，能让操作者获得更佳的应用体验。

　　如图 5-4-3a 为进给倍率修调旋钮，用于各类工作进给模式下进给倍率的修调；图 5-4-3b 所示为快进倍率修调旋钮，用于 G00 快速移动速度倍率的修调，以 10% 为两档间的档差变化，使快进倍率修调变得更平缓，比按键式调节操控更便捷；图 5-4-3c 为主轴转速倍率修调旋钮，从 50% ~ 120% 分 8 档，对主轴转速 S 指定的模态值进行修调，操作者能快捷、方便地根据实际切削状况调整进给切削中的主轴转速。

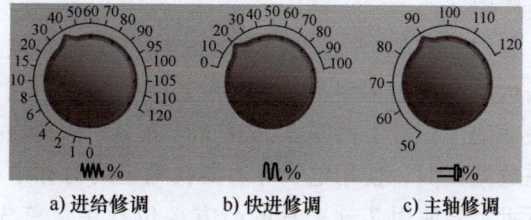

a) 进给修调　　　b) 快进修调　　　c) 主轴修调

图 5-4-3　速度修调旋钮

3. 基本操作方法

GS-200 型 *AC* 双摆台小五轴机床的基本操作与项目二单元三 JT-GL8-V 五轴加工中心的操作方法基本类同，学习者可参照其相应的操作进行，在此不在赘述。

二、托盘零件加工刀具的装调与对刀

1. 毛坯的准备与装夹调整

根据托盘零件加工工艺安排，五轴加工前应预车外圆和两端回转孔部分，其半成品毛坯如图 5-4-4a 所示，该毛坯在数控铣床或五轴机床上先用卡盘装夹，铣削腔内方槽的一端；如图 5-4-4b 所示，然后再翻面在 GS-200 五轴机床上进行各侧表面的铣削和槽孔的加工。由于零件上已加工有内孔且装夹端有方槽特征，因此，可设计一个带凸方的芯轴用于坯件的装夹定位；如图 5-4-4c 所示，*C* 轴的工件零点通过凸方表面打表找正，以保证翻面后两端特征的角度方位一致。芯轴装夹在自定心卡盘上，φ69mm 台肩的高度可根据机床行程范围设计调整，工件方槽套在凸方上实现定位，再通过 M12 螺钉锁紧在芯轴上。这样就可以把坯件所有加工面的空间留出来，避免加工中产生干涉的可能性。

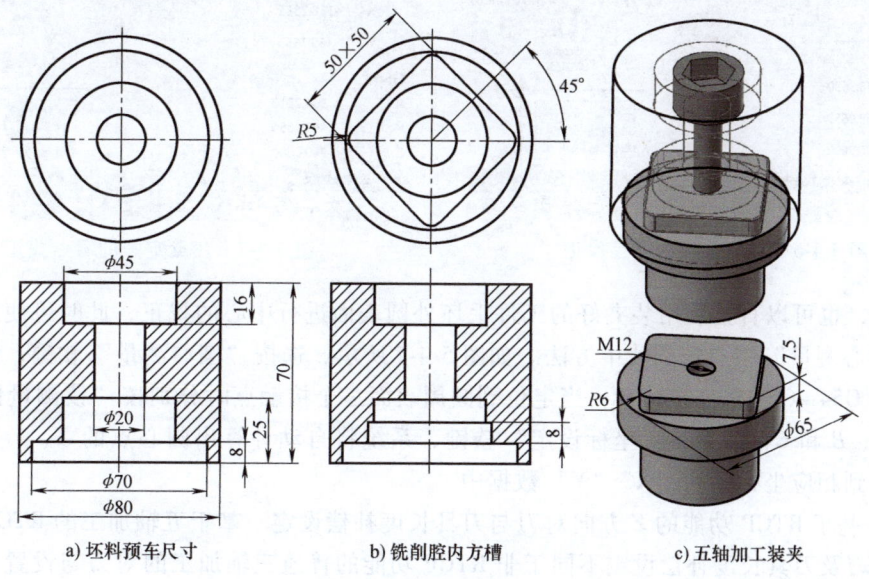

a) 坯料预车尺寸　　　　　b) 铣削腔内方槽　　　　　c) 五轴加工装夹

图 5-4-4　托盘零件坯料与装夹

2. 对刀找正与刀补设置

该托盘零件的加工需要准备以下刀具：T1 为 φ16mm 面铣刀（BT30 刀柄，$d1 = 42 ~ 50mm$），T2 为 φ10mm 铣刀（BT30 刀柄，$d1 = 42mm$），T3 为 φ3.3mm 钻头，T4 为 M4 丝锥（BT30 刀柄，$d1 = 34 ~ 42mm$），由此准备刀柄、筒夹和刀具，然后按对应刀号预装到机床刀具库中。

（1）X、Y 方向工件零点的对刀找正 该托盘零件加工编程统一使用 G54 作为 WCS 工件坐标系，其原点在零件上表面的中心。工件零点的找正应在 A、C 轴均处于零位（水平放置）时，使用电子寻边器找毛坯的对称中心。如图 5-4-5 所示。若使用芯轴夹具的凸方部位找中，首先应打表找正，使凸方部分的某侧边平行于 X 轴（或 Y 轴），然后让电子寻边器先后定位到凸方正对的两侧表面，分别记录下对应的 X1、X2、Y1、Y2 机床坐标值，则对称中心在机床坐标系中的坐标应是（(X1+X2)/2，(Y1+Y2)/2）。这一操作可通过

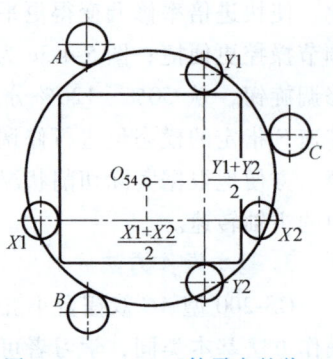

图 5-4-5 X、Y 工件零点的找正

"设置"→"工件测量"实现在如图 5-4-6 所示的设置界面中，按"中心测量"软键，同时选择欲设定的 G54~G59 工件坐标系，移动光标至"X"处，当定位到左右侧表面时分别按"读测量值"软键以记录 A、B，然后按"坐标设定"软键，则 X 轴方向的分中计算结果将自动设置到相应坐标系的"X"数据中；同理，移动光标至"Y"处，当定位到前后侧表面时再分别按"读测量值"记录 A、B，然后按"坐标设定"软键，则 Y 轴方向的分中计算结果将自动设置到相应坐标系的"Y"数据中。

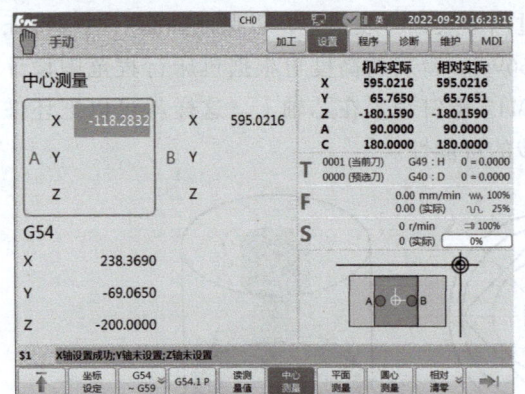

图 5-4-6 对称分中的零点找正

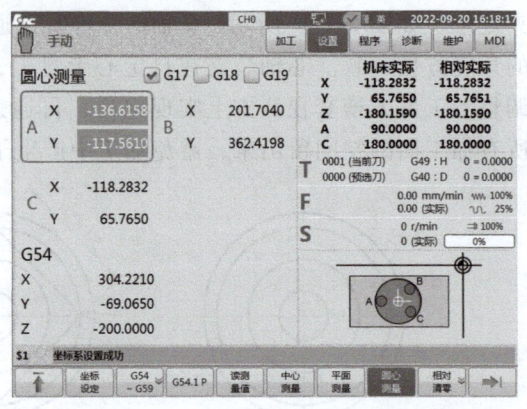

图 5-4-7 三点定圆的零点找正

当然，也可以直接利用装夹好的工件毛坯外圆表面进行中心的找正，此时可使用系统提供的"圆心测量"三点定圆找中方法。如图 5-4-7 所示，选按"圆心测量"软键，同时选择欲设定的 G54~G59 工件坐标系，当定位到圆周表面三个接触点时分别按"读测量值"软键以记录 A、B 和 C，然后按"坐标设定"软键，系统将自动计算出圆心点的 X、Y 坐标并将结果设置到相应坐标系的"X""Y"数据中。

（2）基于 RTCP 功能的 Z 方向对刀与刀具长度补偿设定 基于五轴加工的 RTCP 功能的 Z 方向对刀及刀具长度补偿设定不同于非 RTCP 功能的普通三轴加工的对刀与设置，由于系统内部进行 RTCP 计算时设定了特定的基准点，因而要求其 G54 坐标系"Z"数据是主轴下端面（装刀基准面）到工件上 G54 坐标系的 Z0 基准面的距离（负值），而各刀具的刀具长度补偿数据则是各刀具刀位点到刀柄上装刀基准面（即刀具装到主轴上以后，其伸出主轴的长度）的距离（正值）。其 G54 坐标系的 Z 值测定与各刀具的刀具长度补偿设置的相对位置关系如图 5-4-8 所示。可参照以下两种方法操作设置：

1) G54 坐标系 Z 值的测定与设置：将标准高度为 50mm 的 Z 轴设定器放置到工件上表面（G54 坐标系的 Z0 基准面），移动 Z 轴使主轴下端面（装刀基准面）接触 Z 轴设定器至灯亮，然后逐步减小微调量到 "×1" 档，使得 Z 轴设定器在灯亮与灯熄灭的分界位置（即标高 50mm 处）时，通过 "设置"→"坐标系"，在图 5-4-6 所示的界面中移动光标至 "Z" 数据栏后，按 "当前输入" 软键，系统将自动把当前刀位点（主轴下端面）在机床坐标系中的绝对 Z 值坐标（负值）设置到 G54 坐标系的 "Z" 数据中，然后再按 "增量输入" 软键，输入 "-50"，则 G54 坐标系的 "Z" 数据转换为工件上表面在机床坐标系中的 Z 值。至此，完成了 G54 坐标系 Z 值的测定与设置。

2) 各刀具长度的测定与设置：通过上述操作完成 G54 坐标系的 Z 值设置，且确认主轴下端面与 Z 轴设定器处于接触位置，通过 "设置"→"刀补"，在图 5-4-9 所示的界面中按 "相对清零"→"Z" 软键，进行 Z 轴坐标相对清零的操作。然后分别更换各刀具至主轴，用每把刀具的底刃去接触 Z 轴设定器至灯亮，并逐步减小微调量到 "×1" 档，使得 Z 轴设定器在灯亮与灯熄灭的分界位置时，移动光标至对应刀补号的长度栏，按 "相对实际" 软键，提取每把刀具的相对 Z 值（正值）至对应的刀具长度补偿中，即在完成各刀具的刀具长度测定同时完成了各刀具的刀具长度补偿 H_ 的设置。

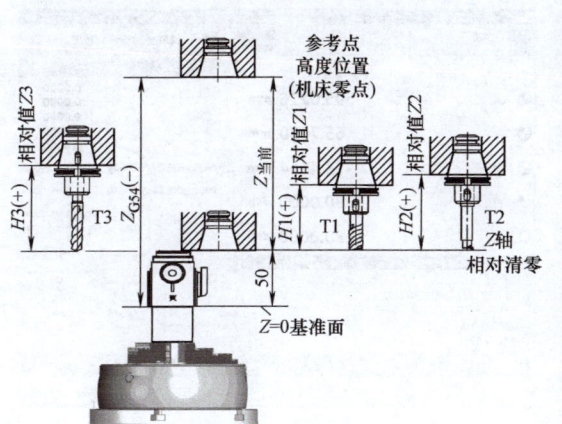

图 5-4-8　G54 坐标系的 Z 值测定与刀具
长度补偿设置的相对位置关系

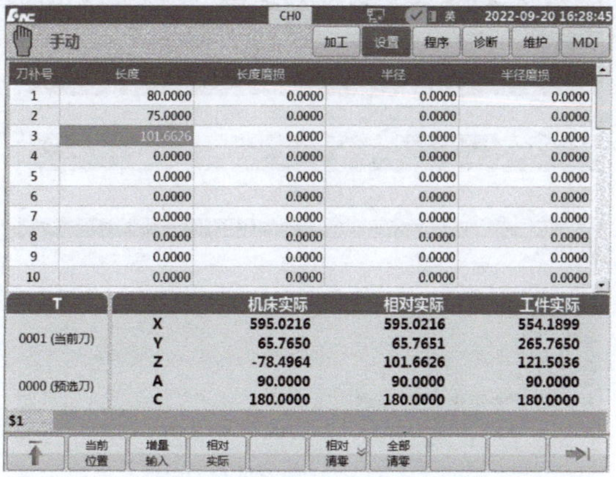

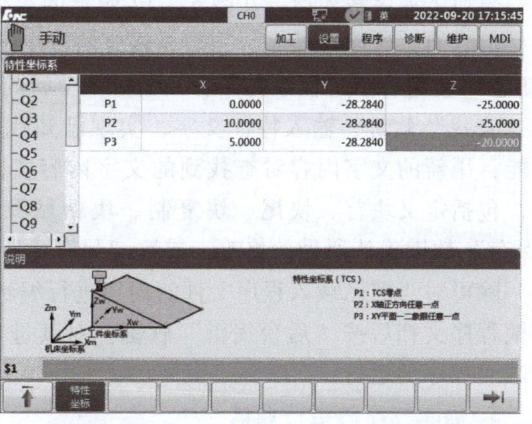

图 5-4-9　刀具长度补偿设置界面

3. 倾斜面特性坐标系的数据设置

对托盘零件用本项目单元二中所编程序加工时，若某加工面拟进行 G68.1 Q*n* 构建特性坐标系的加工实践，则需要根据单元二中提供的数据，在特性坐标系预置界面中进行各侧表面 "P1" "P2" "P3" 点的输入设置。在确认由 NC 参数 P000353 已启用五轴倾斜面特性坐标系功能的状态下，可通过按 "设置"→"工件测量"→"下页"→"特性坐标" 软键，进入图 5-4-10 所示的倾斜面特性坐标系的设置界面，移动光标选择

图 5-4-10　倾斜面特性坐标系的设置界面

"Q1"或"Q2",并依次对其"P1""P2""P3"三个特征点的坐标进行输入设定,即可完成倾斜面特性坐标系的设置,届时将单元二中某表面定向加工程序中原 G68.2... 的程序行换成 G68.1 Qn 的指令格式即可调试运行。当使用 G68.2 欧拉角变换控制方式时,不用另行设置"Q1""Q2""Q3"数据。

三、程序的载入、调整与试切加工

1. 零件加工程序的载入

运行模式置于"自动"后,分别将单元二所编制的托盘零件各加工程序通过 U 盘复制转存到系统中存放。各加工面既可采用独立的程序运行,也可将所有加工程序合并在一个程序文件中运行。具体操作如下:选择系统操作面板的"程序"键,然后按"U 盘"软键,选择加工程序文件后按"复制"软键,系统即显示如图 5-4-11 所示,再按"系统盘"→"粘贴"软键,即可将该文件复制到系统内部存储器内,并出现在系统程序列表中。可重复上述操作,分别将 U 盘中各加工程序文件转存到系统盘中。然后按"加工"键,按"选择程序"软键,在系统程序列表中选择待加工的 NC 程序文件后按"Enter"键,即可将程序加载到内存中,如图 5-4-12 所示。

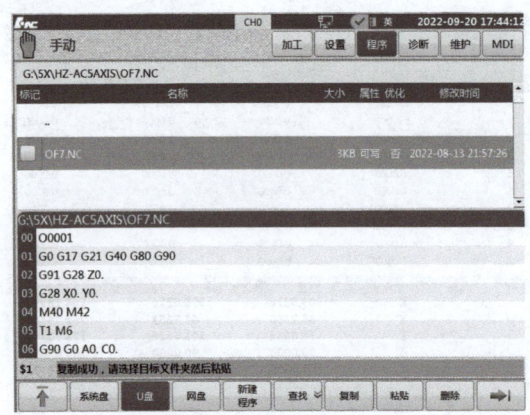

图 5-4-11 程序文件的转存

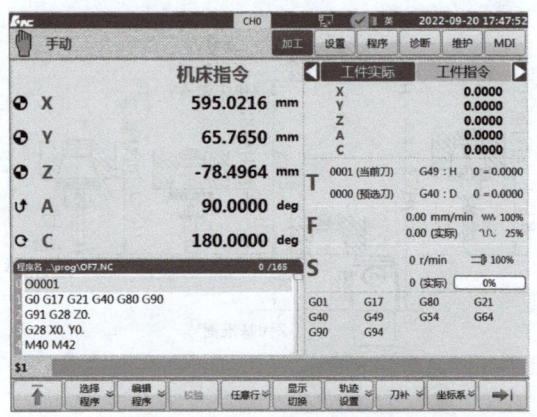

图 5-4-12 加工程序的载入

2. 加工程序的编辑修改

当加工程序载入后,在图 5-4-12 所示的界面中,可按"编辑程序"软键切换到程序全屏显示界面,然后移动光标到需要修改的程序行,对具体程序内容进行局部编辑修改。可按"新建"软键后给定程序文件名,编辑一个新的程序。对已有的长程序文档内容的编辑,可按"查找"软键,输入特征文字,实现已知代码程序内容的快速定位,并可使用"替换"功能,用新的文字内容对查找到的文字内容实施替换。大段落程序内容的处理可使用块操作,包括定义块首、块尾、块复制、块粘贴及块剪切等操作。程序编辑修改完成后应按"保存"软键确认所做的修改,或按"另存为"软键改名保存为新的程序文件。

除可对当前已载入程序文件的内容进行编辑修改外,在选择程序时还可以从列表中选择其他程序文档后按"后台编辑"软键,对其进行后台编辑修改操作。后台编辑不影响前台已载入程序的运行。

3. 加工程序的运行调试

NC 程序载入并通过语法检查后,在操作面板上按"Z 轴锁""空运行"键,在 Z 轴锁定的状态下按"循环启动"键，以自动方式快速执行整个程序，或以单段方式逐行执行程序，能一定程度地检查除Z轴外其他各轴的运行情况，包括旋转轴旋转方向、旋转轴定向方位、X/Y轴定位位置等是否正确，以及超程的可能性等。

试切加工运行时应注意如下操作要点：

1）正常加工运行时，必须解除"Z轴锁"和"空运行"状态。

2）每把刀具试切运行时应先将快进及进给速度设为最小，用"单段"执行的方法运行程序，及时观察每把刀具的下刀高度位置、切入位置是否正常，确保刀具长度补偿和工件坐标系等设置正确后，才可以连续正常地运行每把刀具的加工程序。

3）主轴转速、进给速度在切削过程中应根据机床切削状况及时使用修调旋钮调节，以保证切削状态最佳，同时记录最佳状态下的切削参数。

4）试切运行前，应将"选择停止"键或功能选项设置为有效，确保每把刀具换刀前机床系统处于暂停状态，以便对每把刀具切削后的结果进行检测，由此判定其结果是否符合刀路设计的预期。按工艺卡给定的深度数据检测当前刀具的切削深度，若存在偏差应记录，并按工艺要求调整刀具长度补偿设置，同时对径向加工尺寸特别是已精加工到位的尺寸进行检测并记录，以便及时发现工艺问题，或在加工完成出现问题时能方便地追踪到问题工步所在。

5）若本工步检测正常，可按"循环启动"键继续更换下一把刀具，并单步运行监控该刀具的运行状况。

6）若发现某刀具运行位置不正确或程序运行中有撞刀的可能，应按"进给保持"或"急停"键及时中止，检查问题发生的原因，分析解决问题的策略。

阅读学习材料6

载人航天精神

思考与练习题

1. 本项目托盘零件案例中采用四轴时能加工哪些内容？有哪些特征结构需采用五轴加工？采用五轴加工该零件在工艺上有什么优势？

2. 预加工毛坯哪些部分能充分发挥五轴机床加工的作用？如何处理能保证零件两侧结构特征的相对位置关系？

3. 使用G68.1倾斜面特性坐标系编程时，其坐标系如何构建？编程时需要配合哪些功能指令方能正常发挥作用？

4. 如何解读HNC-848系统倾斜面特性坐标系编程格式中的坐标轴旋转变换关系？题图5-1中右侧斜表面加工时若以图示斜面边线中点为原点构建特性坐标系，使用G68.2欧拉角方式，其坐标轴角度旋转变换的关系如何设置？试编写该斜面腰圆凸台轮廓铣削和两沉孔钻铣加工的程序。

5. GS-200 五轴加工中心是哪种结构模式的机床？其主要技术参数有哪些？大致能进行什么样的加工？

6. 使用 HNC-848 系统的五轴机床 RTCP 结构参数有哪些？如何进行 RTCP 结构参数的标定？

7. 为模拟 RTCP 功能而将箱体零件在 AC 转台上偏置安装，在 VERICUT 中是否需要进行 RPCP 位置偏置关系的设定？

8. 使用 RTCP 与非 RTCP 控制模式程序的五轴机床加工，其对零件装夹位置要求有何不同？对工件坐标系及刀具长度补偿的测定与设置又有何不同？

9. 在 HNC-848 机床系统中，如何进行 G68.1 Qn 的倾斜面特征坐标系的设置？

10. 说出使用 HNC-848 系统的 GS-200 机床实施零件五轴加工的大致工作过程，并适当解释其操控过程中的技术要点。

11. 对于 HNC-848 系统的机床而言，基于 RTCP 控制模式程序的五轴加工，在程序运行前主要应检查哪些五轴参数的设置？

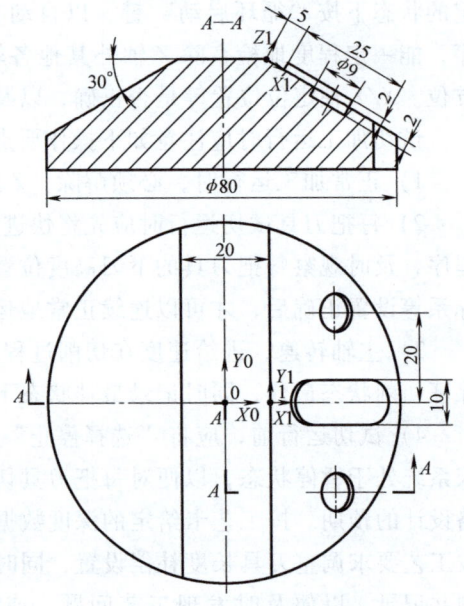

题图 5-1 右侧斜表面构建

项目六

座体零件五轴加工的案例应用

单元一　座体零件加工工艺分析与设计

【单元学习任务】

1. 识读座体零件图样。
2. 分析零件加工工艺，确定加工工艺方案。
3. 编制座体零件加工工艺卡和工序卡。

【单元学习目标】

1. 能够正确理解零件图样各结构特征并选择合适的加工方法。
2. 能够针对零件结构设计多种加工工艺方案并进行比较。
3. 能够根据五轴加工手段进行座体零件加工工艺文件的编制。

【单元学习知识基础】

一、座体零件的图样及工艺分析

图 6-1-1 所示为座体零件图样，采用 $\phi80mm\times70mm$ 圆棒料，可先将 $\phi76mm\times65mm$ 外圆和长度车削到尺寸，余下部分全部在五轴机床上铣削加工实现。铣削时先加工其中底部腔内阶台及锥壁的一端，在铣削 $\phi32mm$ 腔内阶台时将锥壁的直壁部分同时加工出来，然后再用五轴方法加工锥壁；翻面后都是五轴定向加工的内容，包括顶面孔腔加工及六个侧表面相应结构的加工，由于六个加工面的内容中有凸起于其表面的特征结构，因此不能在顶面孔腔加工时铣削出六个侧表面，需要分别定向到各面方位后随相关特征一起加工。根据零件图样中的尺寸可知，各槽台外形中最小的内凹转角为 $R3mm$，凸台边缘间最小距离约为 $8mm$，因而可以使用 $\phi6\sim\phi8mm$ 的铣刀进行各加工面的铣削；孔系中只有两种规格，需要使用 $\phi6mm$ 的钻头、$\phi6.8mm$ 的螺纹底孔钻头以及 M8 的丝锥；十字凸台中 $\phi8mm$ 深 $6mm$ 的孔既可用 $\phi8mm$ 的铣刀插铣，也可用 $\phi6mm$ 的铣刀侧铣。座体零件各处尺寸精度最高为 IT7～IT8 级，均可由铣削加工完成。

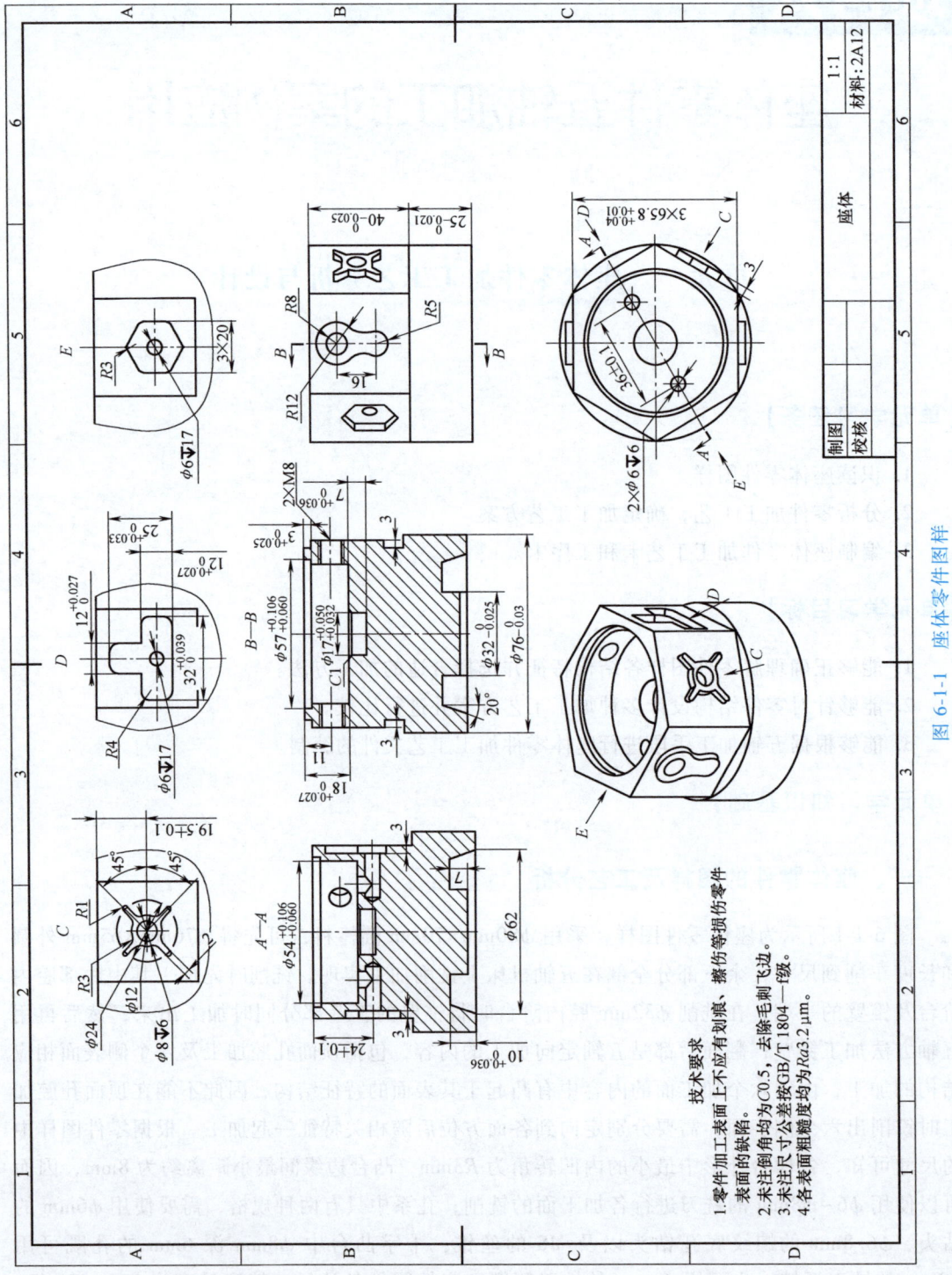

技术要求

1. 零件加工表面上不应有划痕、擦伤等损伤零件
表面的缺陷。
2. 未注倒角均为C0.5，去除毛刺飞边。
3. 未注尺寸公差按GB/T 1804—1级。
4. 各表面粗糙度均为Ra3.2 μm。

图 6-1-1　座体零件图样

制图	
校核	

座体

1:1

材料:2A12

二、座体零件的加工工艺方案

基于以上分析，初步确定该座体零件的加工采用如下工艺方案：

1）车床：车削到 $\phi76mm\times65mm$ 的外圆和长度。

2）五轴加工中心：自定心卡盘装夹，先铣削一端 $\phi32mm$ 的腔内阶台，摆角再铣削锥壁表面。

3）五轴加工中心：翻面自定心卡盘一次装夹，铣削顶面阶梯孔腔 $\phi57mm$、$\phi54mm$、$\phi17mm$，钻 $2\times\phi6mm$ 孔；摆角定向分别铣削六个侧表面及相应结构、钻孔以及攻螺纹。

由于底端腔孔均为回转表面，对翻面后六个侧表面不存在相对方位控制要求，因而均可直接使用自定心卡盘装夹，所有六个侧表面均可在同一次装夹下实施加工，由编程控制即可实现。

本项目案例拟采用 BC 双摆台五轴机床，通过 CAM 刀路设计输出五轴 RTCP 程序的方式进行零件编程加工的训练。该座体零件加工工艺卡见表 6-1-1，工序卡见表 6-1-2。

表 6-1-1 座体零件加工工艺卡

××厂	机械加工 工艺过程卡	产品型号		零(部)件图号	
		产品名称		零(部)件名称	座体

				材料名称	铝
				材料牌号	2A12
				编制	
				会签	
				审核	
				批准	

工序	工序内容	工序草图	刀具/工具	装夹方法	设备
1	备料	$\phi80mm\times70mm$ 圆棒料	锯条		锯床
2	车削到 $\phi76mm\times65mm$	$\phi76mm\times65mm$	外圆车刀	自定心卡盘	车床
3	铣削 $\phi32\sim\phi62mm$ 环槽、台阶、锥壁		$\phi8mm$ 铣刀	自定心卡盘	五轴加工中心
4	翻面装夹，顶面腔孔、侧面槽台加工		$\phi8mm$ 铣刀 $\phi6mm$ 铣刀 $\phi6mm$、$\phi6.8mm$ 钻头 M8 丝锥 倒角刀	自定心卡盘	五轴加工中心
5	检验				

表 6-1-2　座体零件六个侧表面槽台加工工序卡

产品名称	数控加工工序卡		零(部)件图号		工序名称	工序号
座体					侧面槽孔加工	4
材料名称	材料牌号					
铝	2A12					
机床名称	机床型号					
BC 摆台五轴	HMU50					
夹具名称	夹具编号					

工步	工作内容	刀具号	刀具	主轴转速/ (r/min)	每层切削深度/ mm	进给速度/ (mm/min)
1	铣顶面台阶腔孔、可铣切的六方面(含槽台)	T1	ϕ8mm 铣刀	6000	2	500
2	可铣切的六方槽台面	T2	ϕ6mm 铣刀	7000	2	400
3	钻孔	T3	ϕ6mm 钻头	5000	-17	200
4	钻螺纹底孔	T4	ϕ6.8mm 钻头	5000	-16	200
5	攻螺纹	T5	M8 丝锥	400	-14	400
6	倒角 C1mm、C0.5mm	T6	ϕ6.3mm 倒角刀	5000	-1、-0.5	400

单元二　座体零件五轴加工的 CAM 刀路设计

【单元学习任务】

1. 基于 CAD 模型的特性坐标系构建。
2. 分析特性坐标系欧拉角变换关系。
3. 设计定向面及槽台加工、锥壁及孔系五轴联动加工的 CAM 刀路。

【单元学习目标】

1. 能够为 CAM 定向面刀路设计构建与特性坐标系相适应的刀轴平面。
2. 能够进行定向面加工的 CAM 刀路设计,并根据刀路仿真修正刀路设计中的问题。
3. 会设计简单五轴联动的 CAM 刀路,并正确设置进退刀参数,预防干涉。

【单元学习知识基础】

本项目座体零件的五轴加工以 MasterCAM 2018 为载体,介绍五轴定向加工刀路设计及简单五轴联动加工刀路设计的基本方法。

一、各加工面特性坐标系的刀轴平面构建

1. BC 摆台五轴定向编程的欧拉角变换

本项目使用 BC 双摆台五轴机床,其 B 轴行程范围是 $-30°\sim+110°$,因而座体零件定向

面的加工应在 B 轴为+90°左倾时进行。若其特性坐标系按左倾摆转后使 X、Y 方向与机床运动方向相匹配的关系构建，则使用 G68.2 指令格式编程时，可以按图 6-2-1 所示先后进行进动、盘转及旋转的欧拉角变换，即先将工件原点平移至 $P1$（28.492，−16.45，−20）处后，绕 Z 轴做 60°的进动变换得到 $X1$、$Y1$、$Z1$，再绕 $X1$ 做 90°的盘转变换得到 $X2$、$Y2$、$Z2$，接着绕 $Z2$ 旋转−90°完成坐标系变换，则该特性坐标系变换的 G68.2 指令应为 G68.2 X28.492　Y-16.45　Z-20　I60　J90　K-90

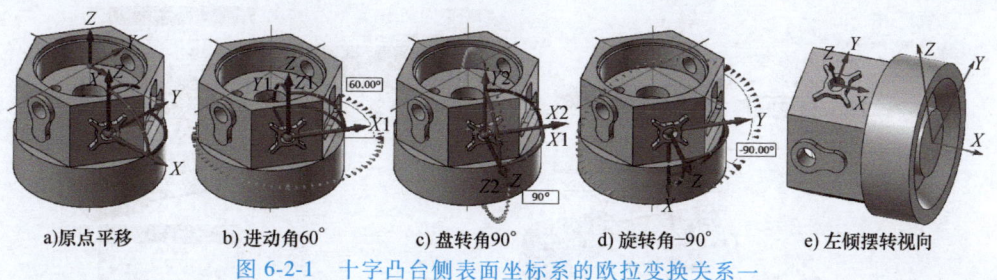

a)原点平移　　b)进动角60°　　c)盘转角90°　　d)旋转角−90°　　e)左倾摆转视向

图 6-2-1　十字凸台侧表面坐标系的欧拉变换关系一

与项目五使用的 AC 摆台机床相比，如图 6-2-2a 所示的这种刻意令摆转后的 XY 方向与 BC 摆台机床运动方向相匹配的特性坐标系构建方法，其欧拉角变换更为复杂，相应地在 MasterCAM 中构建刀轴平面的操作也相对烦琐。由于在实际机床数控系统中，特性坐标系是一个依照数学关系构建而虚设的坐标系，并没有强制要求其与机床实际坐标轴方向

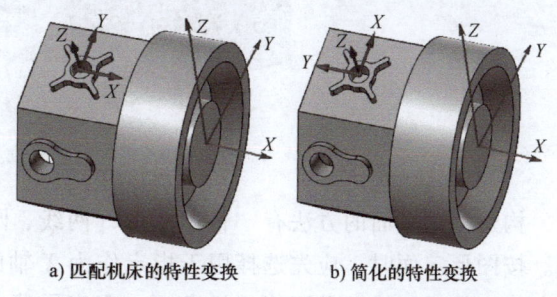

a) 匹配机床的特性变换　　b) 简化的特性变换

图 6-2-2　十字凸台侧表面坐标系的欧拉变换关系二

一致，即特性坐标系的 X、Y 轴相对实际机床的 X、Y 轴旋转任意角度也是允许的，如图 6-2-2b 所示，但对应程序的 X、Y 坐标数据应与特性坐标系相匹配。因此，上述欧拉角变换关系只需进行平移、进动和盘转的简化处理即可，不需再绕 $Z2$ 做−90°的旋转变换，则 G68.2 指令可简化为 G68.2　X28.492　Y-16.45　Z-20　I60　J90　K0，这也是 MasterCAM 后置常见的处理方式，其刀轴平面的构建也相对简单。

2. 座体零件定向加工的刀轴平面构建

在 MasterCAM 中进行座体零件五轴定向刀路设计时，除加工顶面腔孔时可直接使用俯视面作为刀轴平面外，加工其他六个侧表面时均需要另行构建刀轴平面。参照上述思路，各侧表面定向加工刀路设计用的刀轴平面可以按图 6-2-3 所示进行构建，后续单元中 CAM 的后置处理输出将据此进行修改定制。

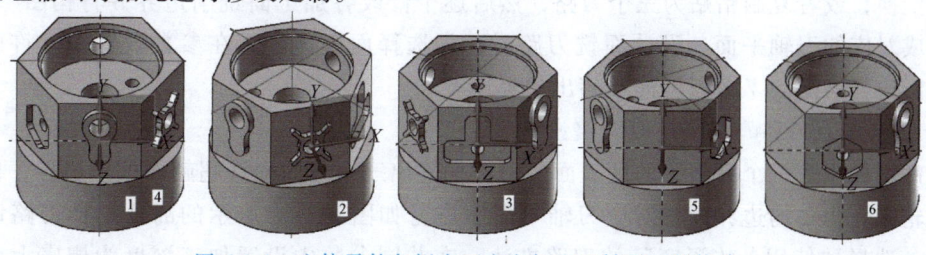

图 6-2-3　座体零件各侧表面定向加工刀轴平面的构建

构建五轴定向刀轴平面时，可单击操作管理区域的"平面"选项卡，根据已建模型的图素特征选择对应的构建方法。如在"+"处激活下拉菜单选择"依照实体面"方法，然后选择模型中某定向表面，根据出现的坐标系方向指示逐个切换，直至符合设计要求的坐标方向后，单击 ☑ 保存退出选择，然后在后续出现的"新建平面"对话框中进行平面命名、重新选择新的原点位置等操作，最后单击右上方的 ● 确认即可，如图 6-2-4 所示。

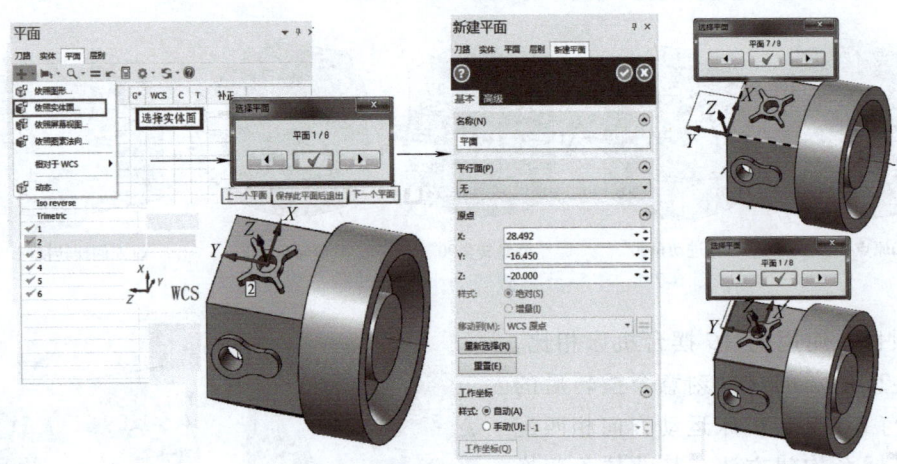

图 6-2-4　刀轴平面的构建方法

构建刀轴平面的方法有"依照图形（两线、圆弧等）""依照实体面""依照图素法向"等。按图形定面时，应先选择用于指定作为 X 轴的参考线，接着选择用于指定作为 Y 轴的参考线，然后切换几种可能的视角面，观察屏幕中显示出的 X、Y、Z 三轴指向，当其中出现 Z 轴法向朝外且 X、Y 方向符合期望结果时，单击 ☑ 按钮确认选择；若已构建出垂直于加工面的法线，如该表面上某孔的轴线，可选择"依照图素法向"的方法，以"由内向外"的指向选择该法线，然后切换几种可能的视角面，观察显示出的 X、Y、Z 三轴指向，选择期望的结果。调整原点位置时，若新建平面原点与 WCS 原点有明确的几何关系，也可直接输入原点坐标数据进行设定。

二、各槽台面五轴定向加工的 CAM 刀路设计

1. 大侧表面的铣削刀路设计

座体零件六个侧表面中，有三个无凸台的表面可直接进行整个表面的铣削，只要按图 6-2-5 所示在对应刀轴平面下设计出一个侧表面的面铣刀路，再用设定角度进行面铣刀路的旋转变换，或者复制粘贴为三个刀路，然后逐个修改各加工面铣削边界并将构图/刀具平面设置成对应的刀轴平面。设计面铣刀路时，先选择面铣边界，在参数设置中允许引导 X 方向超出边界，限制 Y 截断方向不超出边界即可。

2. 凸台表面的岛屿深度挖槽刀路设计

零件图样中有三个带凸台的侧表面，可以构建出三个方向允许超越的槽形边界，再将凸台顶面轮廓作为岛屿边界，在对应刀轴平面下进行如图 6-2-6a 所示的岛屿挖槽刀路设计参数设置，选择"使用岛屿深度"的刀路方法，在共同参数中设置加工深度为槽底大面所在

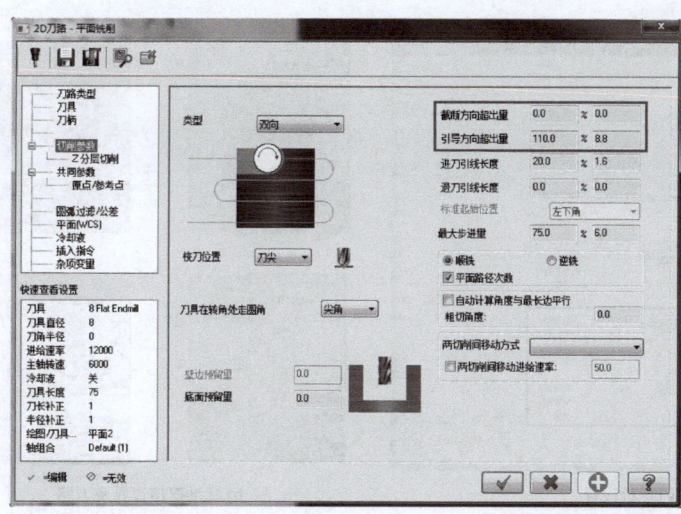
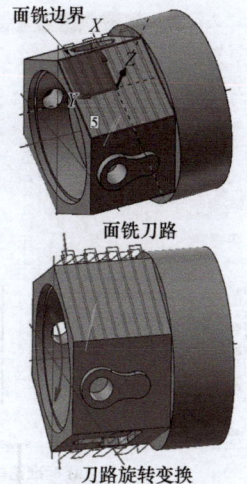

图 6-2-5　面铣刀路设计及其旋转变换

深度（增量"0"），毛坯表面按图样计算设置为增量 4mm，使用 ϕ6mm 铣刀，分层深度 2mm，岛屿高度自动识别，由此生成如图 6-2-6b 所示的凸台表面岛屿挖槽刀路。

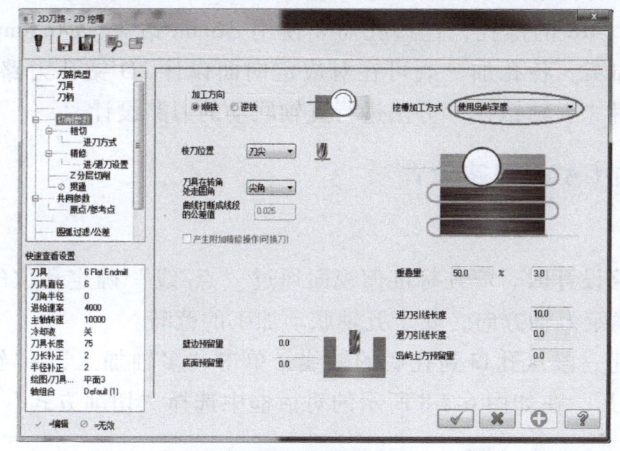
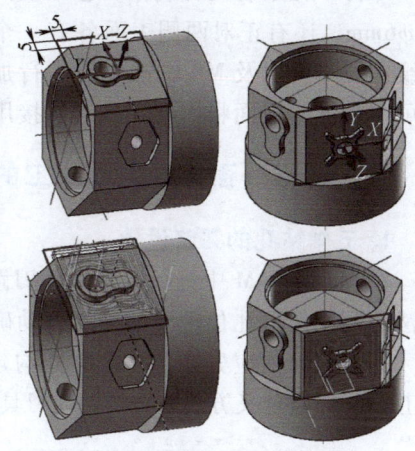

a) 岛屿挖槽刀路设计参数设置　　　　　　　　　b) 凸台表面岛屿挖槽刀路

图 6-2-6　凸台表面的岛屿深度挖槽刀路设计

3. 凹槽表面加工的刀路设计

零件图样中带槽腔的表面包括标准俯视面中的顶面腔孔和两个侧表面，在各表面已加工完成后，余下只需做挖槽刀路设计即可。两侧表面的挖槽可在对应刀轴平面下直接选择"2D 挖槽"刀路模式，然后串连槽底部的槽形边界后，选择"标准"挖槽刀路方法，以螺旋下刀方式、按等距或平行环切算法做粗切，然后在如图 6-2-7a 所示的共同参数中设置加工深度为增量坐标"0"（或绝对坐标"-3"），毛坯表面按槽口表面设置为增量坐标"3"（或绝对坐标"0"），使用 ϕ6mm 铣刀，分层深度 2mm，由此生成如图 6-2-7b 所示的标准挖槽边界及刀路。

对于顶面台阶孔腔的加工，因有三个嵌套的边界，使用"2D 挖槽"刀路方法时需要进行两个刀路的设计。若欲由一个刀路实现，可采用"3D 挖槽"刀路方法，分别选取各台阶底面为加工曲面，以 ϕ57mm 的圆弧作为控制边界，采用螺旋下刀方式做环切加工即可。

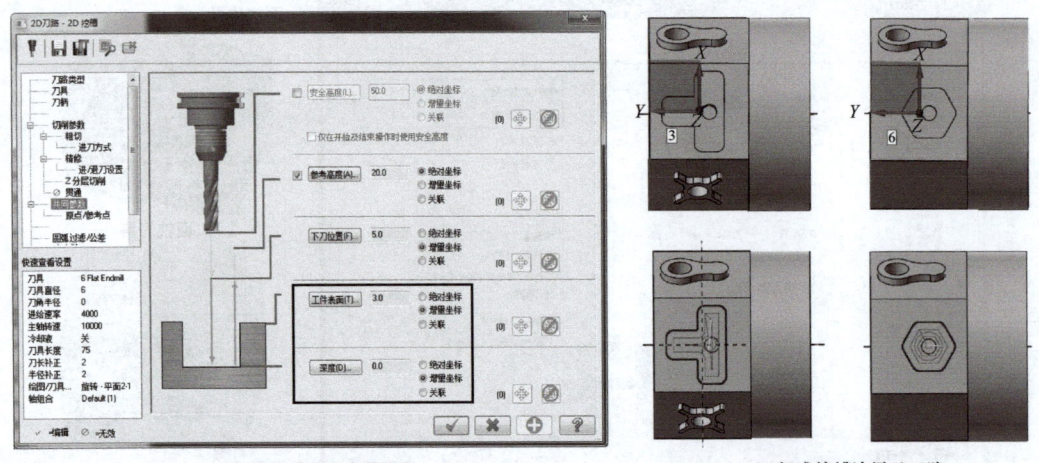

a) 标准挖槽共同参数设置　　　　　　　　b) 标准挖槽边界及刀路

图 6-2-7　凹槽表面加工的刀路设计

4. 孔系加工刀路设计

零件中孔系有两种规格，包括顶面腔孔中两个孔和两侧面中与之贯通的两个孔，孔径均为 φ6mm，还有正对两侧表面各有一个 M8 的螺孔，这些孔需要使用 φ6mm 钻头、φ6.8mm 螺纹底孔钻头以及 M8 丝锥先后进行加工。各孔加工既可在对应定向面设计 2D 钻孔刀路，也可在标准俯视面将所有孔一起直接用"五轴钻孔"方法进行五轴联动的刀路设计。

三、各锥壁面五轴联动加工的 CAM 刀路设计

1. 五轴钻孔的刀路设计

在 MasterCAM 中进行五轴钻孔刀路设计时，应在标准俯视面通过"点/线"确定孔位的方法，利用选取孔位轴线的端点自动确定刀轴方向，属于五轴联动加工的范畴。

刀路设计前应先在各孔中心处构建一段从孔口到孔底的轴线，单击"多轴加工"→"钻孔五轴"刀路定义方法，选好钻孔刀具后，在如图 6-2-8 所示的对话框中选择"切削方式"→

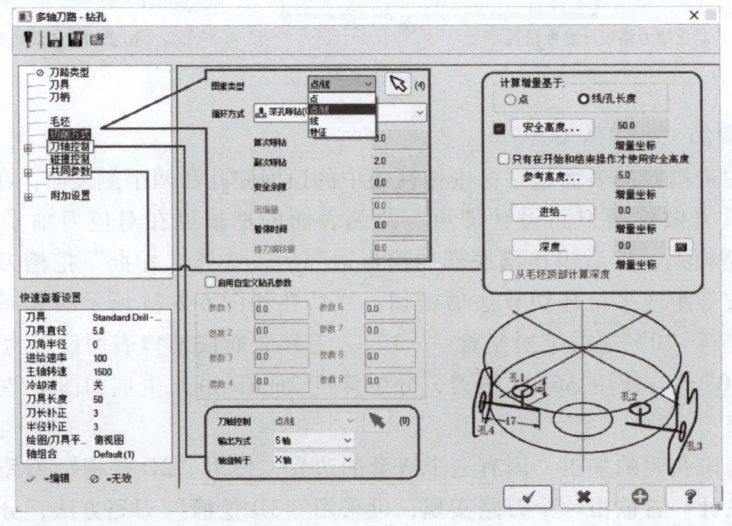

图 6-2-8　五轴钻孔刀路参数的设置

"图案类型"→"点/线"的孔位定义方式,通过单击右侧箭头切换到图样模型中依次选取各轴线孔底处端点,系统自动根据直线确定各孔加工的刀轴平面及进刀方向(选孔底端点时进刀由外向内,选孔口端点时进刀由内向外)。在深度控制的共同参数中,选择根据"线/孔长度"计算增量值,则孔口工作表面自动锁定为轴线的另一端点,初始安全高度、参考高度 R 以孔口处开始增量计算。

由于五轴钻孔默认输出的 RTCP 程序在仿真运行时各孔位间变换的轨迹路径不可预见,提刀超程或干涉的风险较大,需要在刀路设计时设置安全避让区域,确保其轨迹在可控的安全区域中。如图 6-2-9 所示,对五轴钻孔设置 $\phi80mm\times70mm$ 的圆柱形安全区域,将顶面留出 5mm 高,柱面留出单边 2mm 的安全空间,则系统将沿柱面产生其提刀转换的刀路数据。

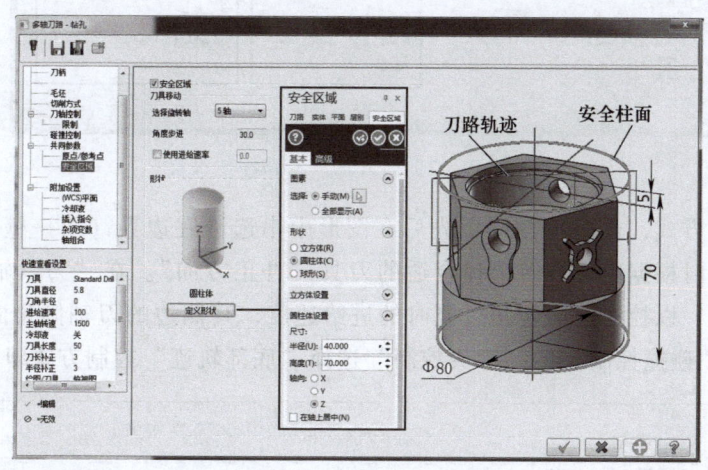

图 6-2-9 五轴钻孔安全区域设置

2. 锥壁表面五轴联动的刀路设计

座体零件一端孔腔表面有 20°锥壁特征,要在完成直壁加工后采用五轴刀路设计方法并在标准俯视刀轴下进行。在 MasterCAM 中,可采用曲线五轴、沿边五轴、沿面五轴、平行到曲线或平行到曲面等多种五轴刀路方法之一,在此仅介绍以下三种刀路设计方法。

(1)曲线五轴刀路方法 选择多轴加工的"曲线五轴"刀路方法并选用 $\phi8mm$ 铣刀后,如图 6-2-10 所示,在"切削方式"中选择"3D 曲线",然后在图形中"串选"选择槽底边界,同时根据串连顺序的方向选择合适的刀具补正方向;在"刀轴控制"中选择槽底曲面为刀轴控制方式,同时设定侧倾角为"-20",即锥壁相对于底平面法线的倾斜角度;由于串选的曲线边界就是槽底边界,所以在"碰撞控制"中刀尖控制相对于投影曲线的向量深度设为"0"。

(2)沿边五轴刀路方法 选择多轴加工的"沿边五轴"刀路方法,如图 6-2-11 所示,在"切削方式"的"壁边"选择时可选择"曲面"方式,在图形中选择四周所有侧壁曲面后再按提示选择开始切入的第一个曲面(多曲面时指定起始切入的第一曲面,单一曲面时再选锥壁面),并继续选择第一个较低的轨迹边界,即第一个曲面底部边缘(单一曲面时选底部边界曲线),接着单击 ✓ 确认切削进给方向即可;如图 6-2-12 所示,也可在壁边选择

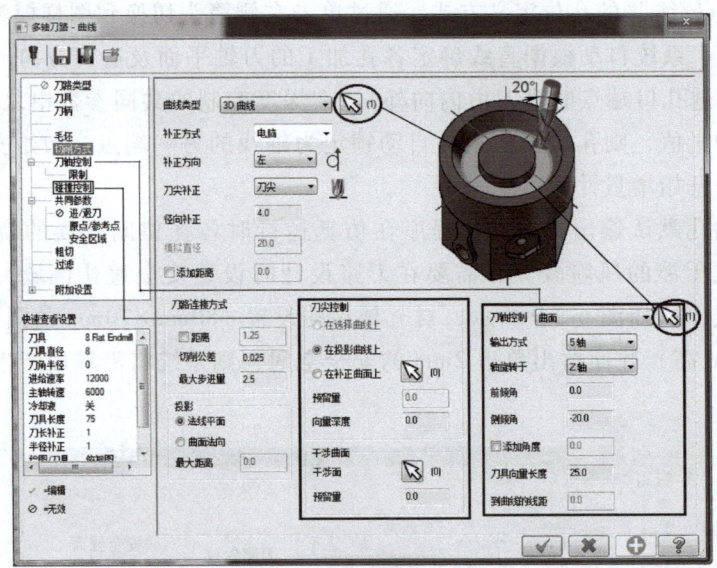

图 6-2-10　"曲线五轴"刀路参数设置

时采用"串连"方式，此时应按提示先后在图形中串选锥底边界（第一壁边）、口部边界（第二壁边），同时根据串连方向选择合适的刀具"补正方向"。在"刀具轴控制"中勾选"扇形切削方式"，以控制扇面转角过渡时的进给速度，其侧边的刀轴倾角由两个壁边边界自动计算得出；"碰撞控制"的"刀尖控制"选择"底部轨迹"控制方式即可。

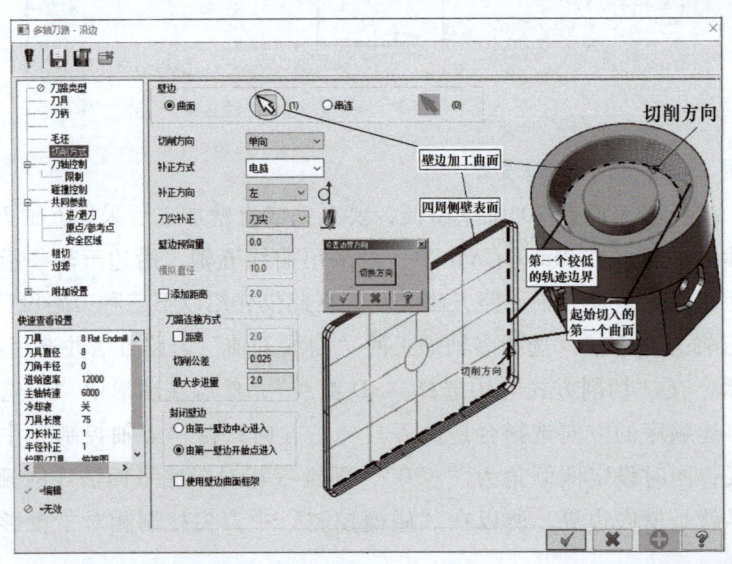

图 6-2-11　锥壁槽沿边五轴加工壁边曲面切削方式参数设置

　　（3）平行到曲线的五轴刀路方法　选择多轴加工的"平行"五轴刀路方法，如图 6-2-13 所示，"切削方式"选择"平行到曲线"，单击选择锥面底部曲线，单击"加工面"选择图形中的锥壁曲面；在加工范围控制形式中选"完整精确开始与结束在曲面边缘"，还可以在排序方式中设定下刀控制的起始点位置；在切削间距的"打断"控制中设置"最大步进量"

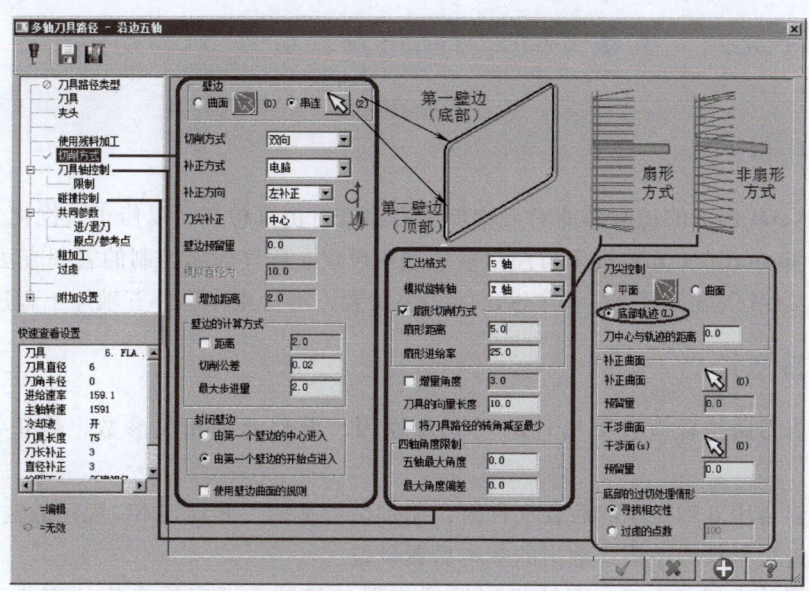

图6-2-12　锥壁槽沿边五轴加工壁边串联切削方式参数设置

为分层切削深度。当拟用侧刃对周侧曲面实施加工时，按深度分层的需要设置切削间距的步进量；当拟用底刃加工曲面时，该步进量可按切削行距的控制方式进行设置。"刀轴控制"选择"倾斜曲面"→"沿曲面等角方向"的控制方式，并设置刀具在切削方向侧边呈90°倾斜角度形式，令刀具轴向相对于侧壁曲面的法线做90°摆转，使刀轴平行于侧壁表面实施加工（侧倾角为"0"时，刀轴始终垂直于曲面，由底刃实施切削）。对角度不变的锥壁面，更适合采用"固定轴角度"的"刀轴控制"方式，此时只需按图样设置相对于Z轴呈$-20°$的倾角即可。

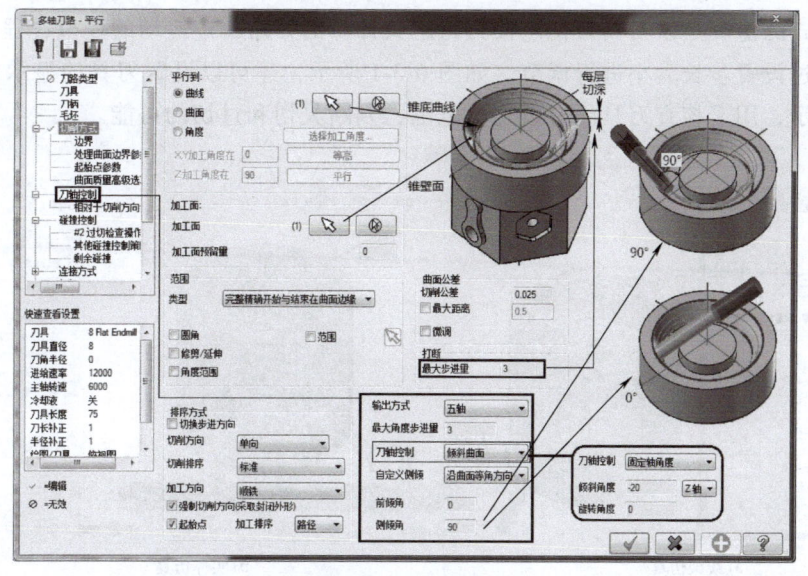

图6-2-13　锥壁曲面平行到曲线五轴加工参数设置

单元三 五轴 CAM 刀路仿真及后置 NC 程序输出

【单元学习任务】

1. 使用 CAM 内嵌的仿真功能对五轴加工刀路进行仿真检查，以修正、优化刀路设计。
2. 了解 MasterCAM 五轴机床与控制系统选用设定、程序输出控制的管理方法。
3. 探讨 CAM 五轴后置 NC 程序输出的相关设置，进行座体零件五轴加工程序的输出。

【单元学习目标】

1. 会分析刀路仿真检查中出现的问题及原因，调整刀路相关参数，修正、优化刀路设计。
2. 会组建自用五轴机床的后置文件组，添加后置文档，并管控 NC 程序的输出。
3. 能够进行常规程序格式输出的基本后置设置
4. 能够简单进行 BC 摆台五轴机床后置设置的修改，正确输出座体零件五轴加工的程序。

【单元学习知识基础】

一、CAM 内嵌的刀路仿真检查

大多数 CAM 软件都具有轨迹仿真、实体仿真的刀路模拟功能，通过仿真模拟可以很方便地对所定义的刀路结果进行检查，并由此发现刀路设计中过切、欠切及刀具干涉的可能性，以便于设计者合理地调整和优化刀路设计。

1. 轨迹线架仿真和实体仿真

线架形式的仿真是以刀具刀位点按刀路定义计算的刀路轨迹运动的模拟过程，模拟动作的快慢可通过设置步长大小进行调节。如图 6-3-1 所示，还可以设置刀具的显示以及刀具覆盖痕迹的显示，用于核查刀具的有效切削范围，判断欠切和过切的可能。

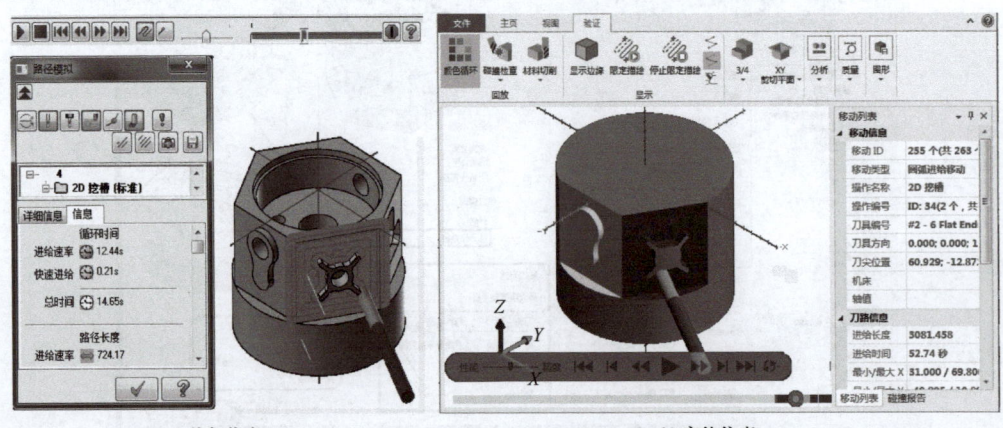

a) 线架仿真   b) 实体仿真

图 6-3-1 基于 CAM 刀路的切削仿真方法

和线架仿真相比，实体仿真的模拟更生动逼真，既可以看到实际加工的效果，也可以直观地查验刀具过切、干涉，以及因刀具长度不够刀柄夹头引起的干涉现象。实体仿真的毛坯可以选矩形块料、圆棒料和 CAD 实体模型等，也可以将仿真结果保存为 STL 文件，供后续工序继续仿真使用，翻面加工时可以对 STL 坯料进行平移、旋转等简单变换。

一般地，实体仿真用于加工结果的直观检查，而线架仿真用于刀路轨迹的细致分析。实体仿真时，因快速移动导致的干涉痕迹是以红色显示的，容易被直观地发现；但工进时产生的过切和欠切则必须通过与设计图样比对作出判断。

2. 铣削刀路的仿真检查及调整

由于五轴定向加工本质上还是 2D 刀路设计，可以沿用 2D 刀路仿真分析的方法。

对于刀路定义时因分次过多，以及引入/引出参数不合适而导致补偿延伸后的刀具覆盖痕迹与其他台肩或夹具间产生干涉，或者出现较多空刀轨迹从而影响效率时，可将这些干涉边界作为挖槽的边界之一，进行挖槽的刀路边界的调整，从而有效规避这些问题。挖槽加工时，若切削方法选用不合适，将增加出现残料的可能，这种情况在实体仿真中能被直观地发现，可以指导设计者调整刀路和相关参数。如将行切改为环切方式，更换等距环切或平行环切方式，调整行距等的处理，即可消除残料出现的概率，如图 6-3-2 所示。

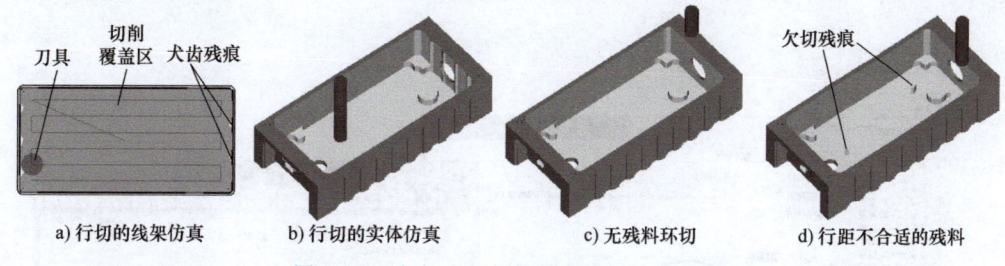

a) 行切的线架仿真　　b) 行切的实体仿真　　c) 无残料环切　　d) 行距不合适的残料

图 6-3-2　行切和环切挖槽刀路的残料检查

对于槽腔内小圆弧转角部位，为保证切削加工效率，在刀路设计上通常是先用大直径刀具进行挖槽粗切，再改用稍小直径的合金刀具进行精修，精修之后若还无法达到转角圆弧半径大小，则必须采用与转角圆弧半径相适应的刀具作残料清角的刀路设计。转角在由大到小的变化过程中，需要借助仿真观察残料的大小。若使用刚性较差的小直径刀具或者韧性较差的硬质合金刀具，当一次铣削的残料过大或因补正而出现零半径转角过渡（清角）时，很容易在转角突变处折断刀具。因此，在设计方允许时就可修正转角过渡的半径大小，使其稍大于刀具半径值，以保证刀心轨迹在转角处有一小段圆弧缓冲，如图 6-3-3a 所示；或者采用径向分次切削均分余量的刀路设计，如图 6-3-3b 所示。

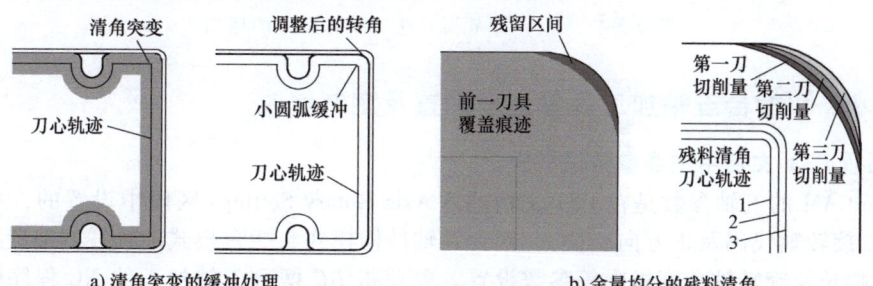

a) 清角突变的缓冲处理　　　　　　b) 余量均分的残料清角

图 6-3-3　槽腔内小圆弧转角部位的刀路检查

在实体仿真时，启用刀柄显示选项，还可检查出刀柄在切削加工过程中可能出现的干涉情形。若能同时提供夹具的几何模型，使用 CAM 内嵌的机床仿真，可对装夹工艺设计是否会产生干涉进行仿真，该功能尤其适合五轴加工的前期检查。由于后续任务中有基于 NC 程序输出后的 VERICUT 仿真调试，在此不进行机床仿真的详细介绍。

对五轴刀路设计的仿真，主要是关注下刀切入时的过切、提刀退出再转换到其他角度部位时其提刀高度设置会不会产生快速移动时的撞刀，由此指导设计者调整参数设置；但由于五轴刀具轨迹在空间移动中的不可预见性，基于 CAM 刀路的仿真也只能初步实现定性分析和判断，风险点可在使用 VERICUT 进行机床加工仿真时进一步关注。

二、MasterCAM 五轴后置处理文件的管理与选用

如项目三单元四所述，在新版 MasterCAM 中，五轴机床后置处理文件涉及一组文件名相同、扩展名不同的几个文件，包括 PST 文档、PSB 文档、机床结构模型 MMD 文档以及控制系统 CONTROL 文档。当机床五轴后置文件组构建完成后，如图 6-3-4 所示，在操作管理区的机床刀路群组的"属性"→"文件"→"替换"，通过选择自用机床的 MMD 结构文件实现整个关联后置处理系统的选用。其后对机床后置关键参数设置的修改主要是通过编辑自用机床的 PST 文档实现。

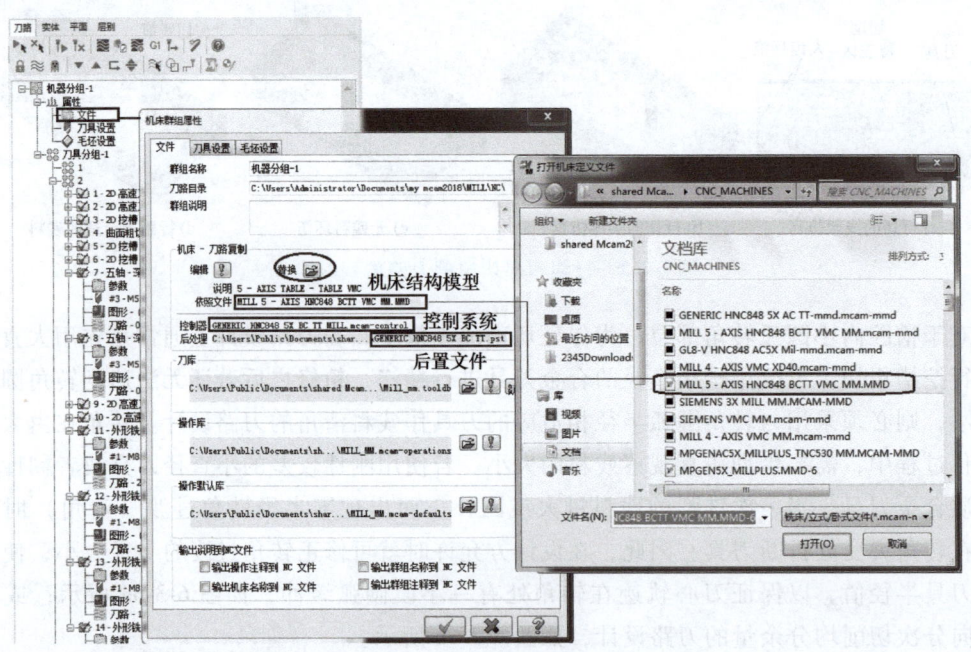

图 6-3-4　MasterCAM 五轴机床后置文件的选用

三、BC 双摆台五轴加工后置处理设置及定制修改

1. 后置 PST 文档中主要参数设置解析

MasterCAM 的五轴参数是在 PST 文档的 5 Axis Rotary Settings 区段中设置的，主要包括第一/第二旋转轴代码及正方向、摆头/摆台五轴结构模式、摆台模式的轴线间偏置距离、摆头模式的摆长及旋转轴角度极限等参数设置。要获得 BC 摆台五轴加工的 NC 程序输出，应参照表 6-3-1 的设置进行核查，其余设置不变。

表 6-3-1　BC 摆台五轴加工后置主要参数设置及含义解析

代码项参考设置（*BC*）	含义解析	核查说明
str_pri_axis "C" str_sec_axis "B" str_dum_axis "A"	设置第一、第二旋转轴输出的前导字符	第一旋转轴应为 *C* 轴 第二旋转轴应为 *B* 轴
mtype：0	五轴结构模式 0：双摆台 1：摆头+摆台 2：双摆头	五轴联动非 RTCP 输出时设为"0" 五轴联动 RTCP 输出时设为"2"
rotaxis1 $ = vecy rotdir1 $ = −vecx rotaxis2 $ = vecz rotdir2 $ = −vecy result = updgbl(rotaxis1 $ ，"vecy") result = updgbl(rotdir1 $ ，−"vecx") result = updgbl(rotaxis2 $ ，"vecz") result = updgbl(rotdir2 $ ，−"vecy")	旋转轴零度方位及正旋向的设置 rotaxis n $　　轴 n 的零度方位 rotdir n $　　轴 n 的正角度指向	第一轴 *C* 轴以+*Y* 方向为零位，−*X* 方向为正旋向；第二轴 *A* 轴仍以 +*Z* 方向为零位，−*Y* 方向为正旋向
use_tlength：0 toollength：0 shift_z_pvt：0	use_tlength： 0：如何使用摆长变量 1：Mastercam OAL 数据 2：计算前提示输入 toollength（摆长）：摆长值 shift_z_pvt（Z 偏置）： 0：按枢轴点 1：按摆长补（枢轴点−摆长） 2：按鼻端补（刀尖编程）	双摆台机床不设置
shft_misc_r ：1	摆台模式轴间偏置距离的数据导入方式 0：只能在 PST 文档内设置 saxisx、saxisy、saxisz 轴间偏移值	1：允许在杂项实变量中设轴间偏移。非 RTCP 时按实测值设 X_f、Z_f，RTCP 时不需设置
top_type ：4	刀轴平面设置 1：*A*+*C* 2：*B*+*C* 3：*C*+*A* 4：*C*+*B*	按"2"或"4"设置
pri_limlo $ ：−360 或 −9999 pri_limhi $ ：360 或 9999 sec_limlo $ ：−30 sec_limhi $ ：110	第一、第二旋转轴绝对坐标输出时角度极限的设置	*C* 轴角度不限制 *B* 轴角度按机床实测极限核查
pri_intlo $ ：−720 或 −9999 pri_inthi $ ：720 或 9999 sec_intlo $ ：−140 sec_inthi $ ：140	第一、第二旋转轴增量坐标输出时角度极限的设置	*C* 轴角度不限制 *B* 轴角度按机床实测极限核查
use_clamp：1	锁轴 M 代码输出 0：不输出 1：输出	按机床所用 M 指令核查相关变量 spunlock ："M141"　*C* 轴释放 splock ："M40"　*C* 轴锁 ssunlock ："M146"　*B* 轴释放 sslock ："M45"　*B* 轴锁

2. 杂项变量控制的五轴后置设置

当上述后置处理文档中的 shft_misc_r 项设为"1"时，双摆台各轴的偏移值以及部分输出控制的设置可以通过刀路设计中的杂项变量来实现。如图 6-3-5 所示，若需要获得非 RTCP 功能的 NC 程序输出，杂项整变量 mi1 应设为"0"，按 *BC* 双摆台机床标定时的实测结果，在杂项实变量 mr7、mr9 中分别设置轴间偏置 X_f、Z_f 的值；若需获得 RTCP 功能的 NC 程序输出，杂项整变量 mi1 应设为"1"，同时清除实变量 mr7、mr9 中的数据为"0"。

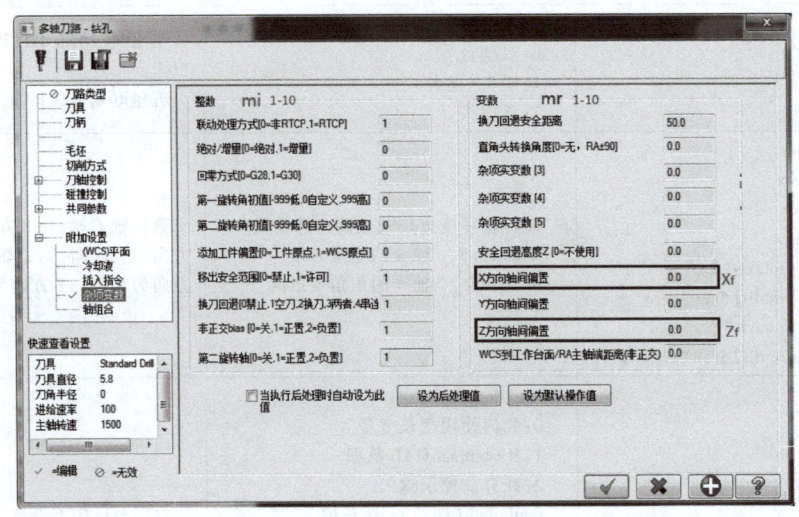

图 6-3-5　杂项变量中五轴后置设置

3. 五轴定向及联动 RTCP 程序输出的定制修改

针对 HNC-848 系统的五轴编程规则，若拟利用 MasterCAM 实施倾斜面特性坐标系 G68.2　X_　Y_　Z_　I_　J_　K_的格式输出，则设计刀路时，平面（WCS）应设置工件坐标系为原始 WCS（俯视面），刀具平面和构图平面均为所构建的相应特性坐标平面，且杂项整变量 mi6 应设为"0"（按刀具面原点计算输出）。此外，在后置 PST 文档中尚需对换刀起始程序头输出处理的函数 p_goto_strt_tl、不换刀时两刀路间的程序处理函数 p_goto_strt_ntl 以及换刀前刀路结束时提刀的程序处理函数 pretract 等分别进行格式输出算法的设置修改，见表 6-3-2。

表 6-3-2　倾斜面特性坐标系程序格式输出的后置设置及含义解析

参数区段及函数项	设置修改处理的内容	设置修改处理的含义解析
#Output formatting	设置参数 top_map: 1	允许对工件坐标系与 WCS 不同时进行旋转变换的计算，以获得 G68 的格式输出
函数 p_goto_strt_tl #换刀起始的程序头输出处理	if stagetool <=one, pbld, n $, * t $,"M6", e $ pbld, n $, * sgcode, pwcs, * sgabsinc, xout, yout, p_out, s_out, speed, spindle, e $ if n_tpln_mch >-1, [pg68, * sgcode, * xout, * yout, e $, pbld, n $, * zout, scoolant, e $] else, p_abs = p_abs-90 pbld, n $, "G43.4", * tlngno $, e $, * zout, scoolant, e $ …	要做修改设置的前一输出处理行内容 输出定位到起始位置处的标准程序行，如：G0　G54　G90　X_　Y_　B_　C_　S_　M3 若为定向面方式，调用执行函数 pg68 后，在特性坐标系中进行 *XY* 定位，然后 *Z* 定位 为五轴联动方式时，$C = C-90$ 输出 G43.4　H_，再 *Z* 定位

（续）

参数区段及函数项	设置修改处理的内容	设置修改处理的含义解析
函数 p_goto_strt_ntl #不换刀时两刀路间的程序处理	else, p_goto_pos if n_tpln_mch >-1, [pbld, n$,"G69", e$, pbld, n$,"G91 G28 Z0", e$ 　pbld, n$,"G49", e$ 　pbld, n$, * sgcode, pwcs, * sgabsinc, xout, yout, 　p_out, s_out, speed, spindle, e$ 　pg68 　pbld, n$, * xout, * yout, e$, * zout, scoolant, e$] else, 　p_abs = p_abs-90 　pbld, n$,"G49", e$, n$, * sgcode, pwcs, * sgabsinc, 　xout, yout, p_out, s_out, speed, spindle, e$ pbld, n$,"G43.4", * tlngno$, e$, * zout, scoolant, e$	要做修改设置的前一输出处理行内容 　当 n_tpln_mch >-1（定向面方式） 　强制输出 G69 的程序行，然后 Z 回零 　强制输出 G49 的程序行 　定位到起始位置处 　调用执行函数 pg68 　在特性坐标系中进行 XY 定位，然后 Z 定位 　C = C-90 　为五轴联动方式时， 　先输出 G49，再定位到起始位置处 　输出 G43.4 H_，再 Z 定位
函数 pretract #换刀前刀路结束时提刀的程序处理	pbld, n$, sccomp, spindle, e$ if n_tpln_mch>-1 & mi1$, 　[　pg69 　pbld, n$,"G0 B0 C0", e$ 　pbld, n$,"G49", e$　]	要做修改设置的前一输出处理行 　当 n_tpln_mch >-1（定向面方式） 　调用执行函数 pg69，以输出 G69 程序行 　强制输出 G0 B0 C0 的程序行 　强制输出 G49 的程序行
函数 pg68 #根据杂项整变量第一项给定值选择特性坐标指令输出方式	map_mode = one ivec = p_out, jvec = s_out pbld, n$,"G43.4", * tlngno$, e$ if mi6 = 0, pbld, n$, * smap_mode, * tox_g, * toy_g, * toz _g, * ivec, * jvec, * kvec, e$ if mi6 = 1, pbld, n$, * smap_mode,"X0 Y0 Z0", * ivec, * jvec, * kvec, e$ prv_map_mode = zero pbld, n$,"G53.2", e$	启用特性面标记 取转换角度 输出 G43.4 H_的程序行 　当 mi6 = 0 时，按特性坐标系原点输出 G68.2 　当 mi6 = 1 时，按 WCS 原点输出 G68.2 清除前一特性面标记，并删除后续语句 强制输出 G53.2 的程序行

单元四　座体零件五轴加工的仿真调试

【单元学习任务】

1. 分析 HMU20 BC 双摆台五轴机床的结构模型，设置并核查各轴的行程范围。
2. 构建 HSK 常用型号刀柄的几何模型，设置仿真用刀具系统。
3. 进行座体零件五轴定向与联动加工程序的仿真调试。

【单元学习目标】

1. 能够根据 HMU20 机床实测数据正确设置各轴位置，核查各轴运动方向和行程极限。

2. 会按实测数据对刀柄、主轴等关键部件建立可用的仿真模型，确保五轴加工的仿真能准确规避干涉的风险。

3. 能够进行座体零件五轴加工程序的仿真调试，会分析仿真中出现的常见问题的原因，并提出相应的解决对策。

【单元学习知识基础】

一、HMU20 *BC* 双摆台机床结构与仿真环境设置

1. HMU20 五轴联动加工中心的结构及技术参数

图 6-4-1 所示为 HMU20 小型五轴联动加工中心的外形结构及五轴位置关系图。该机床采用 *BC* 双摆台结构、伞形刀具库容量六把，主轴锥孔可配装 HSK E32 规格刀柄，配置华中 HNC-818D 数控系统，支持 RTCP 程序控制和高速、高精加工功能。HMU20 五轴立式加工中心可以进行铣、钻、扩及铰加工，可实现五轴联动的功能，适用于机械、轻工、电子和纺织等行业的各种中小型复杂零件的加工。HMU20 五轴联动加工中心的主要规格及技术参数见表 6-4-1。

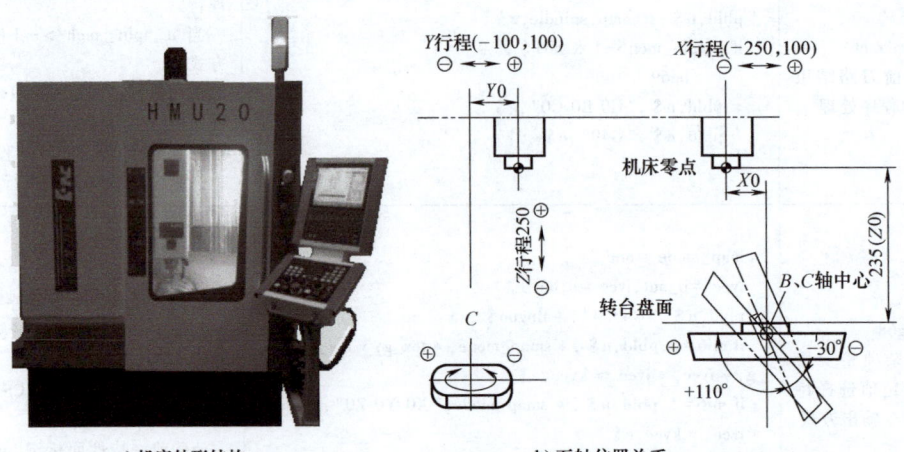

a) 机床外形结构　　　　　　　b) 五轴位置关系

图 6-4-1　HMU20 小型五轴联动加工中心外形结构及五轴位置关系图

表 6-4-1　HMU20 五轴联动加工中心的主要规格及技术参数

项目	单位	规格与参数
最大工件直径	mm	$\phi200$
转台最大载重	kg	25
工作行程 X、Y、Z	mm	350、200、250
主轴锥孔		HSK E32　1:10
主轴鼻端到旋转台 0° 盘面距离	mm	90~250
刀柄规格		HSK E32
最大刀具长度	mm	100
刀具库容量	把	6
电源要求		380V\50Hz
主轴电动机功率	kW	3.5
主轴电动机额定转速(50~200Hz)	r/min	12000

（续）

项目	单位	规格与参数
A 轴可倾斜角度	(°)	$-30° \sim +110°$
C 轴回转角度	(°)	360（任意）
线性轴进给速度	mm/min	$1 \sim 10000$
线性轴快移速度	m/min	15/15/15
定位精度 X、Y、Z	mm	≤ 0.022
重复定位精度 X、Y、Z	mm	≤ 0.012
C 轴最小分辨率	(°)	0.001°
B/C 轴定位精度	s	28″/28″
重复定位精度	s	16″/16″
B/C 轴最大转速	r/min	50/100
气压	MPa	$0.5 \sim 0.8$
外形尺寸（长×宽×高）	mm	1520×1550×1900
机床重量（约）	t	3.6

　　HMU20 五轴联动加工中心为 $B+C$ 双摆台五轴结构，其 B 轴为定轴、C 轴为动轴。C 轴转台位于 B 轴转台的中间，C 轴轴线与 B 轴轴线正交，即 Y 向偏置距离为 0，B 轴可倾斜角度为 $-30° \sim +110°$，C 轴旋转范围为 360°，C 轴转台上表面与 B 轴轴线有一定的偏置距离。可加装自定心、单动卡盘或其他专用夹具，以实现各类中小坯件的装夹，机床各轴位置关系及行程范围如图 6-4-1b 所示。其 B 轴零位为工作台面水平放置，即与 Z 轴法向垂直的方位；C 轴绝对零位为台面 T 型槽与 X 轴平行的方位。

2. HMU20 五轴机床的 VERICUT 仿真环境设置

　　图 6-4-2a 所示为 VERICUT 中构建的 HMU20 五轴机床的仿真模型，其主要工作部件均在 CAD 中按与实际尺寸建模后转换为相应模型，并存为 mch 机床结构模型文件，各轴运动关系与实际机床一致；图 6-4-2b 所示为按 HMU20 五轴机床的实际行程范围在"机床设定"→"行程极限"中进行的相关设置。

a）机床仿真模型

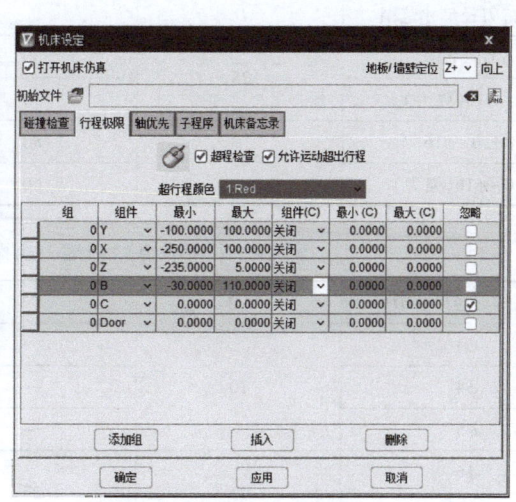

b）各轴行程极限设置

图 6-4-2　HMU20 五轴机床仿真模型及行程极限设置

仿真环境中，HNC-818D 系统采用 HNC-818.ctl 为控制系统文件，其"字地址"及"控制设定"的配置修改请参见项目四单元四内容，在此不再赘述。由于机床为 *BC* 旋转轴结构，需要核查宏变量注册中 *B* 轴旋转角度数据的许可。

3. HSK 刀柄系统

为更准确地获得仿真信息，刀柄结构及几何参数应参照 HSK E32 规格型号的实际尺寸进行建模，如图 6-4-3 所示。其可使用筒夹刀柄标准系列的规格尺寸数据，见表 6-4-2。使用热缩刀柄时，系列规格尺寸数据，见表 6-4-3。可通过 CAD 构建各规格刀柄的模型并保存为 DXF 文档后在 VERICUT 刀具系统中调用，也可用于刀路设计和实际加工时参考。

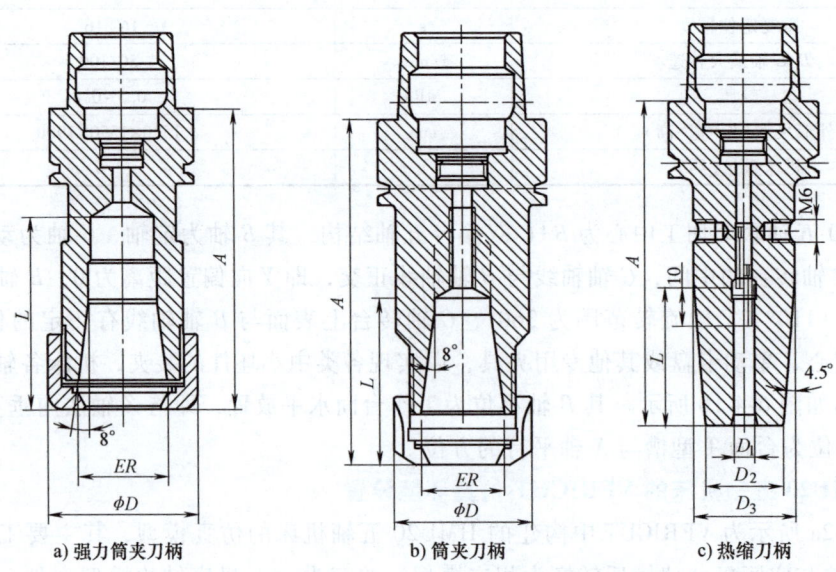

a) 强力筒夹刀柄　　b) 筒夹刀柄　　c) 热缩刀柄

图 6-4-3　HSK E32 筒夹刀柄结构尺寸图示

表 6-4-2　HSK E32 筒夹刀柄标准系列的规格尺寸　（单位：mm）

可夹持刀径尺寸范围	*D*	*L*	*ER*（筒夹）	L2（夹持深度）
φ0.5～φ10	28	80	16	<32.5
φ2～φ10（强力）	28	50	16	<32
φ1.0～φ16	42	80	25	<41
φ2.0～φ16（强力）	42	60	25	<39

表 6-4-3　HSK E32 热缩刀柄标准系列的规格尺寸　（单位：mm）

可夹持刀径尺寸 *D1*	*D2*	*D3*	*A*	*L*
φ3	10	—	60	10
φ4	10	—	60	12
φ5	10	—	60	15
φ6	21	27	70	36
φ8	21	27	70	36
φ10	24	32	80	42

各轴起始位置及行程范围的设置应按机床对刀找正后工件零点处各轴的机床实际坐标位置进行调整。移动仿真环境中 X、Y、Z 各部件，使之与实际机床位置关系一致，并检查确保机床参考点位置设置与实际机床一致。当仿真环境与实际机床一致时，通过 VERICUT 的仿真即可真实反映程序执行的状况，可最大限度地规避各类干涉的风险。

二、座体零件五轴加工的程序调试与仿真

1. 仿真调试的"5+1"要素准备

在上述 HMU20 五轴机床仿真下进行"5+1"仿真要素的设置：

1）确保机床模型为 HMU20. mch 五轴机床。

2）确保控制系统为 HNC-818。

3）按照实际加工的装夹要求构建自定心卡盘夹具或定制夹具的模型，同时构建 ϕ76mm×65mm 的圆柱毛坯模型。

4）建立座体零件加工用刀具系统，T1 为 ϕ8mm 铣刀（刀柄按 D = 28mm 或 42mm 调入 DXF），T2 为 ϕ6mm 铣刀（刀柄按 D = 28mm 调入 DXF），T3 为 ϕ6mm 钻头，T4 为 ϕ6.8mm 钻头，T5 为 M8 丝锥（刀柄按 D = 28mm 或 42mm 调入 DXF）。

5）将前述单元中 CAM 刀路输出的各特征加工的程序分别保存为 NC 程序文件，顺次添加载入到仿真环境的数控程序中。

6）将上表面中心设为工件坐标系原点，设工作偏置为寄存器"54"并进行从"TOOL"到"坐标原点"的关联。

2. 底面锥壁槽五轴联动加工程序的仿真调试

座体零件底面环槽及锥壁表面的铣削加工仅使用 ϕ8mm 铣刀（T1）进行加工，应同时载入直壁环槽铣削加工程序和锥壁面五轴联动加工程序。

调试运行程序时，可通过单击"信息"→"数控程序"显示程序窗口，然后在图形显示区右下方按钮区单击 ▶ 或 ▶ 按钮，以单步或连续方式启动加工仿真，图形显示区将进行机床加工过程的模拟仿真。单步方式 ▶ 时程序窗口的光标随之指示当前运行的程序行，可以方便理解并检视 CAM 后置输出 NC 程序的格式以及程序数据的合理性。开启坐标系显示后，在单步仿真过程中还能观察到 G43.4 执行时坐标系变换的状态，对 BC 摆角安排在 G43.4 之前还是之后执行时的变化及其安全风险也能有更深入的理解。图 6-4-4 所示为加工锥壁面时的下刀仿真。由警示信息可知，当前的程序存在快进撞刀的风险，需要在 CAM 中加大进给下刀高度值的设置，将其值由 10mm 提高到 15mm 后，可消除快进撞刀的警示。该风险在 CAM 刀路仿真中并没有相关提示，这充分说明了五轴加工前期进行仿真的必要性，通过检查分析能指导编程者有目的地调整刀路设计的相关设置，确保程序输出的安全。

3. 翻面更换工序时多工位加工仿真的设置

当零件第一个面加工仿真完成后，需要翻面继续进行下一工序的加工仿真，此时就需要进行多工位加工仿真的操作与设置。

通过单击选择"项目"→"增加新工位"，或在工位处使用"拷贝""粘贴"的操作方法，均可在当前工位之后添加一个新的工位，新工位将自动沿用当前工位所设置的仿真环境。在此基础上可修改新工位的机床、系统、夹具附件、程序文件及刀具库配置等仿真环

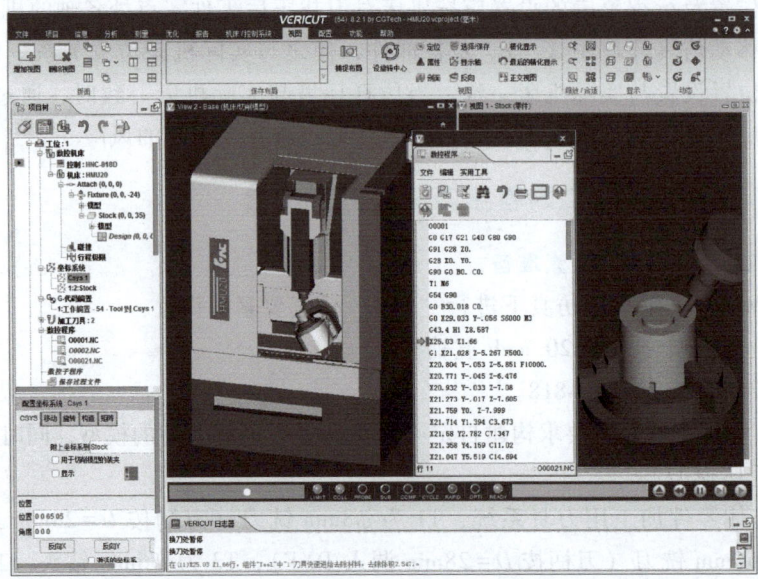

图 6-4-4 底部锥壁表面下刀切入时的仿真检查

境，以适应新工位仿真加工的要求。如果多个工位中的后续工位沿用原有某工位的机床环境，采用选择性的"拷贝"和"粘贴"的操作要比"增加新工位"的方法更便利。

多工位加工仿真中，如果某工位需要沿用前一工位已加工过的毛坯经翻面操作后作为本工位毛坯，应先右击控制条中 按钮，选择仿真到"各工位结束处"暂停的设置，然后单击控制条中 按钮进行前一工位的加工仿真，结束时，在其毛坯模型项目树处会新出现一个" 加工毛坯 "的项目。单击选择该新建工位为"现用"工位，并根据需要重新设置"5+1"要素，然后单击控制条中 单步按钮，则" 加工毛坯 "项目将转移至新工位的毛坯组件下。对该加工毛坯按新工位装夹要求实施毛坯与夹具间的翻转、移动等调整操作，完成后单击"保留毛坯的转变"按钮，即可实现前一工位加工结果到后一工位间毛坯的转换，重新设置工作坐标系后即完成该工位仿真环境的设置。对后续其他工位重复如此操作，即可实现多工位连续加工仿真的设置。

4. 六个槽台表面五轴定向加工的仿真调试

座体零件翻面后有顶部腔孔、六个槽台表面的加工内容，分别使用 φ8mm 铣刀（T1）、φ6mm 铣刀（T2）、φ6mm 钻头（T3）、φ6.8mm 螺纹底孔钻头（T3）和 M8 的丝锥（T4）加工。载入由 CAM 按各刀具顺序分别输出的 NC 程序即可进行仿真，翻面加工的毛坯由上一工序流转而来，图 6-4-5 所示为六个槽台各面五轴定向加工的仿真结果。虽然调试过程中偶尔也有一些警示信息出现，但微调后都能予以解决，仿真验证基本能达到预期的效果，证明刀路设计和后置设置是相对正确的。图 6-4-6 所示为安全区域控制下五轴钻孔加工的仿真结果，当刀路设计未设置安全区域，以默认算法输出 RTCP 程序时，各孔位间提刀转换既有快进撞刀警示信息，也有 Z 向跟随的超程警示信息，走刀轨迹不可控。在 CAM 中设置提刀转换的柱形安全区域再输出的 RTCP 程序，仿真调试中不再出现警示信息，开启仿真轨迹核查可知，其走刀轨迹就是沿安全柱面控制下移动的，RTCP 程序中也增加了许多中间节点控制数据。

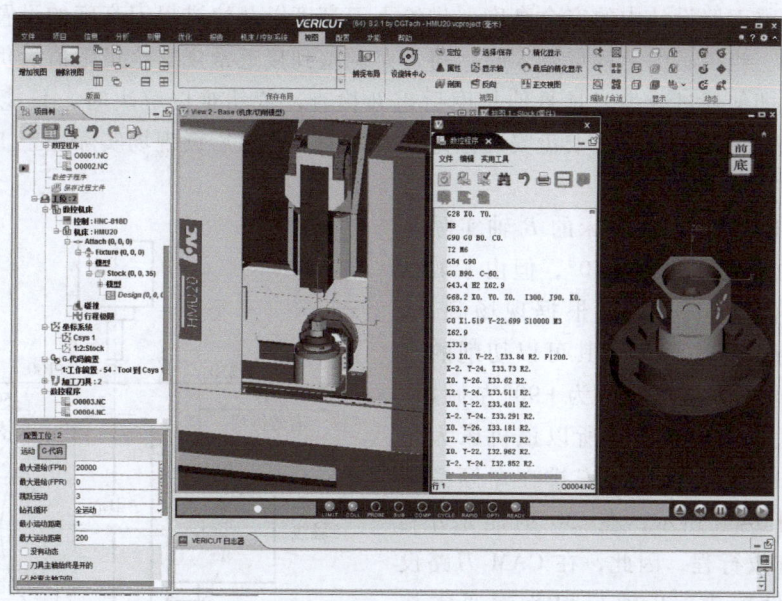

图 6-4-5　六个槽台各面五轴定向加工的仿真结果

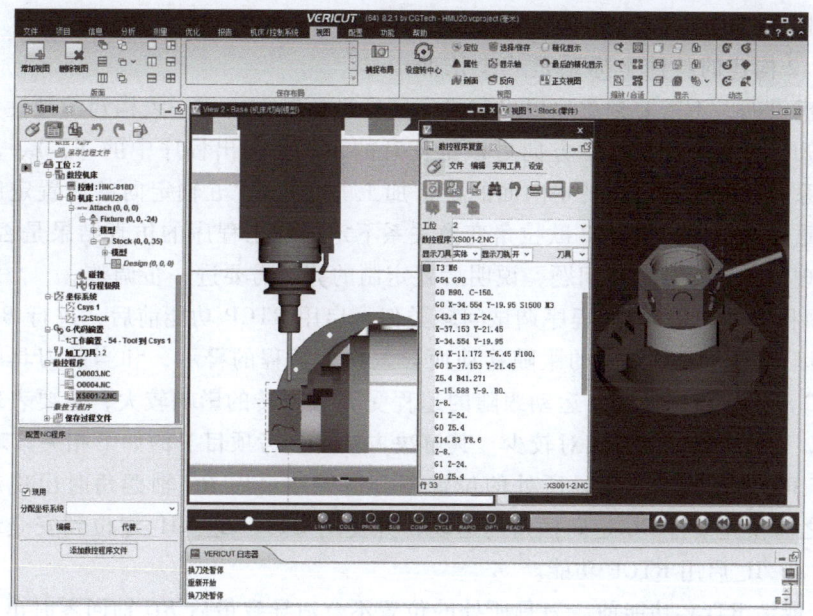

图 6-4-6　安全区域控制下五轴钻孔加工的仿真结果

三、仿真调试中出现的问题与处理策略

通过对前述 CAM 刀路设计输出的 NC 程序实施 VERICUT 加工仿真调试，能清晰地解读出 BC 摆台五轴机床定向加工时其 RTCP 编程指令功能的执行状态和坐标变换过程，同时也能呈现出程序编制及工艺设计中出现的如下问题：

1）由于机床 Z 向行程偏小，工件在 C 转台上使用自定心卡盘装夹后，Z 方向活动空间受到限制，很多刀路仿真时都会有提刀后 Z 轴超程的警示信息，显然这是一个具有共性的问题。通过调整刀路设计中的安全高度、进给下刀高度以及快进提刀高度的设置，可以在一定程度上解决。当提示的超程量较大时，将刀路调整到接近常规安全极限值后仍无法消除警示信息，这时即使通过减少刀具悬伸长度后重新检查，依然难以解决时，只能拆除 C 转台上的基础托盘，直接将自定心卡盘安装固定到台面上，这对后续现场实际加工工艺的实施具有非常重要的指导意义。

2）虽然 HMU20 五轴机床的 B 轴实际转角范围可通过参数设置为±110°，但由于其 X 行程范围为（-250，100），根据现场测试，当 B 轴转角为-90°右倾时，其可以切削的有效行程非常小；而 B 轴转角为+90°左倾时，可以获得较大的有效行程，所以该机床大角度摆转后的加工通常都应该安排在左倾摆转下进行。如图 6-4-7 所示，在-30°时能充分利用右倾时的有效行程，因此，在 CAM 刀路设计及其后置设置中，B 轴行程范围通常按（-30°，110°）进行控制，以避免 CAM 自动计算时出现超出-30°摆转后的切削轨迹。

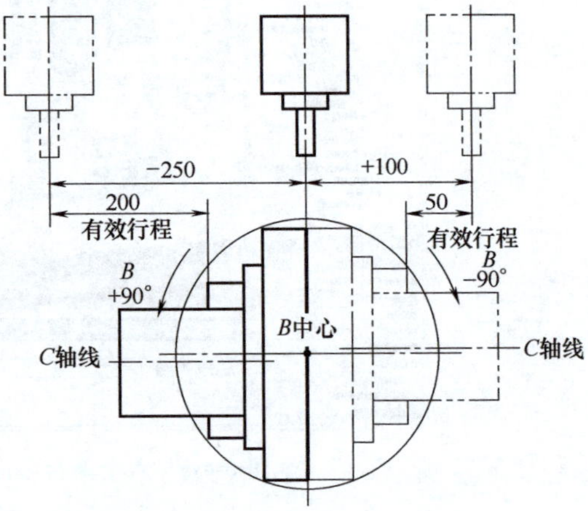

图 6-4-7　机床 B 轴控制下的有效行程

3）G68.2 构建的特性坐标系是一个依照数学关系而虚设的，不需要刻意地提出与机床实际坐标轴方向相一致构建的硬性要求。通过仿真观察可知，特性坐标系的轴方向可以是任意的，只要输出程序中的 X、Y、Z 坐标数据与特性坐标系相匹配，都可实现定向面的正常加工。在 CAM 五轴定向的后置定制时应参照这一规则，重点关注输出 G68.2 欧拉角变换关系下定向加工程序的仿真结果是否存在旋转、镜像等错位现象，若存在这类问题，说明后置定制的算法需要进一步调整。

4）与项目五 AC 摆台机床程序调试问题类似，启用 RTCP 功能前后，进行 BC 轴摆转运动时，容易因 X、Y、Z 直线轴的跟随移动而导致出现超程的警示，和当前刀具所处的位置有关。对 BC 双摆台机床而言，运动跟随的超程受 B 轴摆转的影响较大，主要表现为 X 轴和 Z 轴的超程，Y 轴超程可能性相对较少。其解决方法可参考项目五的如下相关策略：

① 对于 RTCP 启用前，刀具所处的位置不合适导致最后 BC 轴摆角时出现超程，可在 RTCP 启用之前预先安排 BC 定向摆角的运动，并使用 G43　Z_　H_定位到安全起始高度后再使用 G43.4　H_启用 RTCP 功能。

② 对于取消 RTCP 功能前，刀具所处的位置不合适导致最后 BC 轴回零时出现超程，可以在使用 G49 后先做 Z 向回零后再做 BC 轴的回零予以解决。

③ 使用同一刀具在做定向加工各加工面之间变换时，仅需取消变换关系再重设新的特性坐标系即可，不需要取消 RTCP 功能的编程，因而可以在 CAM 中对同类性质的刀路进行连刀输出。由于 CAM 对不同性质刀路连刀输出时其前后刀具位置的变换处理较难预见，同一刀具做定向和联动加工时应分刀路输出程序。在 CAM 中，对使用同一把刀具且刀路相同的几个刀路实施连刀输出时，NC 程序的前后衔接处理和单个刀路输出时的结果不同，即使单个刀路输出的程序仿真检查无误，多个刀路连刀输出时也应再做仿真检查，并着重关注刀路间衔接时的干涉问题，有干涉风险时，建议使用各刀路独立输出程序的处理方法。

单元五　座体零件五轴机床加工实践

【单元学习任务】

1. 在车间现场进行加工前期毛坯和刀具装调的工艺准备。
2. 在车间现场进行五轴机床基本操作、对刀及数据设定。
3. 操控机床进行座体零件各结构特征的五轴定向加工及联动加工。

【单元学习目标】

1. 能够操控 BC 双摆台五轴加工机床，熟悉其基本功能及操控方法。
2. 会根据座体零件五轴定向加工与联动加工的要求准备毛坯和刀具。
3. 能够按照 RTCP 程序控制加工的要求进行对刀和设置刀具长度补偿。
4. 能够熟练操控机床实施座体零件的五轴加工。

【单元学习知识基础】

一、HMU20 五轴机床的面板及基本操作

1. 数控系统软件界面与菜单项功能

图 6-5-1 所示为 HMU20 五轴机床配置 HNC 818D 系统的软件界面及操作面板，采用 LED 液晶屏显示。界面右上方显示的"加工""设置"和"程序"等与操作面板选择的菜单功能项相对应，左上方显示的"自动""手动""回零"和"单段"等与操作面板选择的工作方式相对应，界面显示内容依不同工作方式而相应改变，底部菜单区由其下方操作面板上菜单软键对应控制，用于各项菜单功能选择。根据不同控制功能的需要，可使主要显示区分别显示为加工位置坐标、程序文字内容、系统参数设置及切削仿真图形等各类信息，辅助信息如当前坐标、切削速度及当前模态等将在辅助显示区域显示。系统操作面板分布有主菜单项快速切换的功能键（程序、设置、刀补、诊断及位置等），解除报警的系统复位键、编辑设置操作时所用的地址数字键、光标控制键（上下左右、翻页等）和编辑键（插入、删除、退格及输入）等能让用户快捷方便地配合系统控制软件进行所需的相关工作。该软件主菜单项对应的功能如下：

1）加工：用于自动或 MDI 方式加工运行时综合信息（如当前坐标或加工轨迹变化、当前运行在缓冲区的程序、模态信息）的显示，以及选择或编辑加工运行的程序、切换主显示区显示内容（坐标、程序正文）等，如图 6-5-1 所示。

2）设置：用于设置刀补数据、刀具库管理、工件坐标系、工件和特性坐标系（G68.1 Qn）等，如图 6-5-2、图 6-5-3 所示。

3）程序：用于新建程序、复制外部程序并进行程序文件的管理等，程序编辑则需要在"加工"菜单项下进行。图 6-5-4、图 6-5-5 所示为程序文件管理及程序编辑操作界面。

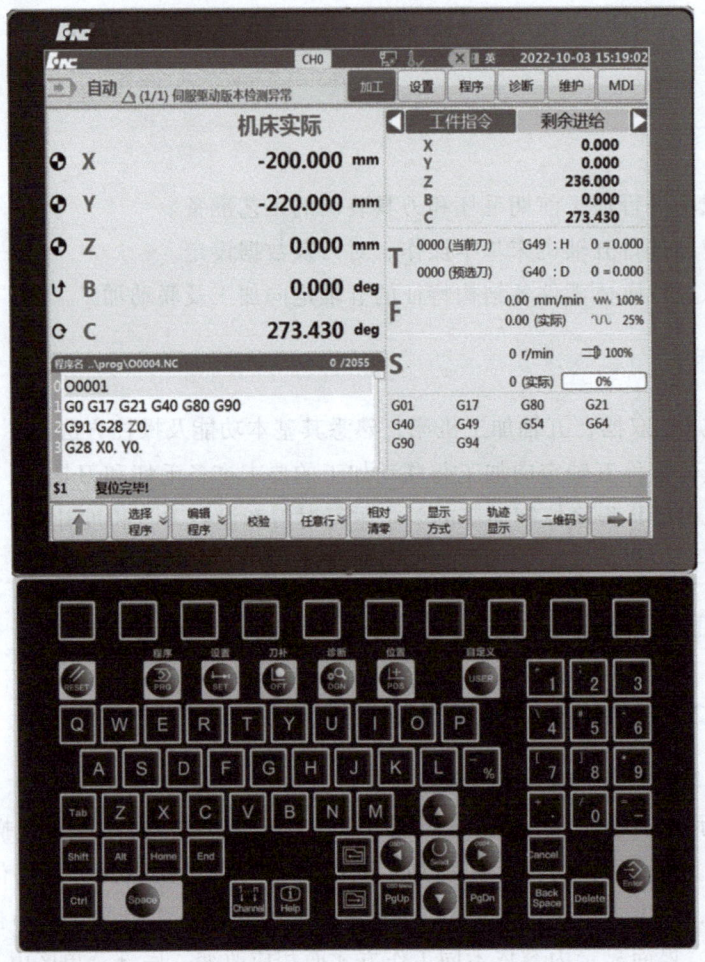

图 6-5-1　HNC 818D 系统软件界面及操作面板

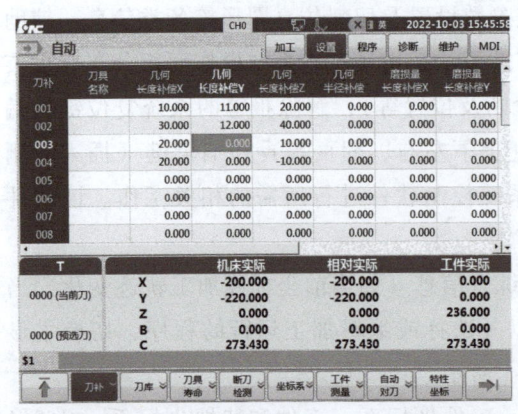

图 6-5-2　刀补数据设置操作界面　　　　　图 6-5-3　预置工件坐标系操作界面

4）诊断：用于故障警示信息的诊断及 PLC 状态的监控与调试等。

5）维护：用于设备配置、系统参数设置、系统版本信息查看以及数据权限管理等。

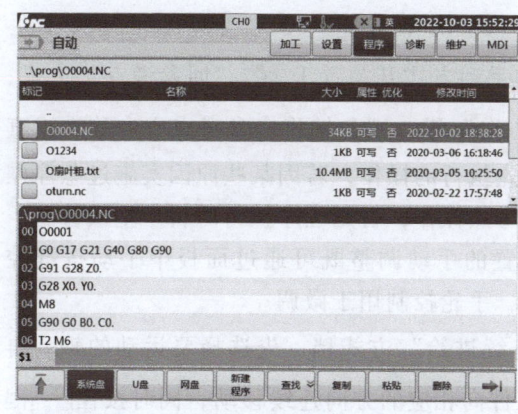
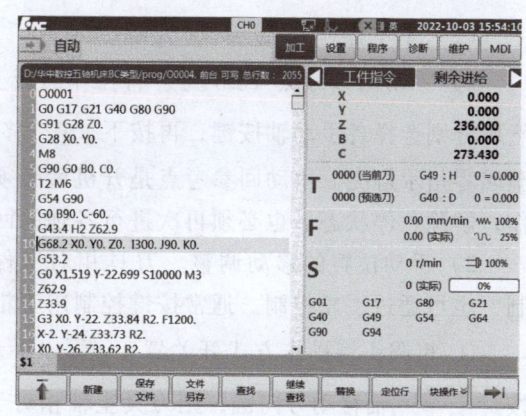

图 6-5-4 程序文件管理操作界面　　　　　　　图 6-5-5 程序编辑操作界面

2. 操作面板及其基本操控方法

（1）机床操作面板　图 6-5-6 所示为 HMU20 五轴机床的机械操作控制面板。分布有手动模式选择区（手动、手轮和回参考点）、自动模式切换（自动、MDI）、辅助模式功能启用（单段、空运行、程序跳段、选择停及机床锁住等）、主轴模式控制（主轴正转、主轴停止、主轴定向）、手动模式下选择移动轴控制（X、Y、Z、A、B、C 进给轴及其方向选择）、手动辅助操作控制（切削液起停、刀具库转动、机床照明和防护门等），主轴转速、快进倍率、进给倍率的修调采用旋钮控制，还有系统电源开关、急停、循环启动、进给保持以及外部数据输入的 U 盘接口控制等。

图 6-5-6 HMU20 机械操作控制面板

机械操作控制面板各操作按键虽然键位布局安排与 GS-200 机床有所变化，但按键功能以及基本操作方法与项目二单元三的介绍类似，在此不再赘述，仅介绍其基本操作。

（2）基本操作方法

1）手动回参考点（回零）。将操作面板上的手动方式开关置于 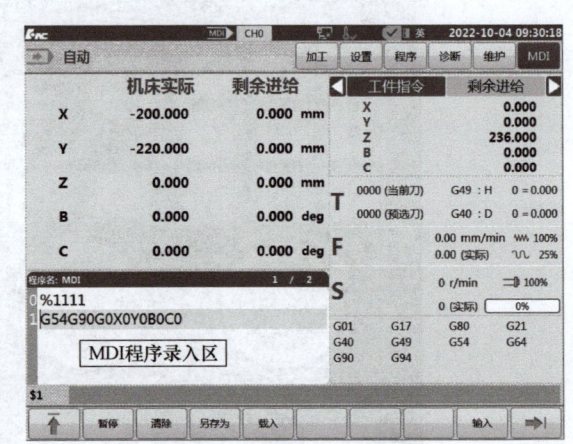 "回参考点"方式，然后分别选择各手动轴按键，再按下 "移动方向"键，则各轴将向参考点方向移动，直至回零指示灯亮。手动回参考点是开机后必须首先执行的操作，若因某些原因实施过急停操作，解除急停状态后也必须再次进行各轴的回参考点操作，否则程序执行时将产生报警。

2）手动位置的移动调整。刀具相对工件位置的手动调整既可通过面板中手动按键控制，也可通过手轮控制。通常按键控制用于粗调，手轮控制用于微调。

① 粗调：将操作方式开关置于 "手动连续进给"方式档。先选择要运动的轴，再按 轴移动方向键，则刀具主轴相对于工件向相应的方向连续移动，同时按住 键可实现快速移动，移动距离受按压轴移动方向键的时间控制，即按即动，即松即停。采用该方式难以实现精确的尺寸调整，大移动量的粗调时可采用此方法。

② 微调：位置调整的微调可使用手轮来操作。将方式开关置于 "手轮"方式档。在手轮中选择移动轴和进给倍率，按"逆正顺负"方向旋动手轮手柄，则刀具主轴相对于工件向相应的方向移动，移动距离视进给倍率档值和手轮刻度而定，手轮旋转360°，相当于100个刻度的对应值，即手轮进给倍率为"×100""×10"和"×1"时，每格移动量分别为0.1mm、0.01mm和0.001mm。

通过手动控制的坐标轴运动，可以核查机床各轴运动方向是否与标准坐标系设置规则一致，特别是旋转轴的旋向。HMU20机床的 X、Y 及 Z 轴在主轴刀具的一侧，均是控制刀具的移动，而 B、C 旋转轴在工作台的一侧，是控制工件相对刀具运动，各轴正方向的判断需要考虑其相对运动关系。手动移动坐标轴还可以核查各轴极限行程、参考点所处的位置，为CAM刀路设计及程序仿真检查提供相对真实的数据，以规避发生干涉的风险。

3）MDI程序运行。MDI用于手动录入数据，是即时从数控面板上输入一个或几个程序段指令并立即实施的运行方式，常用于系统部件性能检查、模态查询及即时调试等。其基本操作方法如下：

① 操作控制方式置于"MDI"运行方式，则屏幕显示如图6-5-7所示，当前各指令模态也可在此界面中查看。

② 在MDI程序录入区可输入一行或多行程序指令，程序内容即被加到番号为%1111的程序中。按"另存为"软键可对该MDI程序内容赋名存储，按"清除"软键可清除所录入的MDI程序内容。

图 6-5-7　MDI 操作界面

③ 程序输入完成后，按"输入"软键确认，按"循环启动"键即可执行MDI程序。"单段"方式可逐行执行程序。

4）程序输入及自动运行调试。NC程序输入及自动运行调试的基本操作方法如下：

① 菜单功能项置于"程序"或"加工"。

② 在"程序"界面中选按"新建程序"软键（或在"加工"界面下按"编辑程序"→"新建"），然后在输入缓冲区键入程序文件名，即可新建一个命名的程序文件，程序文件内容的输入修改需要在"加工"→"编辑程序"下进行。对已有长程序文档内容的编辑可通过按"查找"软键后，输入特征文字实现已知代码程序内容的快速定位，并可使用"替换"功能用新的文字内容对查找到的文字内容实施替换。大段落程序内容的处理可使用块操作，包括定义块首、块尾、块复制、块粘贴和块剪切等操作。程序编辑修改完成后应按"保存"软键确认所做的修改，或按"另存为"软键改名保存为新的程序文件。

③ 在"程序"界面下可浏览、管理当前系统盘、U 盘及 DNC 通信连接的网盘中的 NC 程序文件，并通过复制、粘贴等操作转存到系统盘中，然后在"加工"界面下选择要运行的程序文件，对其进行编辑修改或加载运行。

④ 操作方式置于"自动"，并根据需要选按其他工作方式的开关状态。

⑤ 按"校验"软键可使系统处于校验检查的执行模式，再按"循环启动"键，可在不执行机械运动的状况下运行检查所选择的程序。程序执行的同时可按软键进行"坐标""程序正文"和"轨迹图形"等监控信息的切换。

⑥ 当程序校验检查无误，并完成零件装夹、对刀调整及设置等操作后，可按"循环启动"键进行零件加工程序的自动运行。

二、座体零件加工刀具的装调与对刀

1. 毛坯的准备与装夹调整

本项目的座体零件毛坯使用圆棒料毛坯，五轴加工前仅需预车控制外圆和长度，零件中心无通孔，两端内腔均在五轴机床上加工，翻面前后没有保证 C 角度方位关系的特别要求，使用通用自定心卡盘装夹即可。通过前述仿真调试可知，由于机床 Z 向行程空间限制，应将 C 转台托盘卸下，直接安装薄型标准自定心卡盘。

2. 对刀找正与刀补设置

加工该座体零件需准备五把 HSK E32 刀柄刀具，T1 为 ϕ8mm 铣刀（刀柄 $D=28$mm 或 42mm），T2 为 ϕ6mm 铣刀（刀柄 $D=28$mm），T3 为 ϕ6mm 钻头，T4 为 ϕ6.8mm 钻头，T5 为 M8 丝锥（刀柄 $D=28$mm 或 42mm），由此准备刀柄、筒夹和刀具，然后按对应刀号预装到机床刀具库中。

（1）X、Y 方向工件零点的对刀找正　该座体零件加工编程统一使用 G54 作为 WCS 工件坐标系，其原点在零件上表面中心。工件零点的找正应在 B、C 轴均处于零位（水平放置）时，使用电子寻边器找毛坯对称中心。如图 6-5-8 所示，先后定位到工件正对的两侧表面，记录下对应的 $X1$、$X2$、$Y1$、$Y2$ 机床坐标值，X 找中时应保持 $X1$、$X2$ 两处 Y 值不变，Y 找中时应保持 $Y1$、$Y2$ 两处 X 值不变，则对称中心在机床坐标系中的坐标应是（（$X1+X2$）/2，（$Y1+Y2$）/2）。这一操作可通过"设置"→"工件测量"，在图 6-5-9 所示的设置界面中，按"中心测量"软键，同时选择欲设定的 G54~G59 工件坐标系，移动光

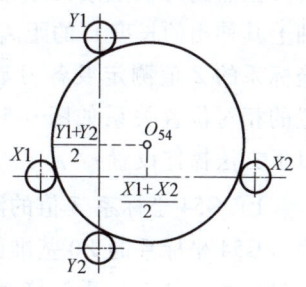

图 6-5-8　X、Y 工件零点的找正

标至"X"处，当定位到左右侧表面时分别按"读测量值"软键以记录 A 和记录 B，记录 B

的同时，系统即自动计算并显示 X 向对刀中心点的数据，按"坐标设定"软键，则 X 向中心点数据将自动设置到相应坐标系的"X"数据中。同理，移动光标至"Y"处，当定位到前后侧表面时再分别"读测量值"记录 A 和记录 B，然后按"坐标设定"软键，则 Y 轴方向的分中计算结果将自动设置到相应坐标系的"Y"数据中。

对于圆形内外表面的中心找正，系统还提供了"圆心测量"的四点共圆找正方法。如图 6-5-10 所示，按"圆心测量"软键，同时选择欲设定的 G54~G59 工件坐标系，当先后定位到圆周表面四个接触点时，分别按"读测量值"软键以记录 A、B、C 和 D。记录 D 时，系统自动计算并显示圆心点的"X""Y"坐标以及半径"R"数据，按"坐标设定"软键，则圆心点的 X、Y 坐标将自动设置到相应坐标系的"X""Y"数据中。

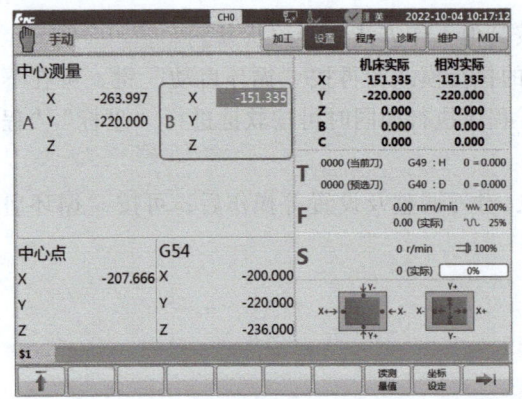

图 6-5-9　对称分中的零点找正

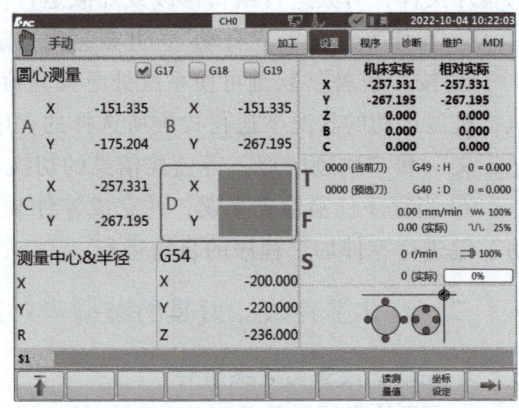

图 6-5-10　四点共圆的圆心找正

（2）基于 RTCP 功能的 Z 向对刀与刀具长度补偿设定　由于数控系统内部进行 RTCP 计算时规定了特定的基准点，因而基于五轴 RTCP 功能进行 Z 向对刀时，G54 坐标系"Z"数据为主轴下端面（装刀基准面）到工件上 G54 坐标系的 Z0 基准面的距离（负值），而各刀具的刀具长度补偿数据则是各刀具刀位点到刀柄上装刀基准面（即装刀到主轴上其伸出的长度）的距离（正值）。其 G54 坐标系的 Z 值测定及各刀具刀具长度补偿设置的相对位置关系如图 6-5-11 所示，可参照以下方法操作设置：

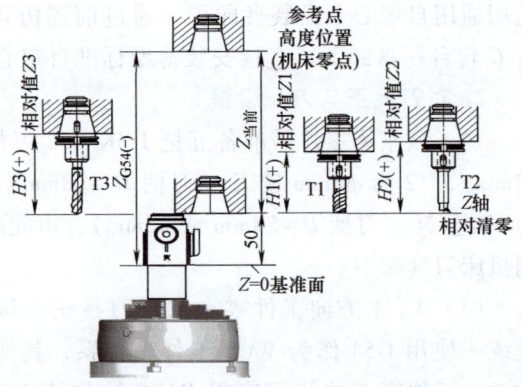

图 6-5-11　G54 坐标系的 Z 值与刀具长度补偿的相对位置关系

1）G54 坐标系 Z 值的测定与设置：将标准高度为 50mm 的 Z 轴设定器放置到工件上表面（G54 坐标系的 Z0 基准面），用手轮移动 Z 轴使主轴下端面（装刀基准面）极限接触 Z 轴设定器至灯亮（手轮倍率"×1"档），通过"设置"→"坐标系"，在如图 6-5-12 所示的界面中移动光标至"Z"数据栏处，按"当前输入"软键，系统将自动把当前刀位点（主轴下端面）在机床坐标系中的绝对 Z 值坐标（图中"-216.000"）设置到 G54 坐标系的"Z"数据中，然后再按"增量输入"软键，输入"-50"，则 G54 坐标系的"Z"数据转换为工件上表面在机床坐标系中的 Z 值（如"-266.000"）。至此，G54 坐标系 Z 值的测定与设置完成。

2）各刀具长度的测定与设置：在上述操作 G54 坐标系的 Z 值设置完成后，确认主轴下端面与 Z 轴设定器处于接触位置，通过"设置"→"刀补"，在图 6-5-13 所示的界面中按"相对清零"→"Z"软键，进行 Z 轴坐标相对清零的操作；然后分别更换各刀具至主轴，用每把刀具的底刃去极限接触 Z 轴设定器至灯亮，移动光标至对应刀补号的几何长度补偿 Z 栏，按"相对实际"软键，提取每把刀具的相对 Z 值（正值）至对应刀具长度补偿中，即完成各刀具长度测定，同时完成了各刀具的刀具长度补偿 H_的设置。

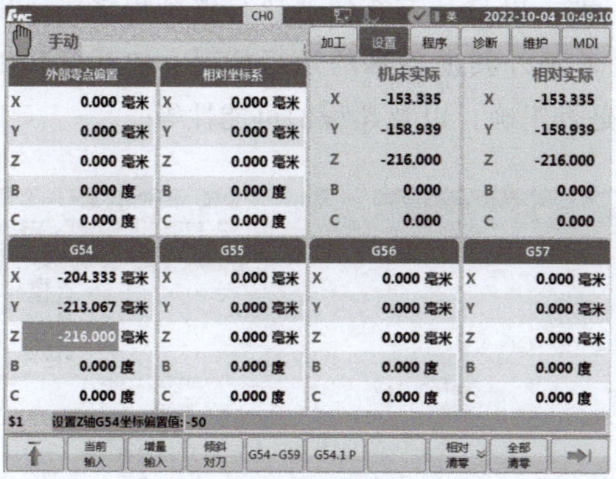

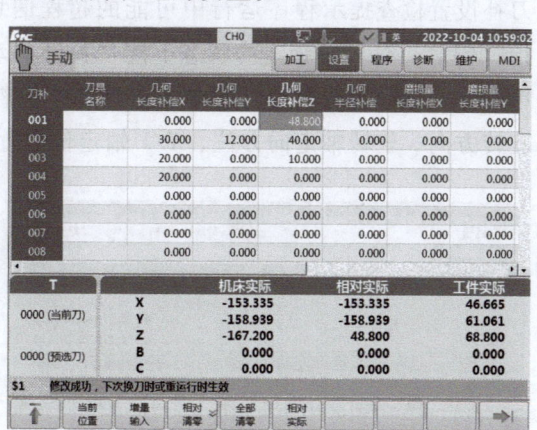

图 6-5-12　Z 方向对刀数据设置界面

图 6-5-13　刀具长度补偿数据设置界面

三、程序载入、调整与试切加工

1. 零件加工程序的载入

运行模式置于"自动"后，分别将 CAM 刀路输出的座体零件各加工程序通过 U 盘复制转存到系统中。各表面的加工程序既可独立运行，也可对仿真验证通过的同一刀具同类刀路连刀输出合并在一个程序文件中运行。具体操作如下：选择系统操作面板的"程序"键，然后按"U 盘"软键，选择加工程序文件后按"复制"软键，系统界面如图 6-5-14所示，再按"系统盘"→"粘贴"软键，即可将该文件复制到系统内部存储器并出现在系统程序列表中。可重复上述操作分别将 U 盘中各加工程序文件转存到系统盘中。然后按"加工"键，按"选择程序"软键，在系统程序列表中选择待加工的 NC 程序文件后按"Enter"键，即可将程序加载到内存中，如图 6-5-15 所示。

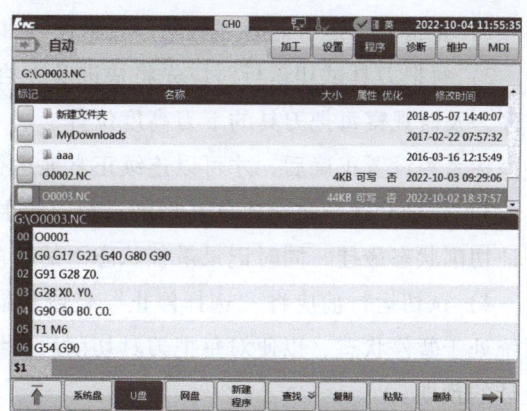

图 6-5-14　程序文件的转存

2. 加工程序的编辑修改

将加工程序载入后，在图 6-5-5 所示的界面下，可按"编辑程序"软键切换到程序全屏显示界面，然后移动光标到需要修改的程序行，对具体程序内容进行局部编辑修改。

除可对当前已载入程序文件内容编辑修改外，在选择程序时亦可从列表中选择其他程序文档后按"后台编辑"软键，对其进行后台编辑修改操作。后台编辑不影响前台已载入程序的运行。

3. 加工程序的运行调试

NC 程序载入后，可先按"校验"软键，再按"循环启动"键，在机床锁住的情形下执行程序，以进行语法检查、察看刀路等，如图 6-5-16 所示。程序校验会根据当前坐标系及刀补设置检查提示程序运行中可能的超程信息。也可先按操作面板上的"Z 轴锁""空运行"键后，在 Z 轴锁定的状态下按"循环启动"键，以自动方式快速执行整个程序，或以单段方式逐行运行程序，能在一定程度上检查除 Z 轴外其他各轴的运行情况，包括旋转轴旋转方向、旋转轴定向方位、X/Y 轴定位位置等是否正确，以及超程的可能性等。

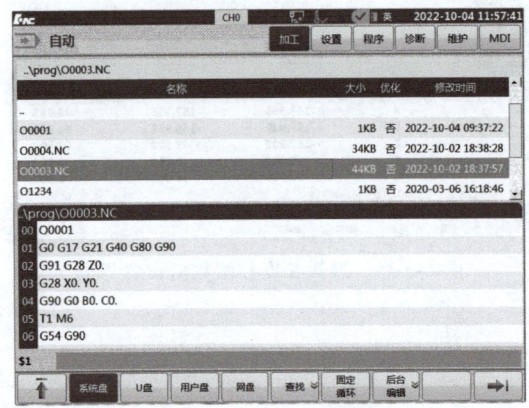

图 6-5-15　加工程序的载入　　　　　图 6-5-16　刀路显示的校验检查

试切加工运行时应注意如下操作要点：

1）正常加工运行时必须解除"Z 轴锁"和"空运行"状态。

2）每把刀具试切运行时应先将快进及进给速度设为最小，用"单段"执行的方法运行程序，及时观察每把刀具的下刀高度位置、切入进刀位置是否正常，确保刀具长度补偿和工件坐标系等设置正确后，才可以连续正常地运行每把刀具的加工程序。

3）主轴转速、进给速度在切削过程中应根据机床切削状况及时使用修调旋钮调节，以保证切削状态最佳，同时记录最佳状态下的切削参数。

4）试切运行前应将"选择停止"键或功能选项设置为有效，确保每把刀具换刀前机床系统处于暂停状态，以便对每把刀具切削后的结果进行检测，由此判定其结果是否符合刀路设计的预期。

5）若本工步检测正常，可按"循环启动"键继续自动或手动更换下一把刀具，并单步运行监控该刀具的运行状况。

6）若发现某刀具运行位置不正确或程序运行中有撞刀的可能，应按"进给保持"或"急停"键及时中止，查找问题发生的原因，分析解决问题的策略。

思考与练习题

1. 本项目座体零件中，哪些属于定向面加工的内容？哪些是五轴联动加工的内容？

2. 座体零件加工需要选用哪些规格尺寸的刀具？HSK E32 最大可使用多大规程尺寸的刀具？

3. *BC* 双摆台结构的五轴机床，构建倾斜面特性坐标系有哪些要求？其特性坐标系的坐标轴方向能否和 *AC* 双摆台五轴一样设置？

4. 在 MasterCAM 中如何为定向加工构建特性坐标系？特性坐标系原点位置是否需要和 WCS 原点一致？

5. 五轴定向加工的 MasterCAM 刀路应如何设计？是否需要如四轴加工那样把刀轴平面的原点移到 WCS 原点上？

6. 座体零件底端锥壁面加工可采用哪些刀路设计方法？五轴联动的刀路和五轴定向的刀路设计有什么不同？

7. HMU20 五轴加工中心是哪种结构模式的机床？其主要技术参数有哪些？大致能进行什么样的加工？

8. *BC* 双摆台五轴机床的 RTCP 控制编程与 *AC* 双摆台五轴机床的有区别吗？

9. 为什么说 MasterCAM 内嵌的仿真是基于刀路的？它与 VERICUT 的仿真有什么不同？CAM 的刀路仿真能检查哪些方面的内容？

10. MasterCAM 五轴加工的后置设置由哪些文件组控制？如何搭建一个自用五轴机床的后置设置？其影响程序输出的后置参数应如何设置？

11. MasterCAM 中如何输出 RTCP 格式控制的五轴加工程序？其大致需要做哪些内容的定制修改？

12. HMU20 *BC* 双摆台结构的五轴机床各轴行程范围是多少？其容易出现超程报警的是哪些轴？如何控制摆角范围才能有效利用其切削行程？

13. 座体零件刀路设计输出的 NC 程序在做加工仿真时通常会出现哪些警示信息？该如何控制和调整？

14. *BC* 双摆台机床如何实现基于 RTCP 功能的对刀和刀补设置？

项目七

叶轮零件五轴加工的案例应用

单元一 叶轮零件建模与工艺分析

【单元学习任务】

1. 通过构建叶轮零件 3D 模型识读其图样结构。
2. 分析叶轮零件加工工艺，确定加工工艺方案。
3. 编制叶轮零件加工工艺卡和工序卡。

【单元学习目标】

1. 能够正确理解零件图样各结构特征并选择合适的加工方法。
2. 能够针对零件结构设计多种加工工艺方案并进行比较。
3. 能够根据五轴加工手段进行叶轮零件加工工艺文件的编制。

【单元学习知识基础】

本项目叶轮零件的 CAD 建模以 MasterCAM 2018 软件应用为例进行介绍。

一、叶轮零件的几何建模

1. 零件图样分析

图 7-1-1 所示为叶轮零件图样，其内圈为安装连接轴用的带键槽台肩孔，外圈为八个叶片。基准叶片在 ϕ150mm 柱切面（$r/R = 0.75$）处叶截面的叶背型线和叶面型线及其位置关系在图中已有表达，其叶截面主要数据为：叶型中线螺旋角为 45°，叶面型线至中线的距离为 1.34mm，叶面型线至中线的距离为 6.16mm，叶厚 7.5mm。整个基准叶片由叶截面以半径 100mm 绕其轴线转绕形成后再经多向切割得到。在 MasterCAM 中该叶轮零件 3D 建模只要完成了基准叶片的模型构建，通过旋转复制即可得到其他七个叶片。

2. 叶轮基体的 3D 建模

叶轮基体的 3D 建模只需要在前视面绘制一封闭线框后，绕旋转轴线旋转 360° 即可构建实体，如图 7-1-2 所示。虽然内圈孔型亦可同时一次性构建得出，但由于后续叶片建模时尚需借助内圈轮廓来切除多余部分，因而此时暂不构建。

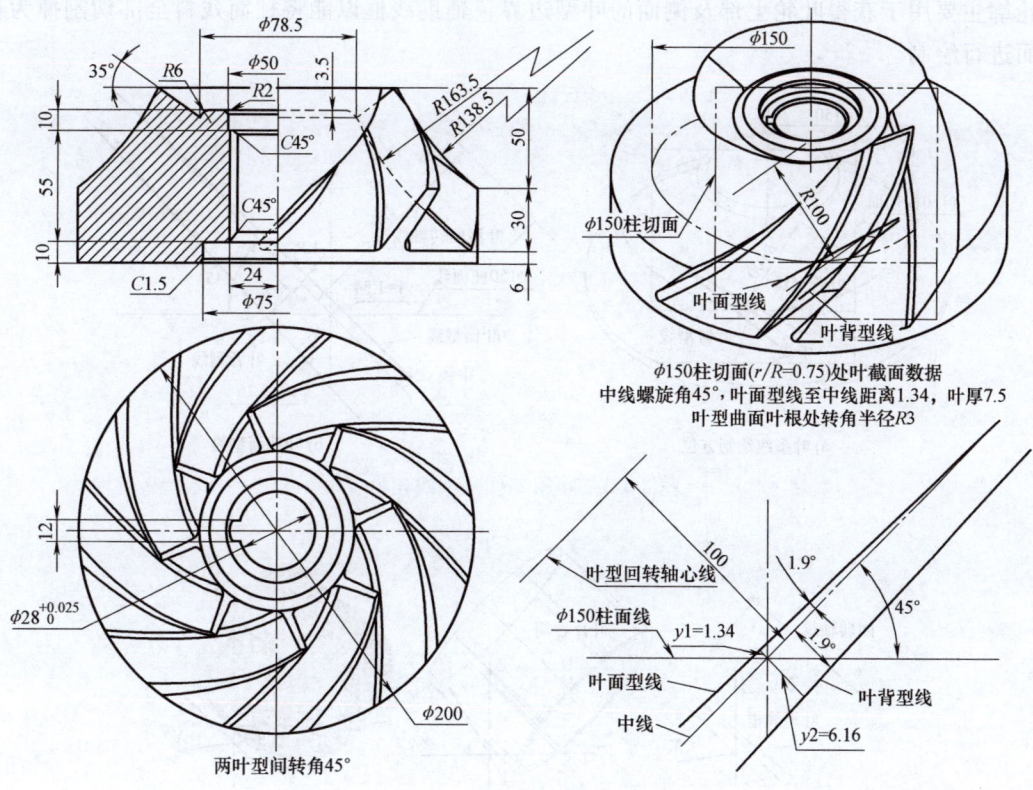

图 7-1-1　叶轮零件图样

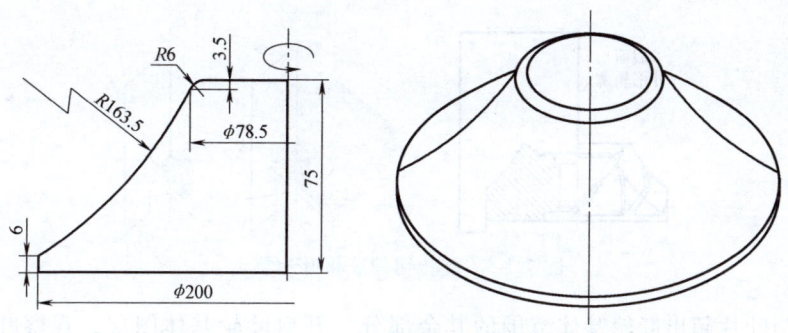

图 7-1-2　叶轮基体的 3D 建模

3. 叶片模型的 3D 建模

（1）绘制 ϕ150mm 叶截面上的叶型线框　如图 7-1-3a 所示，先找到 ϕ150mm 柱切面与基体 R163.5mm 曲面的交线，以正前方（270°交点）处正切面为构图面（前视面 Z = 75mm），按图 7-1-3b 所示在新层中绘制叶截面的中线、叶背型线和叶面型线，同时以 100mm 的距离在左上绘出中线的平行线，作为叶型建模用的回转轴线。

（2）叶片柱筒旋转建模　关闭叶轮基体所在图层，然后将封闭的叶型线框绕回转轴线旋转 360°，生成叶片柱筒实体，如图 7-1-4 所示。

（3）以外轮廓旋转切割获得叶片雏形　如图 7-1-5 所示，绘制旋转切割用的封闭外轮廓线框，再绕叶轮轴心旋转切割已构建的叶片柱筒实体，即可得到单个叶片的雏形。切割用线框轮廓主要用于获得叶轮上部及侧面的叶型边界，辅助线框以能将柱筒残料全部切割掉为目的而进行绘制。

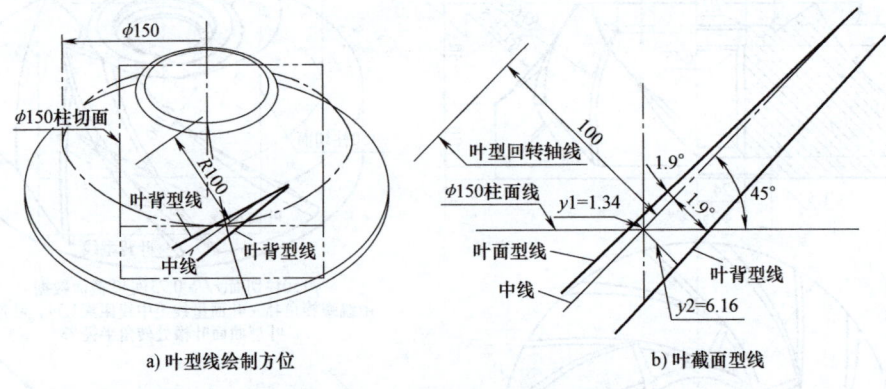

a) 叶型线绘制方位　　　　　b) 叶截面型线

图 7-1-3　叶轮零件叶型线建模

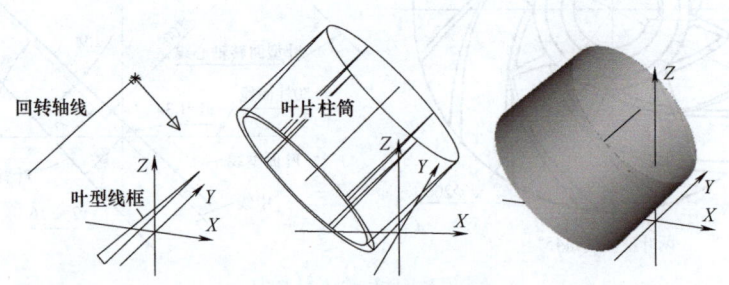

图 7-1-4　叶片柱筒旋转建模

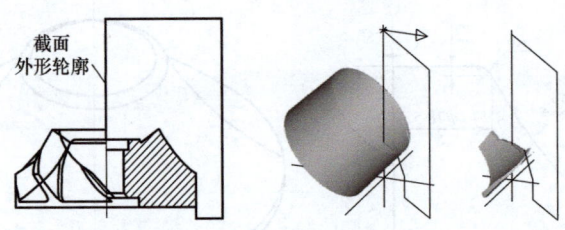

图 7-1-5　旋转切割获得叶片雏形

（4）切割叶片超出叶轮基体范围的其余部分　开启叶轮基体图层，观察叶片与基体叠合情况，判断是否需要进行多余部分的切割处理。如图 7-1-6 所示，由叠合情况来看，在前视面构建挤出切割用线框，对超出基体范围的另一侧和底部实施双向贯穿切割，仅保留叶片有效部分。

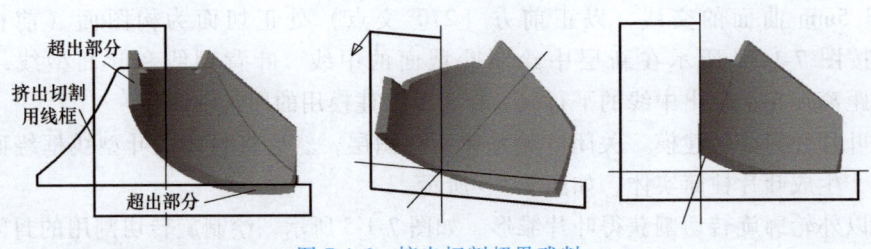

图 7-1-6　挤出切割超界残料

（5）旋转复制得到全部叶片　在俯视构图面内，采用旋转复制的方法，将基准叶片绕叶轮轴心以45°的间隔均匀生成其余七个叶片，如图7-1-7所示。可以看出这些叶片间有很多重叠部分，且在开启叶轮基体图层后，大部分都将被基体所包容。

4. 叶轮整合与型孔建模

采用布尔求并运算，可将八个叶片与叶轮基体逐个合并成为叶轮整体。

最后，如图7-1-8所示，先后用内圈线框旋转切割、键槽线框轴向挤出切割，得到带键槽的叶轮型孔，完成整个叶轮的3D建模。

图7-1-7　全部叶片的构建及其与基体的
　　　　　　包容重叠关系

图7-1-8　叶轮型孔建模

二、叶轮零件的工艺分析与设计

1. 加工工艺分析

该叶轮零件的结构特征相对单一，内孔部分为两端台阶结构，需调头车削，孔内键槽则可通过插铣、拉削或线切割加工得到；φ200mm 的外圆表面和 R138.5mm 的圆弧表面由车削加工得到，叶轮结构特征则必须通过五轴加工实现；上部 35°锥面以及根部 R6mm 凸转角面既可车削加工也可通过五轴加工实现。叶轮五轴加工时，若按图样要求，工件安装需要通过键槽定位以控制叶轮槽加工的相对方位，因而需要制作简单芯轴并安装定位键，当口部锥面拟用五轴加工时，锁紧螺母应沉入 φ50mm 台阶孔内，以留出足够的避让空间。由于零件尺寸相对较大，本项目拟使用 JT-GL8-V 型 AC 双摆台五轴加工中心实施加工。

2. 工艺方案设计

基于以上分析，初步确立该叶轮零件加工采用如下工艺方案：

1）车床：钻孔 φ25mm，车削 φ28mm 通孔以及 φ75mm 台阶孔一端，调头车削另一端 φ78.5mm、φ50mm 台阶孔、车削 φ200mm×36mm 的外圆面及 R138.5mm 的圆弧面。

2）线切割：切割加工宽 12mm 的键槽。

3）五轴加工中心：铣削口部锥面，铣削 R6mm 凸转角弧面，铣削八个叶轮槽。

五轴加工预制坯件的装夹方案如图7-1-9所示，C 轴角度方位除靠键槽定位外，尚需在芯轴上铣削出打表找正的定向面。芯轴采用锁紧螺母或螺栓方式的结构设计应便于锁紧施力的操作，同时又不会影响加工。

本项目示例拟采用 AC 双摆台五轴机床，通过 CAM 进行五轴加工的刀路设计并使用定制的后置处理输出 NC 程序来实施零件的加工训练。该叶轮零件加工工艺卡见表7-1-1，工序卡见表7-1-2。

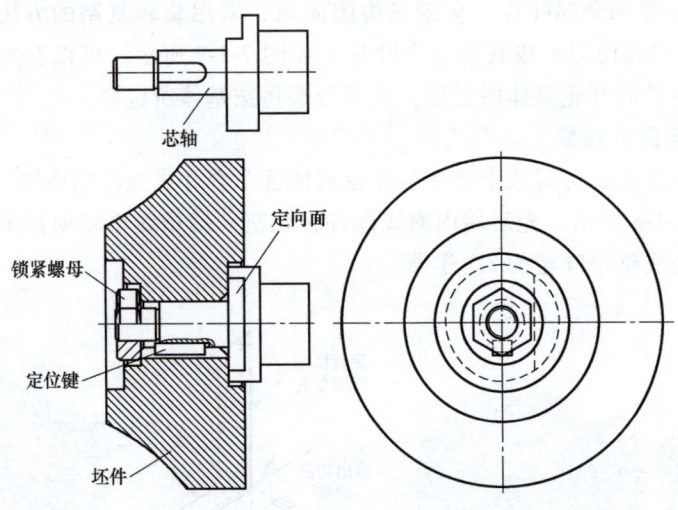

芯轴

定向面

锁紧螺母

定位键

坯件

图 7-1-9 五轴加工装夹方案

表 7-1-1 叶轮零件加工工艺卡

××厂	机械加工工艺过程卡	产品型号		零(部)件图号	
		产品名称		零(部)件名称	叶轮

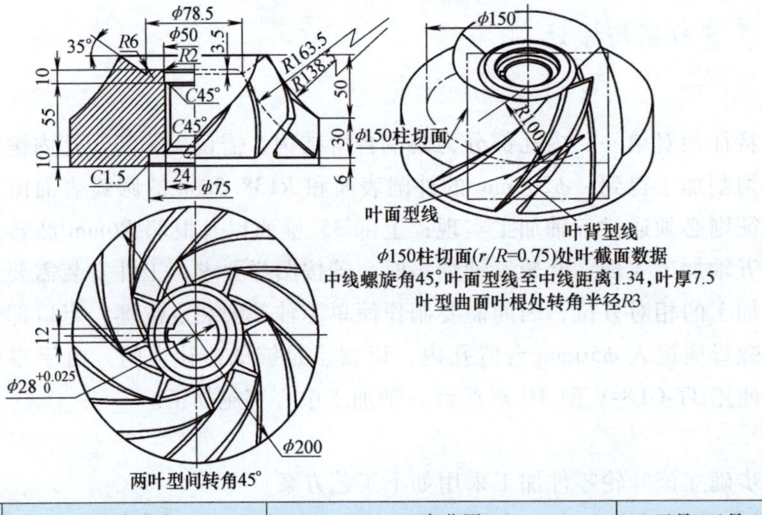

φ150柱切面(r/R=0.75)处叶截面数据
中线螺旋角45°,叶面型线至中线距离1.34,叶厚7.5
叶型曲面叶根处转角半径R3

两叶型间转角45°

叶面型线

叶背型线

φ150柱切面

		材料名称	铝
		材料牌号	2A12
		编制	
		会签	
		审核	
		批准	

工序	工序内容	工序草图	刀具/工具	装夹方法	设备
1	备料	φ205mm×90mm 盘料	锯条		锯床
2	钻预孔 φ25mm、车通孔 φ28mm、φ75mm 台阶孔	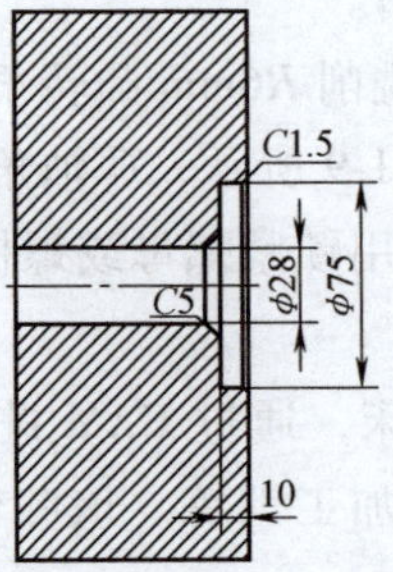 C1.5 C5 φ28 φ75 10	φ25mm 钻头、内孔车刀	自定心卡盘	数控车床

（续）

工序	工序内容	工序草图	刀具/工具	装夹方法	设备
3	调头，车外圆 φ200mm、圆弧成形面 R138.5mm，车台阶孔 φ50mm、φ78.5mm		外圆车刀 内孔车刀	自定心卡盘	数控车床
4	切割键槽		电极丝	压板螺钉	线切割
5	铣口部锥面、R6mm 凸转角面、叶轮		φ10mm 铣刀 φ8mm R2mm 圆鼻刀 φ6mm SR3mm 球刀	简易夹具	五轴加工中心
6	检验				

表 7-1-2　叶轮零件加工工序卡

产品名称	数控加工工序卡片		零（部）件图号	工序名称	工序号
叶轮				叶轮加工	
材料名称	材料牌号				
铝	2A12				
机床名称	机床型号				
双摆台五轴	JT-GL8-V				
夹具名称	夹具编号				
芯轴拉杆					

工步	工作内容	刀具号码	刀具	主轴转速/ (r/min)	每层切削深度/ mm	进给速度/ (mm/min)
1	铣口部锥面	T1	φ10mm 铣刀	5000	4.0	400
2	铣 R6mm 凸转角面	T2	φ8mm R2mm 圆鼻刀	6000	−3	1000
3	粗铣叶轮槽	T1	φ10mm 铣刀	5000	−10	400
4	精铣叶轮槽	T3	φ6mm SR3mm 球刀	8000	−8	800

单元二　叶轮零件五轴加工的刀路设计与编程

【单元学习任务】

1. 进行口部锥面辅助特征结构的五轴加工 CAM 刀路设计。
2. 进行叶轮特征结构粗、精加工的五轴 CAM 刀路设计。
3. 按 HNC-848 系统规则定制适合 AC 双摆台机床的后置程序输出。

【单元学习目标】

1. 能够为口部锥面辅助特征结构合理设计五轴加工刀路方案。
2. 能够针对叶轮特征进行粗、精加工工艺安排的五轴加工刀路设计。
3. 会根据自用五轴机床结构类型选用后置文档，并简单定制后置设置，实现 AC 双摆台 RTCP 程序输出。

【单元学习知识基础】

叶轮零件五轴加工的 CAM 刀路设计以 MasterCAM 软件为例进行介绍。

一、辅助特征结构五轴加工的刀路设计

1. 口部锥面的沿边五轴加工

叶轮零件口部锥面以及根部 R6mm 的转角凸起部位，既可在毛坯准备时通过车削加工得到，亦可在后续加工中用五轴方法加工得到。若使用五轴加工方法，其刀路设计如下：针对口部锥面部分的加工，应按叶片未切割的初始状态构建完整的锥面，再提取绘制出锥面根部的曲面边线。选择多轴加工中"沿边"的刀路定义方法，根据锥面母线长度对刀具刃长的要求选用平底铣刀，在如图 7-2-1 所示的切削方式设置中，壁边使用"串连"并依次选取根部（壁边 1）和口部（壁边 2）边线；刀轴方向控制使用默认设置，则刀轴方向将根据两曲线形成的直纹曲面做锥度控制，以刀具侧刃贴合直纹面母线并沿壁边曲线行进而产生走刀轨迹。

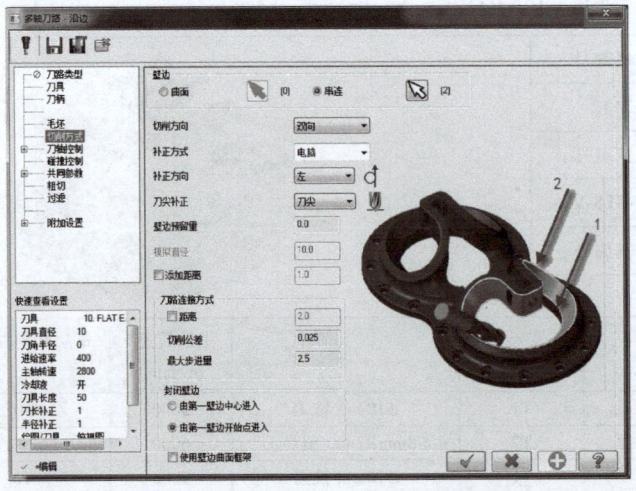

图 7-2-1　沿边五轴切削方式参数设置

若锥壁口部处预制毛坯为 φ78.5mm 直壁面结构，则以上锥壁五轴加工还应进行粗加工分层的参数设置。在如图 7-2-2 所示的粗加工项目设置中，勾选"深度分层切削"和"径向分次切削"，根据所测算的锥面余量（最大法向深度约为 12.1mm，母线长约 25.7mm），按母线长进行深度分层设置（5~6 次，每层切削深度 3.5~4mm），按法向深度进行径向分次设置。若刀间距不超过刀具直径的 0.6~0.8 倍，则只需设置 2 次粗切、1 次精切，然后进行刀路计算即可。

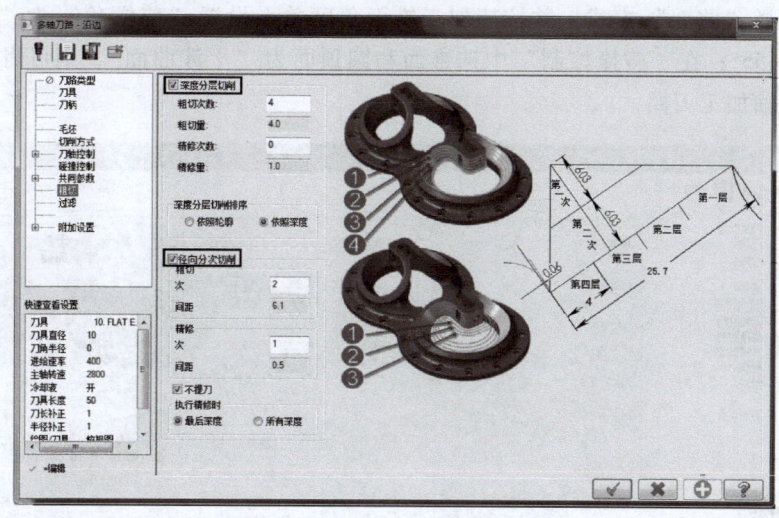

图 7-2-2 锥壁粗、精加工刀路控制

同时，为防止平刀在锥底处出现过切，应测算出锥底必须预留的余量，如图 7-2-3 中的 0.06mm，然后在"碰撞控制"的"刀尖控制"中设置底部轨迹的预留距离为"0.06"，则刀路计算时将沿刀轴方向在根部曲线预留 0.06mm 的深度余量。口部锥面沿边五轴加工的刀路计算结果如图 7-2-3 所示。

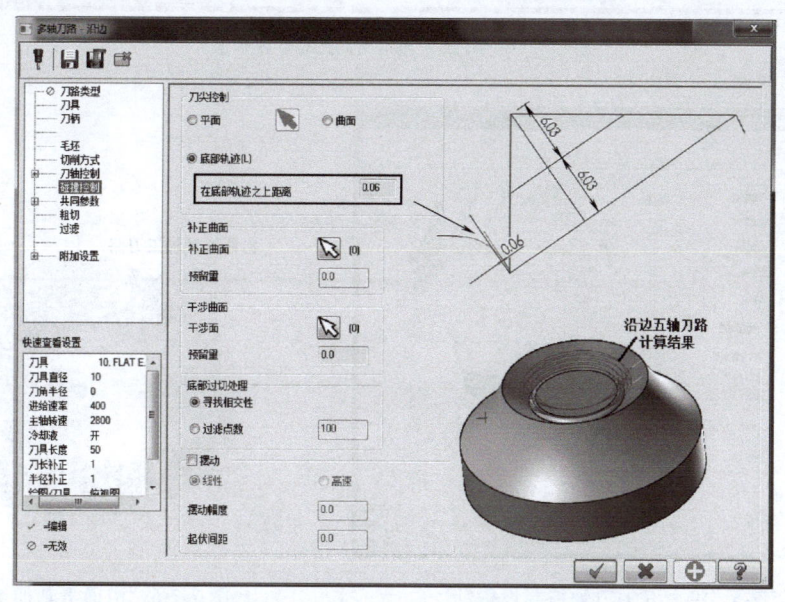

图 7-2-3 沿边五轴锥底干涉的预留量设置

2. 锥底凸弧曲面的沿面五轴加工

对于与锥底交接处 $R6mm$ 弧面凸起部位的加工，可选择多轴加工中"沿面五轴"的刀路定义方法，选用 $\phi8mm$ 转角半径 $R2mm$ 的圆鼻铣刀，在如图 7-2-4 所示的切削方式设置中，选取该 $R6mm$ 凸弧曲面为"加工曲面"，并按图示设置流线参数，如外补正、周向切削、由上而下的步进方向、逆时针起始方向等，设置"切削控制"的"切削公差"为"0.025"精度控制，行间步进的"切削间距"为"0.5"；在如图 7-2-5 所示的刀轴方向控制设置中，选择"曲面"模式，并按待加工锥面角度关系设置"前倾角"为"0"，侧边倾斜角度不超过-55°；在"碰撞控制"中选锥面和圆顶面为"干涉曲面"，则可得到如图 7-2-6 所示的沿面五轴加工刀路。

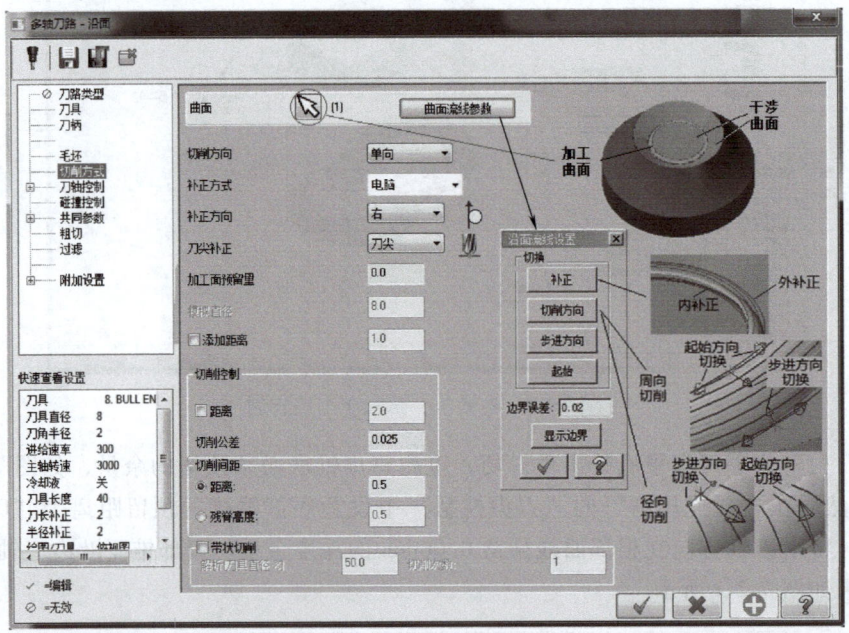

图 7-2-4　沿面五轴切削方式参数设置

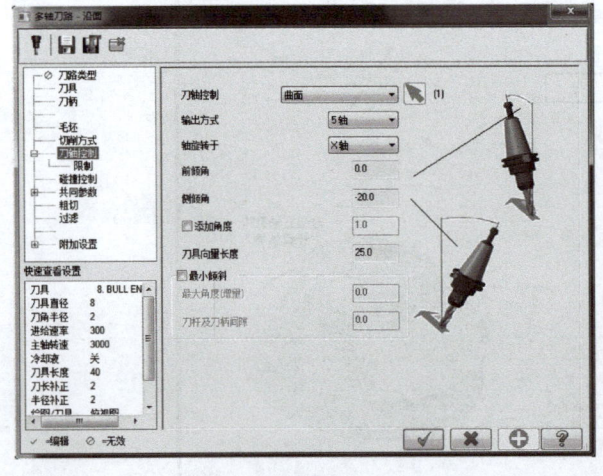

图 7-2-5　沿面五轴刀轴控制设置

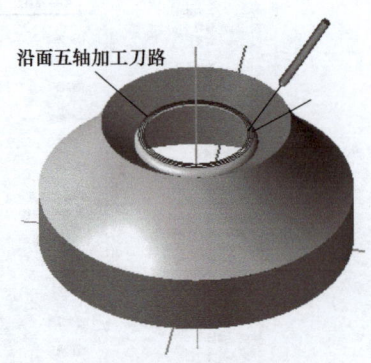

图 7-2-6　沿面五轴加工刀路

二、叶轮特征结构五轴加工的刀路设计

针对两个叶轮槽特征部位的五轴加工，既可以选择多轴刀路的叶轮加工专用模块，也可采用各类五轴基本刀路方法，但都无法直接通过一个刀路完成一个叶轮槽的加工。叶轮加工专用模块中有槽底曲面、槽侧表面以及绕叶片精修等相对独立的刀路方法，这些其实也就是各类基本五轴刀路方法的应用。使用五轴基本刀路加工叶轮时，可先用多轴刀路的"平行"刀路方法，选择"平行到曲面"的方式对叶轮槽左右侧表面进行加工，然后用"两曲线间形状"刀路定义方法对槽底曲面进行加工。

用"平行到曲面"的刀路方法加工叶轮槽左右侧表面时，应各自以其一侧表面为加工面，以槽底曲面为平行边界，令刀具轴线相对于侧表面的法线呈90°摆转后，使刀具侧刃紧贴槽侧表面实施高效加工。其切削方式设置应如图7-2-7所示，刀轴摆转后其切削间距相当于分层下行的深度，为保证切削完整，两侧应进行一定比例的刀路延伸量设置，边界设置中"起始边界"可设为刀具距离槽底曲面平行边界之间的距离或勾选"添加刀具直径"。采用平底铣刀粗切时，在加工面保留0.2mm的补正余量，即粗切加工后的余量。

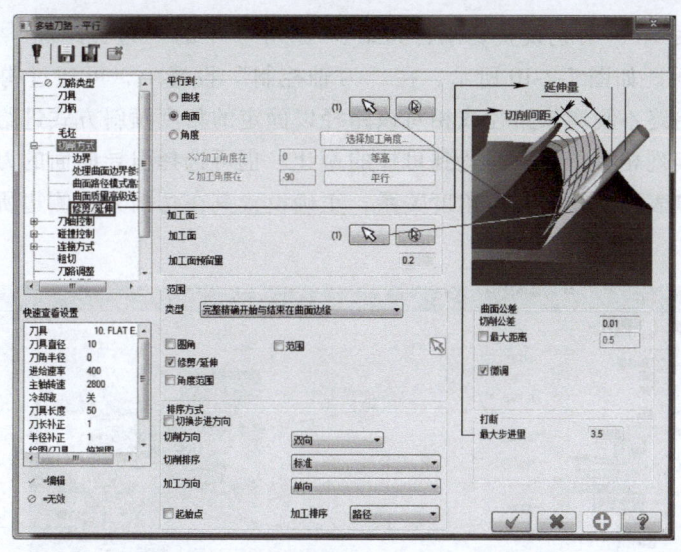

图7-2-7　槽侧表面用"平行到曲面"五轴加工的切削方式设置

"刀轴控制"设置中，应选用"倾斜曲面"的方式，设置侧倾角为90°，即可令刀具轴线相对于侧表面的法线呈90°摆转，转化为刀轴平行于槽侧表面实施加工，如图7-2-8所示。若刀轴侧边倾角设为"0"，其效果和刀轴沿着"曲面"一样，刀轴始终垂直于曲面，由底刃实施切削，刀具将不可避免地和槽的另一侧发生干涉。槽侧表面加工时还可勾选粗加工设置中的"分层切削"，进行分层两次、切削层间距4mm的设置，以适当去除槽底曲面切削时难以加工到的侧表面附近的残料。但对于分层后层间刀路的熔接，应在共同参数中适当选择进退刀方式进行设置，并观察连接效果，避免干涉和过切的现象产生。

叶轮槽另一侧表面的粗加工亦可参照该刀路定义的方法进行设计。

槽底曲面可用多轴刀路中"渐变"的刀路定义方法，以"两曲面之间"方式控制加工范围边界，按如图7-2-9所示在"切削方式"设置中分别选择两侧曲面的边界曲线，选择槽

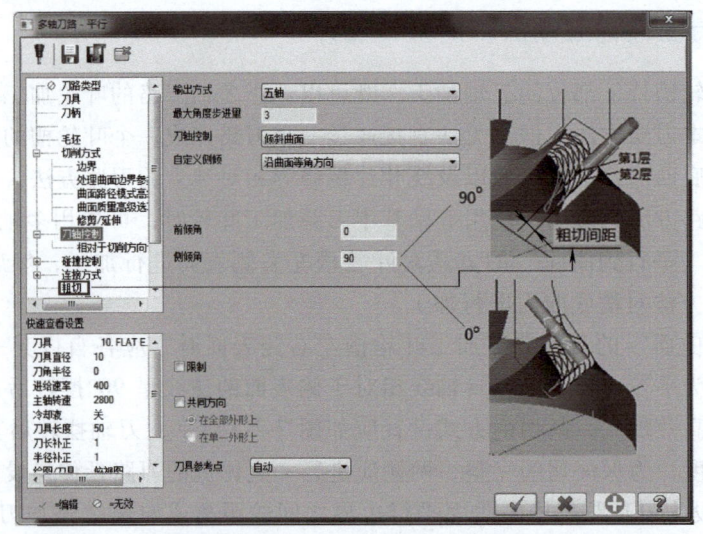

图 7-2-8　槽侧表面"平行到曲面"五轴加工的刀轴设置

底曲面为"加工面",并分别设置切削行间距、"边界"中的"边界距离"及"修剪/延伸"中的"延伸量"等。如图 7-2-10 所示,在"刀轴控制"设置中,可通过构建一个串连路径的方法,使刀轴始终不脱离该路径或相对该路径以固定的角度倾斜方式进给,通过合理设计刀轴串连路径而实现相对于侧表面达到可控的避让。也可选择引导曲面的刀轴控制方法,按照叶片建模时其侧表面型线的几何角度关系,正确设置其在切削方向侧边所需倾斜的角度而实现有效的避让。

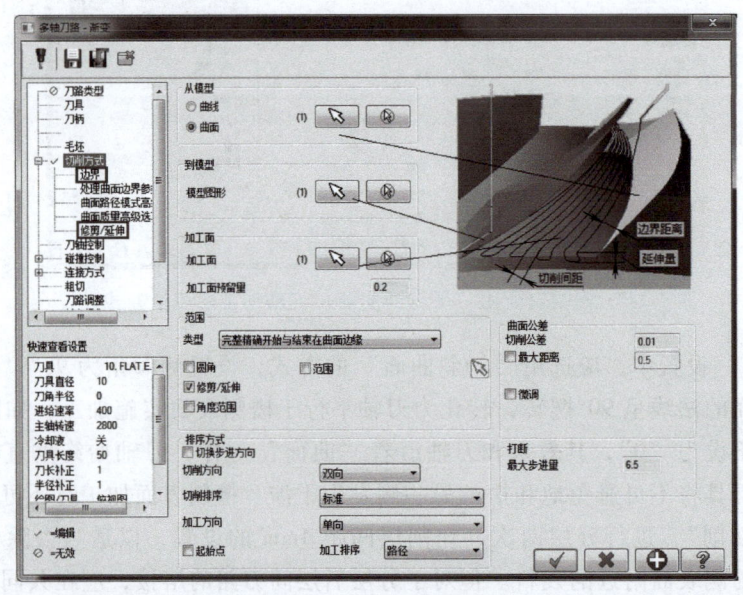

图 7-2-9　两曲面间渐变方式的槽底曲面加工的切削方式设置

为了构建一个合理的刀轴控制用串连路径,可将叶片建模时叶截面型线的中线绕其回转轴线构建一旋转曲面,再将 $R138.5\text{mm}$ 的外凹弧曲面向外补正到一定高度(如补正距离 20mm,即 $R118.5\text{mm}$),如图 7-2-11 所示,求得该两曲面的交线后,将该交线在俯视面内绕

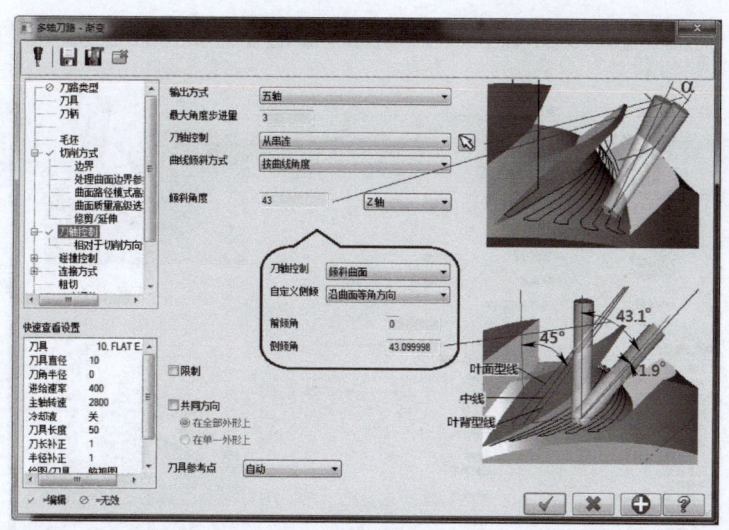

图 7-2-10　渐变方式槽底曲面五轴加工的刀轴设置

Z 轴旋转 22.5°即可。该串连路径处于叶轮槽中间的正上方，用于槽底曲面加工的刀轴控制时能较好地兼顾各个方向的干涉避让，但由于它处于槽形的中间，在刀轴不脱离该串连路径的情况下，难以对叶片两侧壁表面进行完整的切削（有切削盲区），因此，需要配合使用前述"平行到曲面"的刀路方法分别对两侧壁表面实施切削。

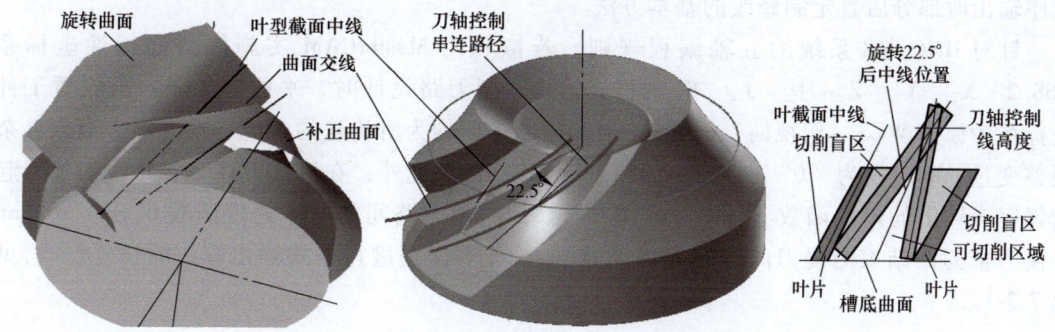

图 7-2-11　刀轴控制串连路径的构建及其加工区域的控制

如图 7-2-12 所示，为实现槽底曲面在深度方向的粗切分层，可在"粗切"设置中勾选"深度切削"，然后设定"粗切次数"和分层"间距"；若要得到另一个叶轮槽的加工刀路，只需要在"刀路调整"设置中勾选"转换/旋转"，然后设定"旋转次数"为"2"，旋转变换的角度为"-45"（逆正顺负）即可。

叶轮特征的精加工可参照上述刀路进行设计。精修刀路定义时应选用球刀，将加工面补正余留量设为"0"，关闭粗切加工的分层及分次设置，球刀精修的行切间距应密化，具体数值应根据所用刀具尺寸及实际加工结果是否满足质量要求而定。

三、AC 双摆台五轴后置处理设置及定制修改

按照本项目试切加工的安排，叶轮零件拟在 JT-GL8-V 型 AC 双摆台结构的五轴加工中心上进行。因此，在五轴加工刀路定义完成并经 CAM 内嵌的刀路仿真检查确认后，应选用

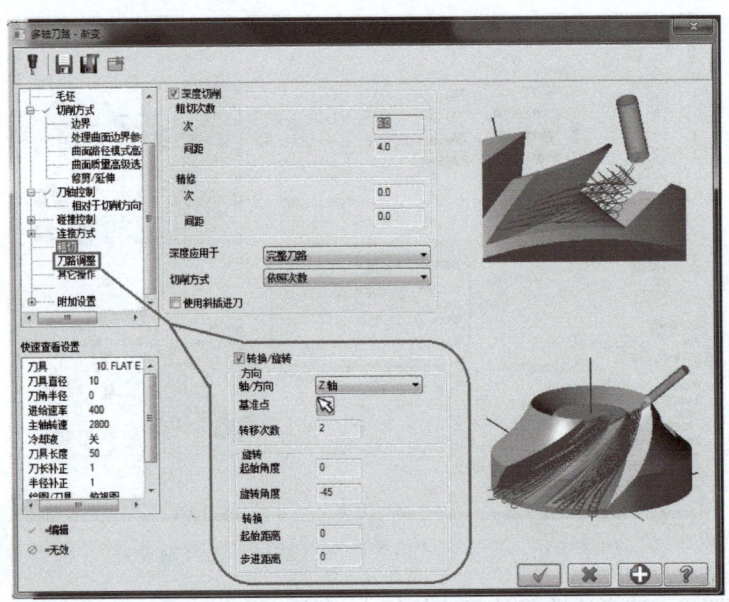

图 7-2-12　深度分层的"粗切"设置及多槽加工的旋转变换设置

对应 *AC* 双摆台的五轴后置设置，以生成与机床相匹配的 NC 程序。JT-GL8-V 机床的基本五轴后置参数设置可参考项目三单元四中相关介绍，这里主要介绍获得五轴定向及联动 RTCP 程序输出时部分后置定制修改的基本方法。

针对 HNC-848 系统的五轴编程规则，若拟利用 MasterCAM 实施倾斜面特性坐标系 G68.2　X_　Y_　Z_　I_　J_　K_的格式输出，则刀路设计时，平面（WCS）应设置工件坐标系为原始 WCS（俯视面），刀具平面和构图平面均为所构建的相应特性坐标平面，且杂项整变量 mi6 应设为"0"（按刀具面原点计算输出）。此外，在后置 PST 六档中需对换刀起始程序头输出处理的函数 p_goto_strt_tl、不换刀时两刀路间的程序处理函数 p_goto_strt_ntl 及换刀前刀路结束时提刀的程序处理函数 pretract 等分别进行格式输出算法的设置修改，见表 7-2-1。

表 7-2-1　倾斜面特性坐标系程序格式输出的后置设置及含义解析

参数区段及函数项	设置修改处理的内容	设置修改处理的含义解析
# Output formatting	设置参数 top_map：1	允许对工件坐标系与 WCS 不同时进行旋转变换的计算，以获得 G68 的格式输出
函数 p_goto_strt_tl #换刀起始的程序头输出处理	if stagetool <=one, pbld, n$, * t$,"M6", e$ pbld, n$, * sgcode, pwcs, * sgabsinc, xout, yout, p_out, s_out, speed, spindle, e$ if n_tpln_mch >-1,[pg68, * sgcode, * xout, * yout, e$, pbld, n$, * zout, scoolant, e$] else, pbld, n$, "G43.4", * tlngno$, e$, * zout, scoolant, e$ …	要做修改设置的前一输出处理行内容 输出定位到起始位置处的标准程序行，如：G0G54G90X_Y_A_C_S_M3 若为定向面方式，调用执行函数 pg68 后，在特性坐标系中再 *X*、*Y* 定位，然后 *Z* 定位 为五轴联动方式时输出 G43.4H_，再 *Z* 定位

（续）

参数区段及函数项	设置修改处理的内容	设置修改处理的含义解析
函数 p_goto_strt_ntl #不换刀时两刀路间的程序处理	else,p_goto_pos 　if n_tpln_mch >-1 , 　[pbld,n $,"G69",e $,pbld,n $,"G91 G28 Z0",e $ 　　pbld,n $,"G49",e $ 　　pbld,n $,* sgcode,pwcs,* sgabsinc,xout,yout, 　　p_out,s_out,speed,spindle,e $ 　　pg68 　　pbld,n $,* xout,* yout,e $,* zout,scoolant,e $] 　else, 　　pbld,n $,"G49",e $,n $,* sgcode,pwcs,* sgabsinc, 　　xout,yout,p_out,s_out,speed,spindle,e $ 　　pbld,n $,"G43.4",* tlngno $,e $,* zout,scoolant,e $	要做修改设置的前一输出处理行内容 　当 n_tpln_mch >-1（定向面方式） 　强制输出 G69 的程序行,然后 Z 回零 　强制输出 G49 的程序行 　定位到起始位置处 　调用执行函数 pg68 　在特性坐标系中再 X、Y 定位,然后 Z 定位 　为五轴联动方式时,先输出 G49,再定位到起始位置处;然后输出 G43.4 H_,再 Z 定位
函数 pretract #换刀前刀路结束时提刀的程序处理	pbld,n $,sccomp,spindle,e $ if n_tpln_mch > -1 & mi1 $, [pg69 　pbld,n $,"G0 A0 C0",e $ 　pbld,n $,"G49",e $]	要做修改设置的前一输出处理行 　当 n_tpln_mch >-1（定向面方式） 　调用执行函数 pg69 以输出 G69 程序行,强制输出 G0 A0 C0 的程序行,强制输出 G49 的程序行
函数 pg68 #根据杂项整变量第一项给定值选择特性坐标指令输出方式	map_mode =one ivec =p_out,jvec =s_out pbld,n $,"G43.4",* tlngno $,e $ if mi6 =0,pbld,n $,* smap_mode,* tox_g,* toy_g,* toz_g, * ivec,* jvec,* kvec,e $ if mi6 =1,pbld,n $,* smap_mode,"X0 Y0 Z0", * ivec,* jvec,* kvec,e $ prv_map_mode =zero pbld,n $,"G53.2",e $	启用特性面标记 取转换角度 输出 G43.4 H_的程序行 　当 mi6 =0 时,按特性坐标系原点输出 G68.2（map_mode 为 1 时,smap_mode =G68.2） 　当 mi6 =1 时,按 WCS 原点输出 G68.2 　清除前一特性面标记,并删除后续语句 　强制输出 G53.2 的程序行

单元三　叶轮零件五轴加工的仿真调试

【单元学习任务】

1. 分析 JT-GL8-V 五轴机床的结构模型,设置并核查各轴行程范围。
2. 设计构建坯件及夹具的仿真结构模型。
3. 使用 CAD 构建 BT40 常用型号刀柄的 DXF 数据,设置仿真用刀具系统。
4. 进行叶轮零件五轴联动加工程序的仿真调试。

【单元学习目标】

1. 能根据 JT-GL8-V 机床实测数据正确设置各轴位置、核查各轴运动方向和行程极限。

2. 会按实测数据对刀柄、主轴等关键部件建立可用的仿真模型，确保五轴加工的仿真检查能准确规避干涉的风险。

3. 正确进行叶轮零件五轴联动加工程序的仿真调试，会分析仿真中出现的常见问题（如因程序编制、工件位置和刀具尺寸等产生干涉及超程现象）的原因，提出相应的解决对策。

【单元学习知识基础】

一、JT-GL8-V 五轴机床的结构及仿真环境设置

如图 7-3-1a 所示为在 VERICUT 中构建的 JT-GL8-V 五轴机床的仿真模型，其主要工作部件均是在 CAD 中按与实际尺寸 1∶1 关系建模后，转换为相应模型存为 mch 机床结构模型文件的，各轴运动关系与实际机床一致；图 7-3-1b 所示是按 JT-GL8-V 机床的实际行程范围在"机床设定"→"行程极限"中进行的相应设置。为使加工仿真时行程范围的检查能够反映机床实际，应按实际机床对刀找正后工件零点处各轴的机床坐标（X0，Y0，Z0）调整移动仿真环境中 X、Y、Z 各部件的位置，使之与实际机床位置关系一致，并检查确保机床参考点位置设置与实际机床一致。

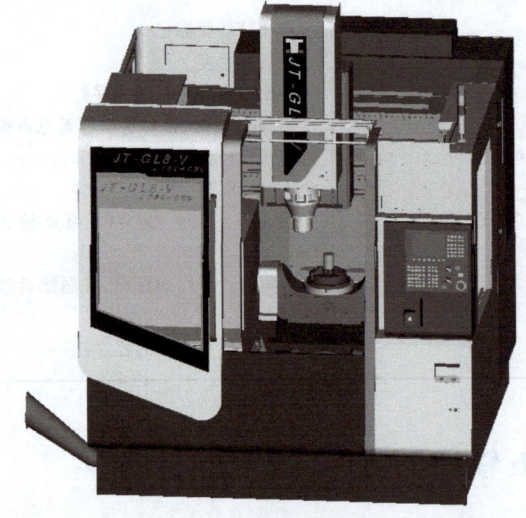

a) 机床仿真模型

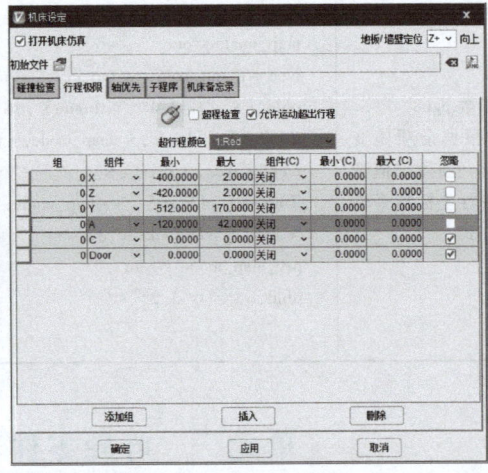

b) 各轴行程极限设置

图 7-3-1　JT-GL8-V 五轴机床仿真模型及行程极限设置

适于机床数控系统的控制文件 HNC-848.ctl 与项目五单元三相同，在此不再赘述。

毛坯和夹具应根据前述单元一中工艺设计方案进行 CAD 几何模型的构建，由于定位键处于坯件和夹具内部为隐性部件，且在加工过程中不会与刀具切削存在干涉的可能，因而可不进行建模；芯轴上用于 C 轴角度方位找正用的定向面对仿真检查不产生影响，也不需建模。因此，预加工的半成品坯件和芯轴结构可相应简化，按回转结构在 VERICUT 内建模即可。图 7-3-2a 所示为预加工半成品坯件的旋转模型数据，图 7-3-2b 所示为坯件与简易夹具构建的仿真模型。在 VERICUT 中，半成品坯件模型应归属于毛坯（Stock）组件，而简易夹

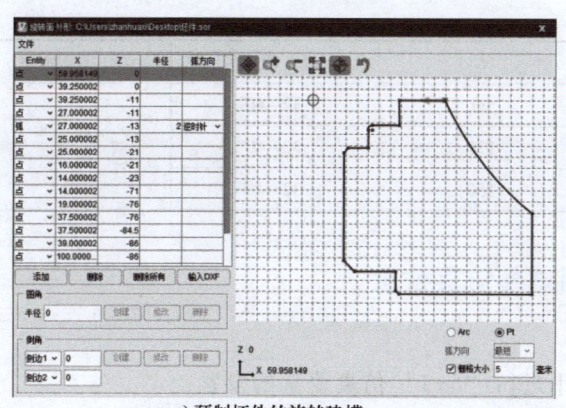

a) 预制坯件的旋转建模 b) 坯件与夹具的建模

图 7-3-2 预制坯件与简易夹具的仿真建模

具和自定心卡盘模型归属于夹具（Fixture）组件，当刀具仿真切削碰触到毛坯之外的组件时，只有这样的归属设置才会产生相应的警示信息。若将夹具部件归属到毛坯组件时，被切削碰触时将不会出现警示，因而无法达到干涉检查的目的。

自定心卡盘用于夹持芯轴，可直接从样例库中选用。

刀具系统根据机床主轴锥孔指标应使用 BT40 规格刀柄，刀柄结构及几何参数应参照 BT40 规格型号的实际尺寸进行建模，如图 7-3-3 所示。常用标准系列的规格尺寸数据，见表 7-3-1。可通过 CAD 构建各规格刀柄的模型并保存为对应的 DXF 文档后在 VERICUT 刀具系统中调用。

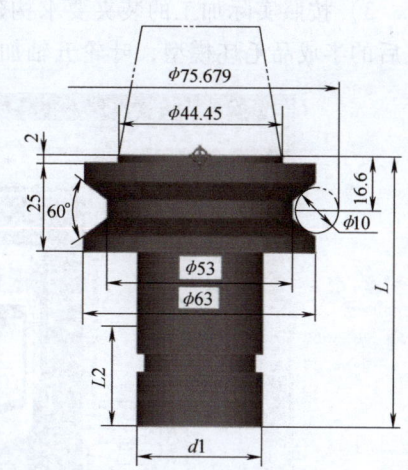

图 7-3-3 BT40 刀柄结构尺寸

表 7-3-1 BT40 刀柄常用标准系列的规格尺寸　　（单位：mm）

可夹持刀径尺寸范围	$d1$	L	ER 筒夹	$L2$（夹持深度）
$\phi0.5 \sim \phi7$	19	75	11	$19 \sim 48$
		90	11	
		120	11	
$\phi0.5 \sim \phi10$ $\phi1.0 \sim \phi13$	28 34	75	$16 \sim 20$	$29 \sim 58$ $32 \sim 68$
		90	$16 \sim 20$	
		120	$16 \sim 20$	
		135	$16 \sim 20$	
$\phi1.0 \sim \phi16$	42	75	25	$35 \sim 73$
		90	25	
		120	25	
		150	25	

（续）

可夹持刀径尺寸范围	$d1$	L	ER 筒夹	L2（夹持深度）
$\phi2.0 \sim \phi20$ $\phi3.0 \sim \phi26$	50 63	90	32 ~ 40	41 ~ 78 50 ~ 93
		120	32 ~ 40	
		150	32 ~ 40	

二、叶轮零件五轴加工的程序调试与仿真检查

1. 仿真调试的"5+1"要素准备

在上述 JT-GL8-V 五轴机床仿真环境下进行"5+1"仿真要素的设置：

1）确保机床模型为 JT-GL8-V 五轴机床。

2）确保控制系统为 HNC-848。

3）按照实际加工的装夹要求构建自定心卡盘夹具和简易夹具模型，同时构建载入预加工后的半成品毛坯模型，叶轮五轴加工仿真环境如图 7-3-4 所示。

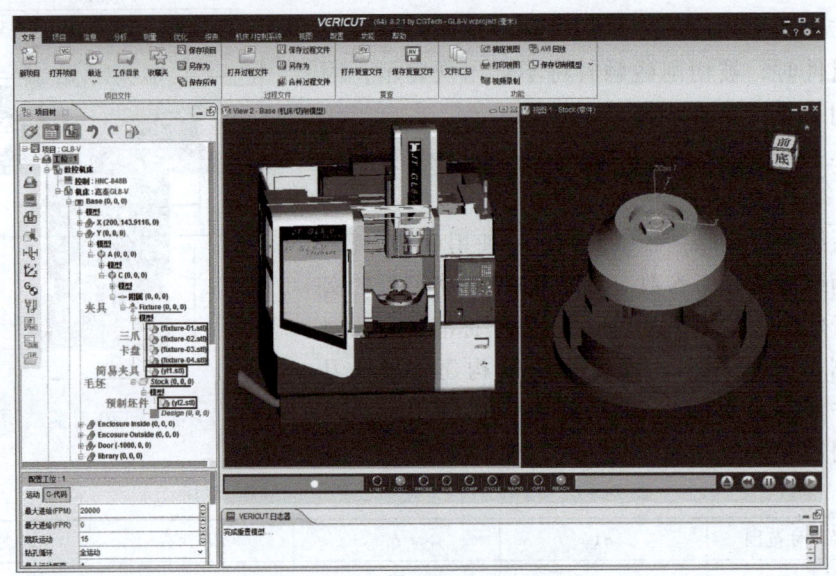

图 7-3-4　叶轮五轴加工仿真环境

4）建立叶轮零件加工用刀具系统，T1 为 ϕ10mm 铣刀（刀柄按 $d1 = 34$mm 调入 DXF），T2 为 ϕ8mm R2mm 圆鼻铣刀（刀柄按 $d1 = 42$mm 调入 DXF），T3 为 ϕ6mm SR3mm 球刀（刀柄按 $d1 = 34$mm 调入 DXF）。

5）将叶轮零件由 CAM 设计的五轴加工刀路按所用刀具分别生成 NC 程序文件（同一刀号合并起来生成一个程序），顺次添加载入到仿真环境的数控程序中。

6）将上表面中心设为工件坐标系原点，设工作偏置为寄存器"54"并进行从"TOOL"到"坐标原点"的关联。

2. 行程极限及碰撞检测的启用

针对该机床各轴的行程极限，应按图 7-3-1b 设置，同时勾选"超程检查"功能项。在"碰撞检查"选项卡中勾选启用"碰撞检查"功能项，并如图 7-3-5 所示进行干涉组件关系

的设置，主要为主轴组件（含刀具）与*Y*轴组件（含*A*轴、*C*轴及夹具次组件）、夹具组件（含工件）与*Y*轴（仅摇篮座，不含*A*轴、*C*轴次组件）以及夹具组件（含工件）与机床内护罩结构件之间实施干涉检测。当运动中这些部件间的临界间隙小于设定值时，将会在信息区显示警示信息。

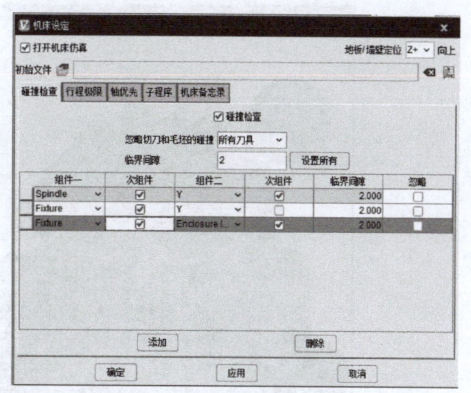

3. 辅助特征结构五轴联动加工程序的仿真调试

叶轮零件辅助特征结构包括口部锥面和根部凸弧面的铣削加工，其中口部锥面使用 $\phi10$mm 铣刀（T1）、凸弧面使用 $\phi8$mm $R2$mm 圆鼻刀（T2）进行加工。

图 7-3-5　运动部件干涉检测关系的设置

程序调试运行时，可通过"信息"→"数控程序"显示程序窗口，然后在图形显示区右下方按钮区单击 ▶ 或 ▶ 按钮，以单步或连续方式启动加工仿真，图形显示区将进行机床加工过程的模拟仿真。图 7-3-6 所示为辅助特征结构五轴加工执行到根部凸弧面时的仿真状态，程序仿真检查结果验证了刀路设计及后置设置的合理性。

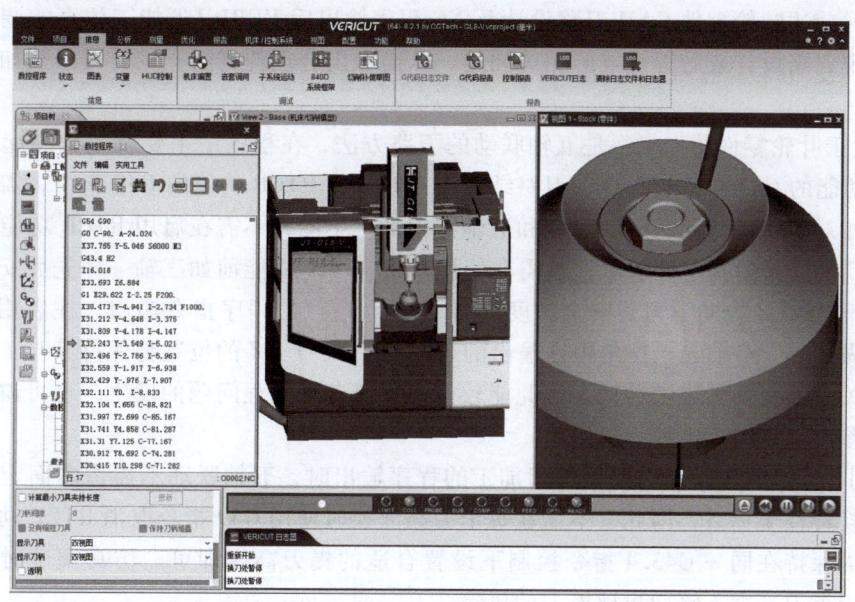

图 7-3-6　辅助特征结构五轴加工的仿真

4. 叶轮特征结构五轴联动加工程序的仿真调试

叶轮特征结构的加工使用 $\phi10$mm 铣刀（T1）进行叶轮槽粗切、使用 $\phi6$mm $SR3$mm（T3）球刀进行叶轮槽精修加工。

叶轮槽的粗、精加工均由右侧表面、左侧表面和槽底表面三个刀路构成。粗切时，每个表面都需要做分层切削；精修时不分层，直接贴靠曲面进行铣削。为加快仿真切削速度，可将速度调节条拉至最快，以观察过切、欠切的状况或干涉的警示信息。图 7-3-7 所示为叶轮槽粗切、精修的仿真，仿真过程中未出现干涉的警示信息，基本验证了刀路程序输出的正确性。

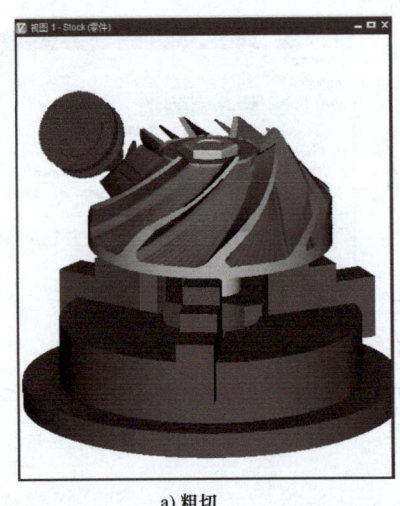

a) 粗切　　　　　　　　　　　　b) 精修

图 7-3-7　叶轮槽粗切、精修时的仿真

三、仿真调试中出现的问题与处理策略

通过对前述叶轮零件 CAM 刀路设计及 NC 程序输出后 VERICUT 加工仿真的调试，能较清晰地呈现刀路设计或后置设置的相关问题，从而做出合理的判断，主要可以从如下几方面进行解读：

1）由于叶轮零件的加工都是五轴联动的刀路方法，在程序中主要就是程序起始部分启用 RTCP 功能的 G43.4　H_指令、刀路结束退刀时取消 RTCP 功能的 G49 指令，需要调试处理的问题相对单一。因此，五轴联动和五轴定向加工不同，不需在启用 RTCP 功能之前先进行 A 轴、C 轴摆角的预定位输出，只需在使用 G43.4　H_功能前如三轴一样先后安排定位到 X、Y 起始位置、Z 方向下刀到安全高度（含 G43　H_）的程序指令输出。在启用 RTCP 功能之后再做 A 轴、C 轴起始摆角程序输出的运动时，X、Y、Z 的位置将保持其与工件原点的相对位置关系不变而做跟随移动，因此能较好地规避各轴超程问题的发生，也可避免后续快进下刀到参考高度时出现撞刀的风险。

2）同一刀具在多个刀路间做连刀加工的程序输出时，五轴联动不需像多面定向加工那样频繁变换特性坐标系，因此，不需在每个刀路变换时使用 G49 指令取消 RTCP 功能后再次启用，只需保持在同一 G43.4 指令控制下设置合适的提刀高度即可。仿真调试时可重点检查刀路间因提刀高度不够而出现撞刀的风险。

3）对刀路结束退刀使用 G49 指令取消 RTCP 功能时容易出现的问题，可参照项目五单元三的相关处理策略。

4）在 VERICUT 仿真环境中，当工作部分各部件与现场实际一致时，通过选用不同规格的标准刀柄，任意调整刀具悬伸长度设置，在启动干涉检查的情形下能高效准确地反馈仿真干涉的数据信息，能帮助用户找到不发生干涉的刀具最小悬伸长度及足够高刚度的刀柄规格，为高效切削提供借鉴；同时，也可指导用户修改和调整夹具及其装夹方案，避免干涉的产生。

由于五轴加工时各轴运动姿态的变化不如三轴那样能直观地进行解读，许多用户往往选用加大刀具装夹后的悬伸长度、减小装夹段长度，或选用细长的刀柄、制作加长杆或采用非标准的锥拔铣刀等方法，以提高不产生刀具干涉的安全系数，这与五轴加工工艺的优势是相悖的，这种策略在很大程度上降低了刀具系统的刚性，难以提升切削效率。

在叶轮零件加工仿真调试时，启用主轴刀具系统和 Y 组件间的干涉检测，检查发现在用 $\phi10mm$ 的平底铣刀和 $\phi6mm$ $SR3mm$ 的球刀分别进行叶轮槽右侧面的粗、精加工时，其主轴和刀柄前端有与工件上 $R138.5mm$ 外弧面干涉的现象，如图 7-3-8 所示。将这两把刀具所用 BT40 刀柄 $d1=\phi34mm$ 更换为 $d1=\phi28mm$ 规格后再试，依然存在干涉；只有将 $\phi10mm$ 平底铣刀夹持后的悬伸长度从 50mm 加长到至少 58mm，将 $\phi6mm$ 的球刀的悬伸长度加长到至少 63mm，方可在允许 0.5mm 临界间隙下不出现干涉。由此可知，按所编刀路输出的程序，两把刀具夹持后的悬伸长度最小应分别为 58mm 和 63mm，其刀具总长应加长，以确保有足够的夹持长度，否则需重新进行刀路规划及刀轴控制设计的调整。

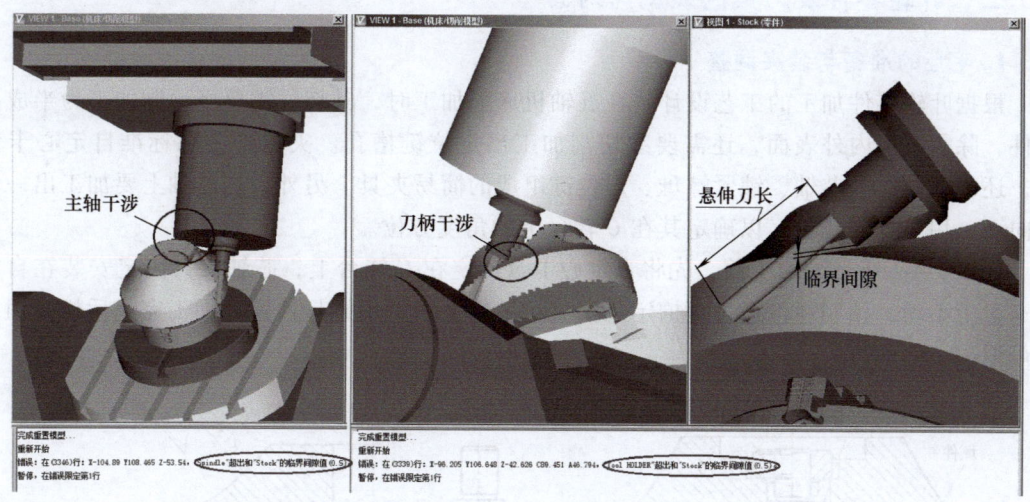

图 7-3-8　基于干涉的悬伸刀长调整

5）可借助 VERICUT 的仿真检查调整优化刀路设计，如将两侧表面的叶轮粗、精加工刀路以"多轴侧铣"方式设计，输出 NC 程序后再进行仿真调试，则 $\phi10mm$ 的平底铣刀和 $\phi6mmSR3mm$ 的球刀不产生干涉的最小悬伸刀长可缩短至 55 mm 和 60mm。

单元四　叶轮零件五轴联动加工实践

【单元学习任务】

1. 在车间现场进行加工前期毛坯和刀具装调的工艺准备。
2. 在现场的机床上进行基于 RTCP 功能的对刀及数据设定。
3. 操控机床实施叶轮零件五轴联动加工。

【单元学习目标】

1. 会根据叶轮零件五轴联动加工的要求准备毛坯和刀具。

2. 能够按照 RTCP 程序控制加工的要求进行对刀和设置刀具长度补偿。

3. 能够熟练操控机床实施叶轮零件五轴联动加工。

【单元学习知识基础】

一、JT-GL8-V 机床的面板及其基本操作

JT-GL8-V 机床的系统控制面板和机械操控面板如图 2-3-7 所示，所用系统为 HNC-848B 数控系统标准面板。机床操控面板上各操作按键的功能以及机床的基本操作方法已在前几个项目中进行过学习和训练，虽然面板键位设计布局不尽相同，但其基本操控用法类同，在此不再赘述。

二、叶轮零件及刀具的装调与对刀

1. 毛坯的准备与装夹调整

根据叶轮零件加工的工艺设计，在五轴机床上加工时，其坯件需要经预制加工为半成品坯件，除需车削内外表面，还需要线切割加工出定位键槽孔。夹具部分除标准自定心卡盘外，还需要制作由芯轴、锁紧螺母、定位键组成的简易夹具。另外，在芯轴上要加工出一个定向面，用于打表找正，以确定其在 C 转台上的角度方位。

如图 7-4-1 所示，加工前，先将自定心卡盘固定在 C 转台上，芯轴夹具固定安装在自定心卡盘上不动，预制坯件通过键槽定位安放在芯轴上后，用螺母锁紧，加工完成后松开锁紧螺母取出工件即可。

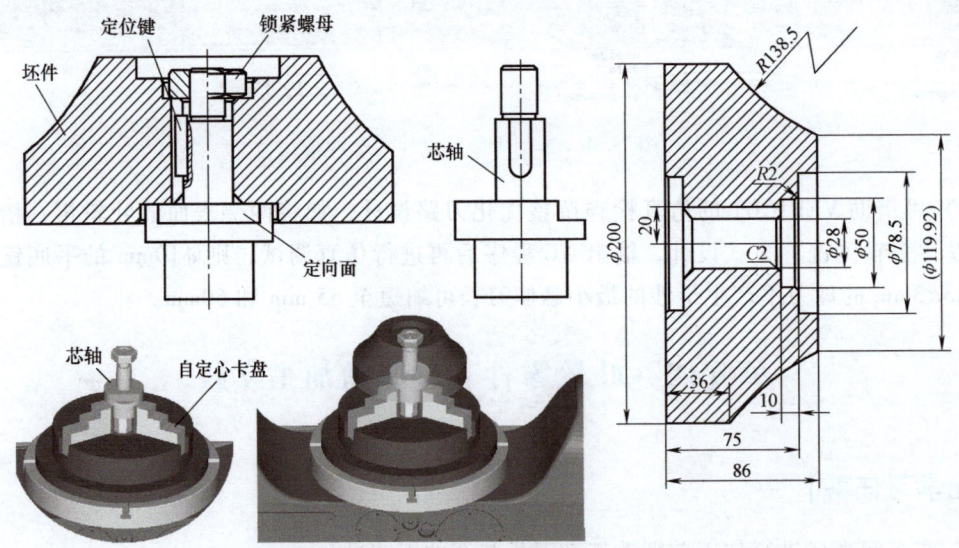

图 7-4-1　叶轮毛坯及其在机床上的装夹固定

2. 对刀找正与刀补设置

该叶轮零件加工需准备 3 把刀具，分别是 T1 为 ϕ10mm 铣刀，T2 为 ϕ8mm R2mm 圆鼻刀，T3 为 ϕ6mm SR3mm 球刀，由此准备 BT40 刀柄、筒夹和刀具，参照仿真调试结果，刀具夹持后悬伸长度 T1>58mm，T3>63mm，然后按对应刀号预装到机床刀具库中。

（1）A、C 轴工件零点的对刀找正 该叶轮零件加工编程统一使用 G54 坐标系作为 WCS 工件坐标系，其原点就在零件上表面中心。A 轴的零位在工作台水平的位置，不需要另行找正。C 轴零位由定向面确定，应在装夹坯件前通过打表将定向面调整到与 X 轴方向平行，然后在图 7-4-2 所示的界面中，移动光标到"C"数据处，按"当前位置"菜单软键，在出现提示"是否将当前位置设为选中工件坐标系零点？（Y/N）"后，输入"Y"，即可将当前 C 角度提取到 G54 的"C"数据设置中。

（2）X、Y 方向工件零点的对刀找正 X、Y 方向工件零点的找正应在 A 轴、C 轴均处于零位时，使用电子寻边器找毛坯对称中心。此时可使用系统提供的"工件测量"→"圆心测量"功能，以三点定圆方式确定圆弧中心。如图 7-4-3 所示，按"圆心测量"软键，同时选择欲设定的 G54~G59 工件坐标系，当定位到圆周表面三个接触点时分别按"读测量值"软键以记录 A、记录 B 和记录 C，然后按"坐标设定"软键，则系统自动计算出圆心点的 X、Y 坐标并将结果设置到相应坐标系的"X""Y"数据中。

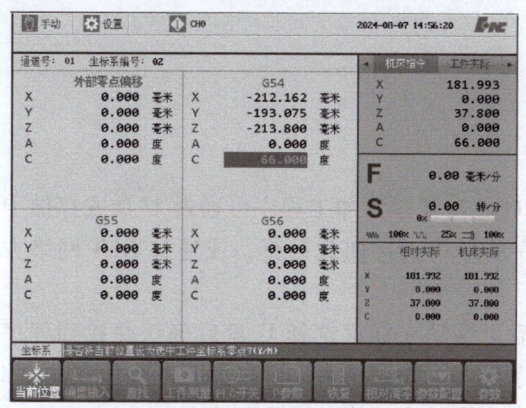

图 7-4-2　G54 工件零点设定

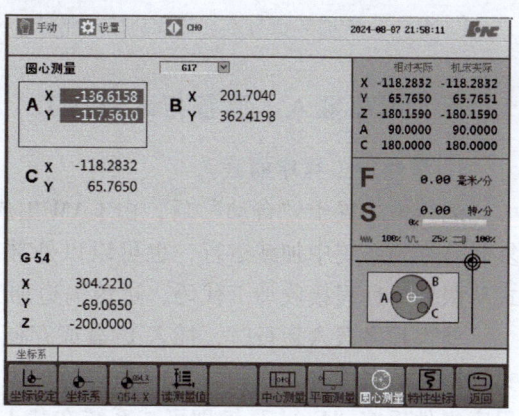

图 7-4-3　圆弧中心的找正

（3）基于 RTCP 功能的 Z 方向对刀与刀具长度补偿设定 基于五轴 RTCP 功能的 Z 方向对刀要求 G54 坐标系"Z"数据为主轴下端面（装刀基准面）到工件上 G54 坐标系的 Z0 基准面的距离（负值），而各刀具的刀具长度补偿数据则是各刀具刀位点到刀柄上装刀基准面（即装刀到主轴上后其伸出的长度）的距离（正值）。其 G54 坐标系的 Z 值测定及各刀具的刀具长度补偿设置的相对位置关系如图 7-4-4 所示，为此，可参照以下方法操作设置。

1）G54 坐标系 Z 值的测定与设置。将标准高度为 50mm 的 Z 轴设定器放置到工件上表面（G54 坐标系的 Z0 基准面），移动 Z 轴使主轴下端面（装刀基准面）极限接触 Z 轴设定器至灯亮（微调"×1"档），通过"设置"→"坐标系"，在图 7-4-2 所示的界面中移动光标至"Z"数据栏后，按"当前位置"软键，然后再按"偏置输入"软键，输入"-50"，则完成 G54 坐标系 Z 值的测定与设置。

2）各刀具刀具长度的测定与设置。完成 G54 坐标系的 Z 值设置且确认主轴下端面与 Z 轴设定器处于极限接触位置后，继续按"相对清零"→"Z"软键，进行 Z 轴坐标相对清零的操作。然后切换到"设置"→"刀补"界面，如图 7-4-5 所示，分别更换各刀具至主轴，用每把刀具的底刃去极限接触 Z 轴设定器至灯亮，移动光标至对应刀补号的长度栏，按"当前位置"软键，提取每把刀具的相对 Z 值（正值）至对应刀具长度补偿中，即完成各刀具刀具长度测定，同时完成了各刀具刀具长度补偿 H_- 的设置。

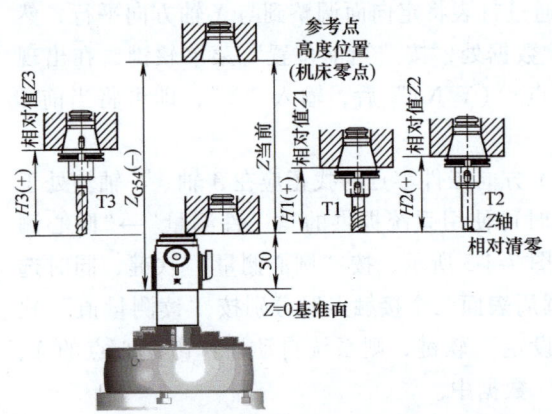

图 7-4-4 G54 的 Z 值与刀具长度补偿的测定

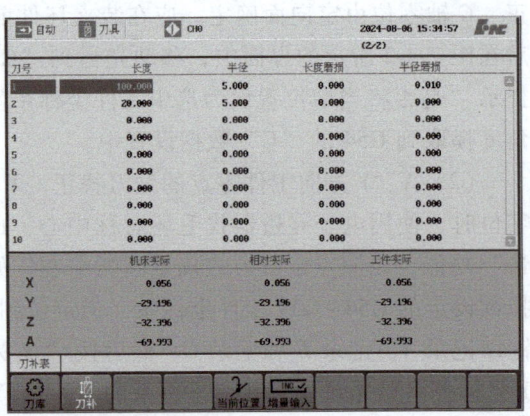

图 7-4-5 刀具长度补偿设置界面

三、程序载入、调整与试切加工

1. 零件加工程序的载入

运行模式置于"自动"后，由 CAM 生成的叶轮特征零件加工程序可通过 U 盘或存储卡复制转存到系统中加载运行，也可以以外部程序的形式直接加载运行，或通过 NET 网络方式从服务器远程接收加工代码，边传输边加工。

外部程序载入运行时，插入 U 盘或存储卡后，移动光标键选择 U 盘后确认并找到程序文件所在的文件夹，右侧即显示对应的加工程序列表，如图 7-4-6 所示。选择待加工的 NC 程序文件后按"Enter"键即可，系统在载入程序的同时将对其进行语法检查。

2. 加工程序的校验检查

NC 程序载入并通过语法检查后，即可进行程序运行的校验检查。要进行刀路轨迹图形的检查时，需要在位置显示界面下按"图形"软键，进入如图 7-4-7 所示的界面后按"图形设置"软键，进行图形察看的参数设置，包括"图形中心"（通常按 G54 工件零点位置进行设置）、"显示比例"及"视角"等。

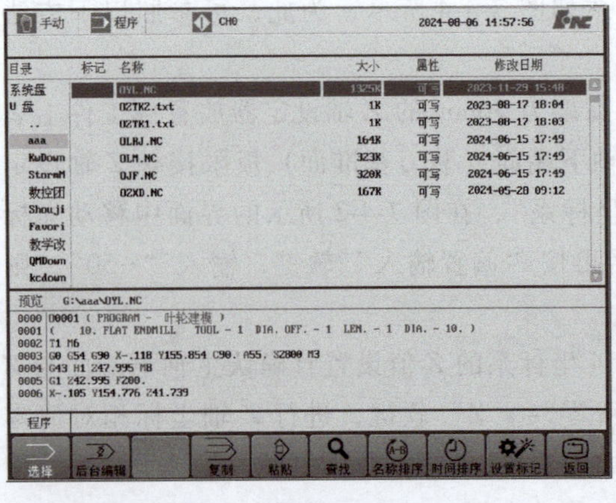

图 7-4-6 外部程序文件的载入

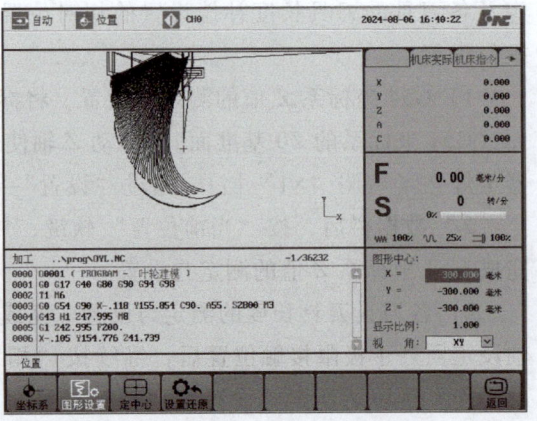

图 7-4-7 轨迹图形显示参数设置

设置好图形显示参数后，在自动运行模式下，按屏幕下的"校验"软键后再按操作面板上的"循环启动"键，即可开始程序校验运行。在校验运行模式下，机械部件并不产生实际的移动。

3. 刀具系统的检查

由于零件加工需要用到多把刀具，加工前必须对刀具系统进行检查确认。包括刀具库中刀具序号是否与工艺和程序一致、刀具补偿设置是否正确、换刀动作是否正常及刀具状态是否良好等。这可通过 MDI 执行 Txx M6 指令操作逐一进行自动换刀的检查，同时还有必要使用 G43 H_ Z_ 逐一进行刀具长度补偿的检查，可参考如图 7-4-8 所示输入执行相关功能的 MDI 程序。

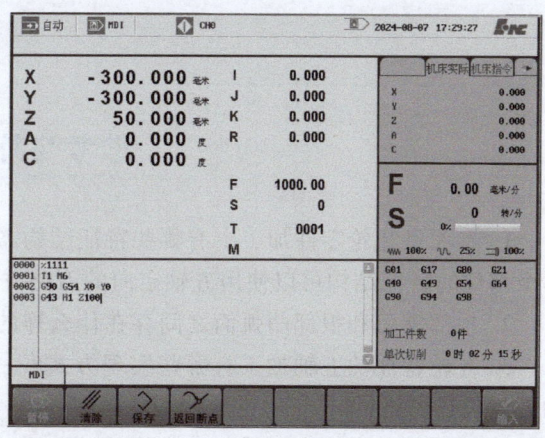

图 7-4-8 自动换刀及刀具长度补偿的检查

4. 加工程序的运动状况检查

校验检查无误后，可进行机械移动的运动状况检查。此时，可先按操作面板上的"Z 轴锁""空运行"键，然后在 Z 轴锁定的状态下按"循环启动"键以自动方式快速执行整个程序，或以单段方式逐行运行程序，能一定程度地检查除 Z 轴外其他各轴的运行情况，包括旋转轴旋转方向、旋转轴定向方位、X/Y 轴定位位置等是否正确，以及超程的可能性等。

5. 零件加工的试切运行

当上述检查通过后，必须解除"Z 轴锁"和"空运行"状态，方可进行零件加工的试切运行。运行时应注意如下操作要点：

1）每把刀具试切运行时，应先将快进及进给速度设为最小，用"单段"执行的方法运行程序，参照工艺顺序检查各旋转轴摆转运动状态及方位是否与刀路仿真一致，及时观察每把刀具的下刀高度位置、切入进刀位置是否正常，确保刀具长度补偿和工件坐标系等设置正确，待正常切入后，方可连续正常地运行每把刀具的加工程序。

2）在切削过程中，主轴转速、进给速度应根据机床切削状况及时使用修调旋钮调节，以保证切削状态最佳，同时记录最佳状态下的切削参数。

3）试切运行前，应将"选择停止"键或功能选项设置为有效，确保每把刀具换刀前机床系统处于暂停状态，以便对每把刀具切削后的结果进行检测，由此判定其结果是否符合刀路设计的预期。按工艺卡给定的深度数据检测当前刀具的切削深度，若存在偏差应记录，并按工艺要求调整刀具长度补偿设置，同时对径向加工尺寸特别是已精加工到位的尺寸进行检测并记录，以便及时发现工艺问题，或在加工完成出现问题时能方便地追踪到问题工步所在。

4）若本工步检测正常，可按"循环启动"键继续更换下一把刀具，并单步运行监控该刀具的运行状况。

5）若发现某刀具运行位置不正确或程序运行中有撞刀的可能，应按"进给保持"或"急停"键及时中止，查对问题发生的原因，分析解决问题的策略。

6）细致观察切削走刀轨迹的执行情况，特别关注各部位分层切削时余量分布不均匀的情形，以便实现后续刀路设计的改进和优化。

数字技术的世界

思考与练习题

1. 本项目叶轮零件加工中有哪些特征结构需用到五轴加工？各涉及哪些五轴加工方法？哪个部位的特征结构可以使用五轴定向的刀路方法？

2. 顶部锥面和根部凸弧面之间存在什么样的干涉？在刀路设计时应该如何处理？

3. 叶轮特征的五轴加工有哪些实现方式？一个叶轮槽从粗切到精修大致可采用什么样的刀路设计思路？

4. 叶轮槽左右侧表面采用"平行到曲面"五轴刀路定义时，应以哪个表面为加工面，哪个为确定平行关系的参考曲面？其刀轴控制该如何设定？

5. 叶轮槽槽底曲面可采用哪种五轴刀路定义方式？其控制边界如何构建？刀轴控制的串连参考线应如何构建？如何设定刀轴控制参数方可防止其与左右两侧曲面间的干涉？

6. 加工叶轮时，当一个叶轮单槽刀路定义完成后，如何获得其余均布叶轮槽加工的刀路？是将一个单槽粗、精加工全部完成后再分别加工其他槽，还是先后完成各槽的粗切加工后再进行各槽及叶片环绕的精修加工？其在刀路转换的次序上应如何控制？

7. MasterCAM 五轴后置设置中，影响 NC 程序输出的关键参数有哪些？旋转轴的法向平面、零角度方位及正旋转方向分别应如何设定？请根据自用五轴机床结构类型进行解析说明。

8. 使用 VERICUT 实施五轴加工的仿真验证，主要是进行哪些内容的检查？五轴加工的优势之一是使用更短的刀具进行更有效率的精确加工，如何利用 VERICUT 实现这一目标？

9. MasterCAM 中的实体模型切削仿真、基于五轴机床模型的切削仿真和 VERICUT 的切削仿真，三者的性质有什么不同？各自仿真检查的适用性如何？

10. 针对本项目案例中多个叶片的叶轮零件加工，若在 CAM 中只输出单个叶轮槽粗、精加工的 NC 程序，能否利用机床系统的功能进行多个叶轮槽特征的加工？如何实现？

参 考 文 献

［1］ 陈吉红. 数控机床现代加工工艺［M］. 武汉：华中科技大学出版社，2009.

［2］ 宋放之. 数控机床多轴加工技术实用教程［M］. 北京：清华大学出版社，2010.

［3］ 李海霞，等. VERICUT 7.2 数控加工仿真技术培训教程［M］. 北京：清华大学出版社，2013.

［4］ 詹华西. 数控加工与编程［M］. 3 版. 西安：西安电子科技大学出版社，2014.

［5］ 詹华西. 多轴加工与仿真［M］. 西安：西安电子科技大学出版社，2015.

［6］ 梁铖. 五轴联动数控机床技术现状与发展趋势［J］. 机械制造，2010（1）：5-7.

［7］ 董一巍. 未来机床发展走向及热点技术浅谈［J］. 航空制造技术，2015（5）：34-39.

参考文献